教育部职业教育与成人教育司推荐教材

职业教育改革与创新规划教材

# 建筑识图与构造

主　编　朱剑萍

副主编　葛敏敏　高慎德

参　编　陈安萍　许富艳　王　彬

机械工业出版社

本书分为三大模块：建筑制图基础知识（共 3 个单元 8 个课题）、房屋施工图的识读（共 3 个单元 12 个课题）、建筑构造相关知识（共 9 个单元 30 个课题）。在具体内容的编排上，编者又根据职业教育知识体系和实践技能的特点，进一步细分了建筑工程识图与构造所需的 50 个知识点和技能点，并将上述知识点和技能点归入建筑图投影原理、建筑识图基本知识、建筑施工图识读、结构施工图识读、基础、楼地层、墙体等 15 个单元之中。

本书在每个课题中按照知识的特点穿插了"标准学习""图集点拨""构造案例分析""工程实践经验介绍"等小栏目，力求紧跟行业步伐，紧贴工程实际。

此外，本书附有建筑识图与构造习题册（包括每个项目的习题和课程设计）供学生巩固所学知识，也方便教师使用。

为方便教学，本书配有电子资源，凡选用本书作为授课教材的老师均可登录 www.cmpedu.com，以教师身份免费注册下载。编辑咨询电话：010-88379934。

本书可供职业院校工业与民用建筑、市政工程专业、给水排水、工程造价、建筑经济管理等专业学生使用，也可供从事建筑类行业的初级人员或初级建筑类培训使用。

## 图书在版编目（CIP）数据

建筑识图与构造/朱剑萍主编. —北京：机械工业出版社，2015.5
教育部职业教育与成人教育司推荐教材　职业教育改革与创新规划教材
ISBN 978 - 7 - 111 - 49670 - 0

Ⅰ. ①建… Ⅱ. ①朱… Ⅲ. ①建筑制图 - 识别 - 高等职业教育 - 教材②建筑构造 - 高等职业教育 - 教材 Ⅳ. ①TU2

中国版本图书馆 CIP 数据核字（2015）第 052978 号

机械工业出版社（北京市百万庄大街 22 号　邮政编码 100037）
策划编辑：刘思海　责任编辑：刘思海　臧程程　版式设计：常天培
责任校对：陈延翔　封面设计：马精明　　　　　责任印制：刘　岚
北京圣夫亚美印刷有限公司印刷
2015 年 6 月第 1 版第 1 次印刷
184mm×260mm ·19.5 印张·4 插页·450 千字
0001—2000 册
标准书号：ISBN 978 - 7 - 111 - 49670 - 0
定价：39.00 元

## 教育部职业教育与成人教育司推荐教材
## 职业教育改革与创新规划教材

# 编委会名单

**主 任 委 员**　谢国斌　中国建设教育协会中等职业教育专业委员会
　　　　　　　　　　　北京城市建设学校

**副主任委员**　黄志良　江苏省常州建设高等职业技术学校
　　　　　　　　陈晓军　辽宁省城市建设职业技术学院
　　　　　　　　杨秀方　上海市建筑工程学校
　　　　　　　　李宏魁　河南建筑职业技术学院
　　　　　　　　廖春洪　云南建设学校
　　　　　　　　杨　庚　天津市建筑工程学校
　　　　　　　　苏铁岳　河北省城乡建设学校
　　　　　　　　崔玉杰　北京市城建职业技术学校
　　　　　　　　蔡宗松　福州建筑工程职业中专学校
　　　　　　　　吴建伟　攀枝花市建筑工程学校
　　　　　　　　汤万龙　新疆建设职业技术学院
　　　　　　　　陈培江　嘉兴市建筑工业学校
　　　　　　　　张荣胜　南京高等职业技术学校
　　　　　　　　杨培春　上海市城市建设工程学校
　　　　　　　　廖德斌　成都市工业职业技术学校

**委　　　员**（排名不分先后）

| | | | | | |
|---|---|---|---|---|---|
| 王和生 | 张文华 | 汤建新 | 李明庚 | 李春年 | 孙　岩 |
| 张　洁 | 金忠盛 | 张裕洁 | 朱　平 | 戴　黎 | 卢秀梅 |
| 白　燕 | 张福成 | 肖建平 | 孟繁华 | 包　茹 | 顾香君 |
| 毛　苹 | 崔东方 | 赵肖丹 | 杨　茜 | 陈　永 | 沈忠于 |
| 王东萍 | 陈秀英 | 周明月 | 王莹莹（常务） | | |

# 前　言

　　建筑工程识图与构造是一门实践性很强的专业基础课。在编写过程中，本书着眼于建筑行业对人才规格的需求以及职业院校学生的特点，以教学体系、教学内容的实用性为突破口，以最新的标准、规范、图集为依据，以典型的工程案例和施工经验为主线，按照职业教育人才培养要求，结合建筑类专业人才培养目标，力求形成特色鲜明的模块化教材。

　　本书包括建筑制图基础知识、房屋施工图的识读、建筑构造相关知识三个模块。在具体内容的组织上，根据知识体系和实践技能的特点，进一步归纳和总结了建筑识图与构造的50个知识点和技能点，并将上述知识点和技能点归入建筑图投影原理、建筑识图基本知识、建筑施工图识读、结构施工图识读、基础、楼地层、墙体等15个单元中。内容编排上按照从简单到复杂、从单一到综合的思路，便于学生学习和掌握。

　　本书在每个课题的设计中，内容的选择以满足工作需求和应用为前提，对传统的投影知识做了较大幅度的精简，淡化形体建筑投影图的绘制要求，更加突出对建筑图样的识读内容。同时也对一些目前建筑工程中较少应用的构造做法进行了删减，增加新的、工程较常应用的构造，比如在墙体部分增加了剪力墙内容的编排等。

　　本书在编写时力求贴近职业岗位，紧跟建设行业有关标准、规范、图集的更新步伐。进行每个课题的编写时，本书在相关知识点的学习之后穿插了"标准学习""图集点拨""构造案例分析"和"工程实践经验介绍"四个小栏目，力求教材内容紧跟行业步伐，紧贴工程实际。

　　本书由朱剑萍任主编，葛敏敏、高慎德任副主编，陈安萍、王彬、许富艳任参编。同时，在编写过程中本书也得到了上海城市管理职业技术学院和美国汉斯房地产公司等院校和企业相关人员的帮助，并得到机械工业出版社的大力支持和帮助，谨此一并致谢。

　　由于编者水平和经验有限，书中难免有诸多不妥之处，敬请广大读者和同行专家批评指正。

编　者

# 目　　录

# 模块一

<<<<<<<<

## 建筑制图基础知识

# 单元一

## 制图工具简介及制图相关标准

**单元概述**

本单元主要介绍基本的绘图工具和仪器及其使用方法，国家标准中有关制图的规定，并简要介绍徒手绘制技术草图的方法。

**学习目标**

**能力目标**

1. 能说出手工绘图基本工具的名称、规格和用途。

2. 会根据"国标"相关规定手工绘制简单建筑形体图。

**知识目标**

1. 掌握国家制图标准中关于字体、图线、比例、尺寸的有关规定和画法。

2. 熟悉手工绘图的方法和步骤。

3. 了解三角尺、丁字尺、圆规等基本手工绘图工具的基本知识。

**情感目标**

通过对国家制图标准、传统制图工具及使用方法的学习和了解，培养良好的作图习惯，提升对本课程的学习兴趣。

## 课题1　绘图的常用工具和用品

自1986年建筑CAD第一次全国应用推广以来，中国的CAD事业蓬勃发展，计算机已成为建筑师常用的新型绘图工具。这种工具继承了传统工具的原理，用鼠标数字化仪代替笔，用数字彩色代替颜料，用计算机屏幕代替纸，它为建筑画的创作开辟了新天地，在设计中被称为"甩图板"。计算机制图以其高效和灵活的特点深受业内人士的喜爱，并已成为行业的首选。但是，手工操作的方法却是技能的基础，也永远不会过时，当你需要与人快速进行图形的交流时，手绘就变得十分重要。

手工绘图常用的绘图工具包括如下几种。

### 一、图板

图板一般为矩形木板。绘图时，需用胶带将图纸固定于图板上，因此，图板的工作面应平整光滑，图板的左侧边为工作边，要求必须平直，以保证绘图质量，如图 1-1 所示。使用时注意图板不能受潮，不能用水洗刷和在日光下暴晒。不要在图板上按图钉，更不能在图板上切纸。

常用的图板规格有 0 号、1 号和 2 号，可以根据图纸幅面的需要选用图板。

## 二、丁字尺

丁字尺，又称 T 形尺，为一端有横档的"丁"字形直尺，由互相垂直的尺头和尺身构成，一般采用透明有机玻璃制作，丁字尺一般有 600mm、900mm、1200mm 三种规格。丁字尺主要用于画水平线。使用时将尺头紧贴图板的工作边，上下移动丁字尺，自左向右画出不同位置的水平线，如图 1-2a 所示。

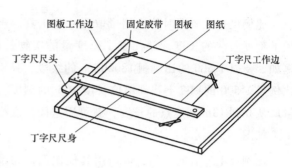

图 1-1　图板与丁字尺

a)

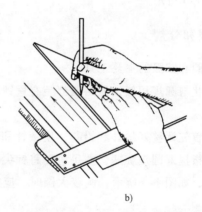

b)

图 1-2　丁字尺和三角板

a) 水平线画法　b) 垂直线画法

---

⚙ **工程实践经验介绍：丁字尺的使用**

在传统手工绘图中，丁字尺不仅能够画水平线，也可以配合三角板画与水平线夹角成 15°整数倍数关系的直线。丁字尺正确使用注意事项：

1）应将丁字尺尺头放在图板的左侧，并与边缘紧贴，可上下滑动使用。

2）只能在丁字尺尺身上侧画线，画水平线必须自左至右。

3）画同一张图纸时，丁字尺尺头不得在图板的其他各边滑动，也不能用来画垂直线。

4）过长的斜线可用丁字尺来画。

5）较长的直平行线组也可用具有可调节尺头的丁字尺作图。

6）应保持工作边平直、刻度清晰准确、尺头与尺身连接牢固，不能用工作边来裁切图纸。

7）丁字尺放置时宜悬挂，以保证丁字尺尺身的平直。

### 三、三角板

三角板每副有两块，与丁字尺配合使用，由下向上画不同位置的垂直线，如图 1-2b 所示；也可画出与水平线成 15°倍数关系的倾斜线。

### 四、比例尺

比例尺是在画图时按比例量取尺寸的工具。比例尺上刻度所注的长度，就代表了要度量的实物长度。例如，要以 1:500 的比例画 18000mm 的线段，只要从比例尺 1:500 的刻度上找到单位长度 10m 的刻度，并量取从 0 到 18m 刻度点的长度，就可用这段长度绘图了，如图 1-3 所示。

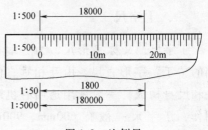

图 1-3　比例尺

比例尺上没有的比例，可借用其他比例，如量画 1:50 或 1:5000 的线段，也可用 1:500 的比例，如图 1-3 所示。

### 五、圆规和分规

圆规是画圆和圆弧的主要工具。

分规的形状与圆规相似，但两腿都装有量针，用它量取线段长度，也可用它等分直线或圆弧。

画圆时，首先调整好量针和铅芯，使量针和铅芯并拢时量针略长于铅芯。再取好半径，右手食指和拇指捏好圆规旋柄，左手协助将针尖对准圆心，顺时针旋转。转动时圆规可稍向画线方向倾斜，如图 1-4 所示。画较大圆时，应加延伸杆，使圆规两端都与纸面垂直。

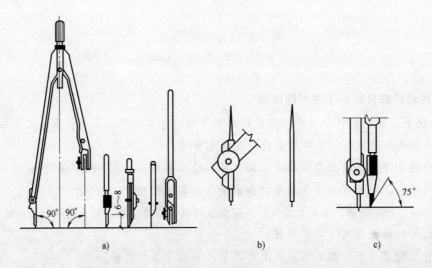

图 1-4　圆规

a）圆规及其插脚　b）圆规上的量针　c）圆规量针略长于铅芯

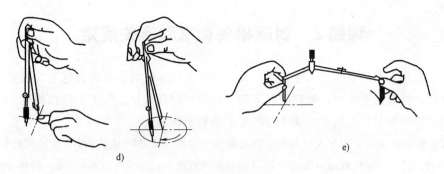

图 1-4　圆规（续）

d）圆的画法　e）画大圆时加延伸杆

## 六、其他用品

绘图还需其他用品，如图纸、橡皮、刀片、胶带纸、墨线笔（图 1-5）、建筑模板（图 1-6）、擦图片（图 1-7）、铅笔（图 1-8）等。

图 1-5　墨线笔

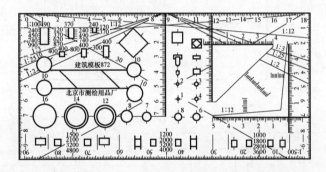

图 1-6　建筑模板

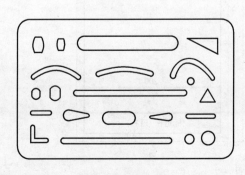

图 1-7　擦图片

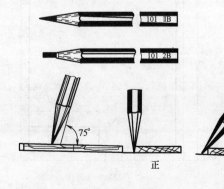

图 1-8　铅笔

# 课题2  制图相关标准和有关规定

    土木工程施工图是表达土木建筑工程设计的重要技术资料，是建筑施工的依据。为了保证制图质量，提高制图效率，做到图面清晰、简明，符合设计、施工、存档的要求，并方便技术交流，国家发布并实施了建筑工程各专业的制图标准。

    本节主要介绍2010年中华人民共和国住房和城乡建设部颁发的国家标准（简称国标）《房屋建筑制图统一标准》（GB/T 50001—2010）和《建筑制图标准》（GB/T 50104—2010）的部分内容。

## 一、图纸幅面与格式

### （一）图纸幅面与图框
图纸的幅面与图框尺寸，应符合表1-1的规定及图1-9的格式。

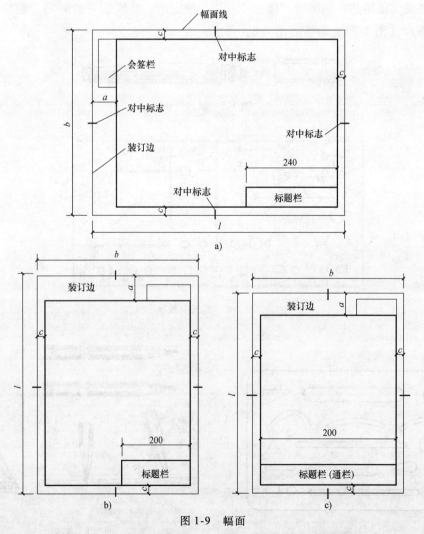

图1-9  幅面

a）A0 ~ A3 横式幅面  b）A0 ~ A3 立式幅面  c）A4 立式幅面

**表 1-1　幅面及图框尺寸** （单位：mm）

| 尺寸代号＼幅面代号 | A0 | A1 | A2 | A3 | A4 |
|---|---|---|---|---|---|
| $b \times l$ | 841×1189 | 594×841 | 420×594 | 297×420 | 210×297 |
| $e$ | 20 | | | 10 | |
| $c$ | | 10 | | 5 | |
| $a$ | | | 25 | | |

　　绘制正式的工程图样时，必须在图幅内画上图框，图框线与图幅边线的间隔 $a$ 和 $c$ 应符合表 1-1 的规定。如不需装订边，则图框线图幅边线的间隔取 $e$ 值，见表 1-1。

　　一般 A0～A3 图纸宜横式使用，必要时，也可立式使用。

　　为了使用图样复制和缩微摄影时定位方便，均应在图纸各边长的中点处分别画出对中标志。对中标志线宽不小于 0.35mm，长度从纸边界开始至伸入图框内约 5mm，如图 1-9 所示。

　　如图纸幅面不够，可将图纸长边加长，短边不得加长。其加长尺寸应符合表 1-2 的规定。

**表 1-2　图纸长边加长尺寸** （单位：mm）

| 幅面代号 | 长边尺寸 | 长边加长后尺寸 | | | |
|---|---|---|---|---|---|
| A0 | 1189 | 1486(A0+1/4l) | 1635(A0+3/8l) | 1783(A0+1/2l) | 1932(A0+5/8l) |
| | | 2080(A0+3/4l) | 2230(A0+7/8l) | 2378(A0+1 l) | |
| A1 | 841 | 1051(A1+1/4l) | 1261(A1+1/2l) | 1471(A1+3/4l) | 1682(A1+1l) |
| | | 1892(A1+5/4l) | 2102(A1+3/2l) | | |
| A2 | 594 | 743(A2+1/4l) | 891(A2+1/2l) | 1041(A2+3/4l) | 1189(A2+1l) |
| | | 1338(A2+5/4l) | 1486(A2+3/2l) | 1635(A2+7/4l) | 1783(A2+2l) |
| | | 1932(A2+9/4l) | 2080(A2+5/2l) | | |
| A3 | 420 | 630(A3+1/2l) | 841(A3+1l) | 1051(A3+3/2l) | 1261(A3+2 l) |
| | | 1471(A3+5/2l) | 1682(A3+3l) | 1892(A3+7/2l) | |

　　注：有特殊需要的图纸，可采用 $b \times l$ 为 841mm×891mm 与 1189mm×1261mm 的幅面。

**（二）标题栏与会签栏**

　　每张图纸的右下角，必须画出图纸标题栏，简称图标，如图 1-10 所示。它是各专业技术人员绘图、审图的签名区及工程名称、设计单位名称、图名、图号的标注区。

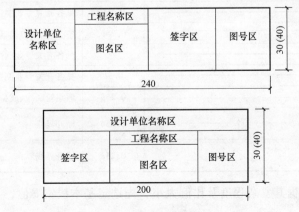

图 1-10　标题栏

会签栏放在图纸左上角图框线外（图 1-9a），应按图 1-11 的格式绘制，其尺寸为 100mm×20mm，栏内应填写会签人员所代表的专业，姓名，日期（年、月、日）。一个会签栏不够用时，可另加一个，两个会签栏应并列；不需会签的图纸，可不设会签栏。

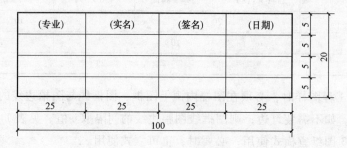

图 1-11　会签栏

## 二、图线

工程图由各种不同的图线绘制而成，为了使所绘制的图样主次分明，清晰易懂，必须使用不同的线型和不同粗细的图线。

各类图线的规格及用途见表 1-3。

表 1-3　各类图线的规格及用途

| 名称 | | 线型 | 线宽 | 一般用途 |
|---|---|---|---|---|
| 实线 | 粗 | | $b$ | 主要可见轮廓线 |
| | 中粗 | | $0.7b$ | 可见轮廓线 |
| | 中 | | $0.5b$ | 可见轮廓线、尺寸线、变更云线 |
| | 细 | | $0.25b$ | 图例填充线、家具线 |
| 虚线 | 粗 | | $b$ | 见各有关专业制图标准 |
| | 中粗 | | $0.7b$ | 不可见轮廓线 |
| | 中 | | $0.5b$ | 不可见轮廓线、图例线 |
| | 细 | | $0.25b$ | 图例填充线、家具线 |
| 单点长画线 | 粗 | | $b$ | 见各有关专业制图标准 |
| | 中 | | $0.5b$ | 见各有关专业制图标准 |
| | 细 | | $0.25b$ | 中心线、对称线、轴线等 |
| 双点长画线 | 粗 | | $b$ | 见各有关专业制图标准 |
| | 中 | | $0.5b$ | 见各有关专业制图标准 |
| | 细 | | $0.25b$ | 假想轮廓线、成型前原始轮廓线 |
| 折断线 | | | $0.25b$ | 断开界线 |
| 波浪线 | | | $0.25b$ | 断开界线 |

每个图样，应根据其复杂程度及比例大小，先选定基本线宽 $b$ 值，再按表 1-4 确定相应的线宽组。

表 1-4　线宽组

| 线宽比 | 线 宽 组 | | | |
|---|---|---|---|---|
| $b$ | 1.4 | 1.0 | 0.7 | 0.5 |
| 0.7$b$ | 1.0 | 0.7 | 0.5 | 0.35 |
| 0.5$b$ | 0.7 | 0.5 | 0.35 | 0.25 |
| 0.25$b$ | 0.35 | 0.25 | 0.18 | 0.13 |

注：1. 需要缩微的图纸，不宜采用 0.18 及更细的线宽。
　　2. 同一张图纸内，各不同线宽中的细线，可统一采用较细的线宽组的细线。

**标准学习**

根据《房屋建筑制图统一标准》（GB/T 50001—2010）的规定，工程图中图线的使用应满足以下要求：

1）图线的宽度 b，宜从 1.4mm、1.0mm、0.7mm、0.5mm、0.35mm、0.25mm、0.18mm、0.13mm 线宽系列中选取。图线宽度不应小于 0.1mm。

2）同一张图纸内，相同比例的各图样，应选用相同的线宽组。

3）相互平行的图例线，其净间隙或线中间隙不宜小于 0.2mm。

4）虚线、单点长画线或双点长画线的线段长度和间隔，宜各自相等。

5）单点长画线或双点长画线，当在较小图形中绘制有困难时，可用实线代替。

6）单点长画线或双点长画线的两端，不应是点。点画线与点画线交接点或点画线与其他图线交接时，应是线段交接。

7）虚线与虚线交接或虚线与其他图线交接时，应是线段交接。虚线为实线的延长线时，不得与实线相接。

## 三、字体

图纸上所需书写的文字、数字或符号等，均应笔画清晰、字体端正、排列整齐；标点符号应清楚正确。

文字的字高，应从表 1-5 中选用。字高大于 10mm 的文字宜采用 TRUETYPE 字体，如需书写更大的字，其高度应按 $\sqrt{2}$ 的倍数递增。

表 1-5　文字的字高　　　　　　　　　　　　　　　（单位：mm）

| 字体种类 | 中文矢量字体 | TRUETYPE 字体及非中文矢量字体 |
|---|---|---|
| 字高 | 3.5、5、7、10、14、20 | 3、4、6、8、10、14、20 |

### （一）汉字

图样及说明中的汉字，宜采用长仿宋体（矢量字体）或黑体，同一图纸字体种类不应超过两种。长仿宋体的宽度与高度的关系应符合表 1-6 的规定，黑体字的宽度与高度应相同。大标题、图册封面、地形图等的汉字，也可书写成其他字体，但应易于辨认。

字高应从表 1-6 所示系列中选用。

表 1-6　长仿宋字高宽关系　　　　　　　　　（单位：mm）

| 字高 | 20 | 14 | 10 | 7 | 5 | 3.5 |
|---|---|---|---|---|---|---|
| 字宽 | 14 | 10 | 7 | 5 | 3.5 | 2.5 |

### （二）数字和字母

图样及说明中的拉丁字母、阿拉伯数字与罗马数字，宜采用单线简体或 ROMAN 字体。拉丁字母、阿拉伯数字与罗马数字的书写规则，应符合表 1-7 的规定。

表 1-7　拉丁字母、阿拉伯数字与罗马数字的书写规则

| 书写格式 | 字　　体 | 窄 字 体 |
|---|---|---|
| 大写字母高度 | $h$ | $h$ |
| 小写字母高度（上下均无延伸） | $7/10h$ | $10/14h$ |
| 小写字母伸出的头部或尾部 | $3/10h$ | $4/14h$ |
| 笔画宽度 | $1/10h$ | $1/14h$ |
| 字母间距 | $2/10h$ | $2/14h$ |
| 上下行基准线的最小间距 | $15/10h$ | $21/14h$ |
| 词间距 | $6/10h$ | $6/14h$ |

拉丁字母、阿拉伯数字和罗马数字根据需要可以写成直体或斜体两种。斜体字字头向右倾斜与水平基准线成 75°，图样中一般用斜体。

> **标准学习**
>
> 《房屋建筑制图统一标准》（GB/T 50001—2010）规定：
>
> 1）拉丁字母、阿拉伯数字与罗马数字的字高，不应小于 2.5mm。
>
> 2）数量的数值注写，应采用正体阿拉伯数字。各种计量单位凡前面有量值的，均应采用国家颁布的单位符号注写。单位符号应采用正体字母。
>
> 3）分数、百分数和比例数的注写，应采用阿拉伯数字和数学符号。
>
> 4）当注写的数字小于 1 时，应写出各位的"0"，小数点应采用圆点，齐基准线书写。

## 四、比例

图样的比例，应为图形与实物相对应的线性尺寸之比，以阿拉伯数字表示，如 1:1、1:2、1:100 等。比值为 1 的比例叫原值比例；比值大于 1 的比例叫放大比例；比值小于 1 的比例叫缩小比例。

比例的符号为"："，以阿拉伯数字表示。比例宜注写在图名的右侧，字的基准线应取平；比例的字高宜比图名的字高小一号或二号，如图 1-12 所示。

绘图时，应根据图样的用途与被绘对象的复杂程度，

平面图 1:100　　　　1:20

图 1-12　比例的注写

从表 1-8 中选用适当的比例，并优先选用表中的常用比例。一般情况下，一个图样选用一种比例。根据专业制图的需要，同一图样可选用两种比例。

**表 1-8　绘图所用的比例**

| 常用比例 | 1:1、1:2、1:5、1:10、1:20、1:30、1:50、1:100、1:150、1:200、1:500、1:1000、1:2000 |
| --- | --- |
| 可用比例 | 1:3、1:4、1:6、1:15、1:25、1:40、1:60、1:80、1:250、1:300、1:400、1:600、1:5000、1:10000、1:20000、1:50000、1:100000、1:200000 |

## 五、尺寸标注

一张完整的工程图是由表达物体的图样和标注的尺寸两部分组成的。

### （一）尺寸的组成

图样上的尺寸，由尺寸界线、尺寸线、尺寸起止符号和尺寸数字组成，如图 1-13 所示。

**1. 尺寸界线**

尺寸界线用细实线绘制，一般应与被注长度垂直，其一端应离开图样轮廓线不小于 2mm，另一端宜超出尺寸线 2～3mm。必要时，图样轮廓线可用作尺寸界限。

**2. 尺寸线**

尺寸线用细实线绘制，应与被注长度平行，且不宜超出尺寸界线。任何图线均不得用作尺寸线。

**3. 尺寸起止符号**

尺寸起止符号一般用中粗斜短线绘制，其倾斜方向应与尺寸界线成顺时针 45°角，长度宜为 2～3mm。半径、直径、角度与弧长的尺寸起止符号，宜用箭头表示，如图 1-14 所示。

图 1-13　尺寸的组成

图 1-14　箭头尺寸起止符号

**4. 尺寸数字**

图样上的尺寸，应以尺寸数字为准，不得从图上直接量取。尺寸单位除标高及总平面图以米为单位外，其他必须以毫米为单位。尺寸数字的方向，应按图 1-15a 的规定注写。若尺寸数字在 30°斜线区内，宜按图 1-15b 的形式注写。尺寸数字应依据其方向注写在靠近尺寸线的上方中部，如没有足够的注写位置，最外边的尺寸数字可注写在尺寸界线的外侧，中间相邻的尺寸数字可上下错开注写，也可引出注写，如图 1-16 所示。

### （二）尺寸的排列与布置

尺寸宜标注在图样轮廓线以外，不宜与图线、文字及符号等相交，如图 1-17 所示。图线不得穿过尺寸数字，不可避免时，应将尺寸数字处的图线断开，如图 1-18 所示。互相平

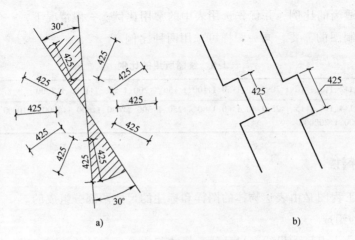

图 1-15　尺寸数字的注写方向

a）尺寸数字的注写方向　b）尺寸数字在 30°斜线区内的注写方向

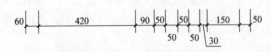

图 1-16　尺寸数字的注写位置

行的尺寸线，应从被注写的图样轮廓线由近向远整齐排列，较小尺寸应离轮廓线较近，较大尺寸应离轮廓线较远；图样轮廓线以外的尺寸线，距图样最外轮廓线之间的距离，不宜小于10mm，平行排列的尺寸线的间距，宜为 7～10mm，并应保持一致；总尺寸的尺寸界线，应靠近所指部位，中间的分尺寸的尺寸界线可稍短，但其长度应相等，如图 1-19 所示。

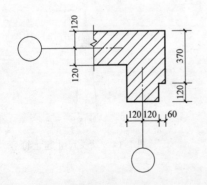

图 1-17　尺寸不宜与图线相交

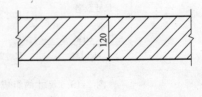

图 1-18　尺寸数字处图线应断开

**（三）半径、直径和球的尺寸标注**

1）半径的尺寸线，应一端从圆心开始，另一端画箭头指至圆弧。半径数字前应加注半径符号"$R$"，如图 1-20、图 1-21 所示。

2）标注圆的直径尺寸时，直径数字前，应加符号"$\phi$"。在圆内标注的直径尺寸线应通过圆心，两端画箭头指至圆弧，如图 1-22 所示。

3）标注球的半径尺寸时，应在尺寸数字前加注符号"$SR$"；标注球的直径尺寸时，应在尺寸数字前加注符号"$S\phi$"。注写方法与圆弧半径和圆直径的尺寸标注方法相同。

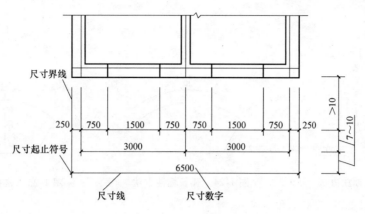

图 1-19　尺寸的排列

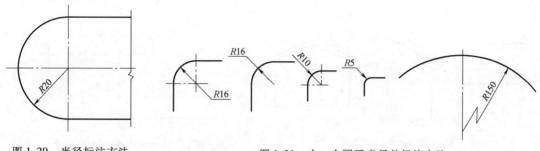

图 1-20　半径标注方法　　　　图 1-21　小、大圆弧半径的标注方法

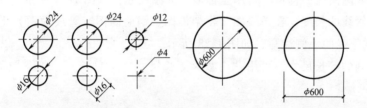

图 1-22　圆及小圆直径标注方法

**（四）角度、弧长和弦长的标注**

角度的尺寸线，应以圆弧线表示，该圆弧的圆心应是该角的顶点，角的两条边为尺寸界线，角度的起止符号应以箭头表示，如没有足够位置画箭头，可用圆点代替。角度数字应沿尺寸线方向注写（图 1-23）。

标注圆弧的弧长时，尺寸线应以与该圆弧同心的圆弧线表示，尺寸界线应指向圆心，起止符号应以箭头表示，弧长数字的上方应加注圆弧符号，如图 1-24 所示。

标注圆弧的弦长时，尺寸线应以平行于该弦的直线表示，尺寸界线应垂直于该弦，起止符号应以中粗斜短线表示，如图 1-25 所示。

**（五）其他尺寸标注**

1）标注坡度时，在坡度数字下，应加注坡度符号，坡度符号的箭头一般应指向下坡方向。坡度也可用直角三角形形式标注，如图 1-26 所示。

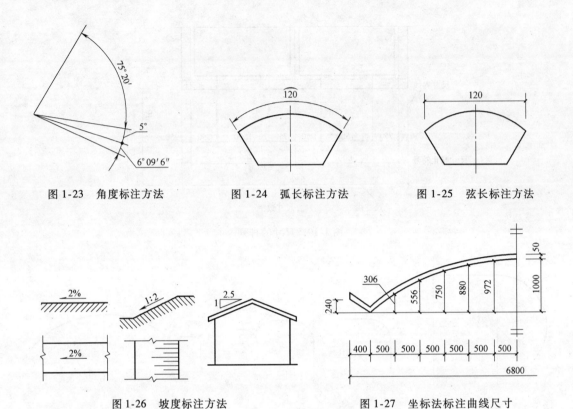

图 1-23　角度标注方法　　　图 1-24　弧长标注方法　　　图 1-25　弦长标注方法

图 1-26　坡度标注方法　　　　　　图 1-27　坐标法标注曲线尺寸

2）外形为非圆曲线的构件，可用坐标形式标注尺寸，如图 1-27 所示。

3）杆件或管线的长度，在单线图（桁架简图、钢筋简图、管线简图）上，可直接将尺寸数字沿杆件或管线的一侧注写，如图 1-28 所示。

4）连续排列的等长尺寸，可用"个数 × 等长尺寸（＝总长）"的形式标注，如图 1-29 所示。

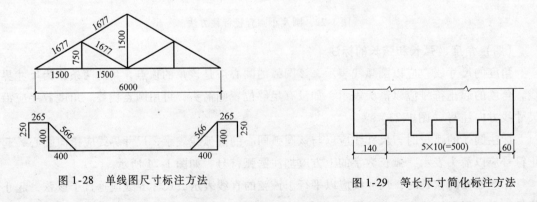

图 1-28　单线图尺寸标注方法　　　　　　图 1-29　等长尺寸简化标注方法

5）两个构配件，如仅个别尺寸数字不同，可在同一图样中，将其中一个构配件的不同尺寸数字注写在括号内，该构配件的名称也应注写在相应的括号内，如图 1-30 所示。

6）数个构配件，如仅某些尺寸不同，这些有变化的尺寸数字，可用拉丁字母注写在同一图样中，另列表格写明其具体尺寸，如图 1-31 所示。

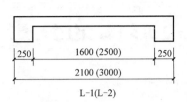

图 1-30　相似构件尺寸标注方法

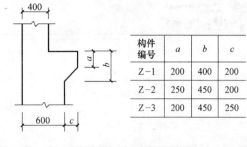

| 构件编号 | $a$ | $b$ | $c$ |
|---|---|---|---|
| Z—1 | 200 | 400 | 200 |
| Z—2 | 250 | 450 | 200 |
| Z—3 | 200 | 450 | 250 |

图 1-31　相似构配件尺寸表格式标注方法

7）对称构配件采用对称省略画法时，该对称构配件的尺寸线应略超过对称符号，仅在尺寸线的一端画尺寸起止符号，尺寸数字应按整体全尺寸注写，其注写位置宜与对称符号对直。

8）构配件内的构造因素（如孔、槽等）如相同，可仅标注其中一个要素的尺寸，如图 1-32 所示。

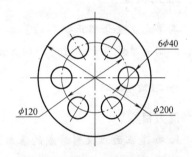

图 1-32　相同要素尺寸标注方法

---

🌐 **工程实践经验介绍：尺寸数字和比例**

在建筑工程施工中，比例和尺寸标注非常重要。一般来说，建筑施工图是根据建筑构造的实际尺寸等比例缩小的图样，而图纸上所标注的尺寸数字是构造的实际尺寸，因此，我们所看到的施工图上所标注的尺寸数字与绘图的比例没有任何关系。

以计算机绘图的软件 AutoCAD 为例。我们习惯称 AutoCAD 为 1∶1 绘图，也就是以构造的实际尺寸进行绘图。这 1∶1 应该算是比例的概念，但实际上 AutoCAD 没有 1∶n 绘图的说法。我们也先别说输入 100 就是 100mm，严格来说，我们输入的是 100 个图形单位，因为我们使用的是公制，1m 长度的线输入 1000，这个 1000 就是 1000，什么时候成为 1000mm，到打印时通过 "1mm = ＊＊单位"，即由打印比例反映出来。一般来说不会因为图纸比例是 1∶100 就输入 1000/100 = 10。这样，AutoCAD 绘图实际是没有绘图比例这个概念的。比例的 "产生" 发生在出图过程中，即用 AutoCAD 绘图，图纸比例可以理解为 "打印出图比例"。

# 单元二

## 建筑形体的投影

**单元概述**

本单元主要介绍正投影的基本原理、三视图、轴测投影图的形成方法及其投影规律、绘制简单建筑形体投影图的方法。

**学习目标**

**能力目标**

1. 知道三面正投影形成的基本方法。

2. 能绘制建筑形体的三面正投影。

3. 能绘制简单建筑形体的轴测投影图。

**知识目标**

1. 掌握正投影的基本原理。

2. 掌握三视图的形成及其投影规律。

3. 掌握点、线、面的投影特性。

**情感目标**

培养对空间形体以及建筑形体三面正投影的感性认识。

## 课题1 投影的基础知识

### 一、投影的概念

在日常生活中，我们看到太阳光或灯光照射物体时，在地面或墙壁上出现物体的影子，这就是一种投影现象。但这个影子只能反映出物体的轮廓，而不能表达物体的真实形状，如图 2-1a 所示。假设光线能够透过物体，将物体各个顶点和各条棱线都在承影面上投落出影子，这些点和线的影子将组成一个能够反映出物体形状的图形，这个图形通常称为物体的投影，如图 2-1b 所示。

这种光线通过物体，向承影面投射，并在该承影面上获得图形的方法，称为投影法。在此，光源 S 称为投射中心，光线 SA、SB 等叫投射线，物体称为空间形体，平面 P 叫投影面。

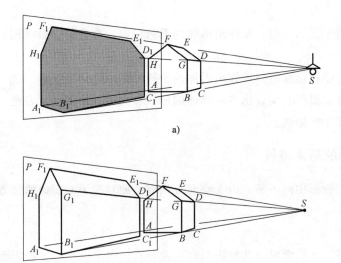

图 2-1  影子和投影

## 二、投影法的分类

投影法分为两大类：

### （一）中心投影法

投射线汇交于一点，称为中心投影法（图 2-2a）。中心投影的特点是投射线集中于一点 $S$，投影的大小与形体离投射中心的距离有关，在投射中心 $S$ 与投影面距离不变的情况下，形体距投射中心越近，影子越大，反之则小。中心投影法一般用于绘制建筑透视图。

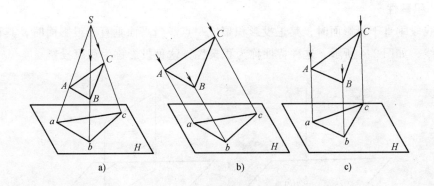

图 2-2  投影法的分类
a）中心投影  b）斜投影  c）正投影

### （二）平行投影法

投射线相互平行，称为平行投影法（图 2-2b、c）。平行投影所得投影的大小与形体离投射中心的距离远近无关。

根据投射线与投影面的相对位置，平行投影法又可分为斜投影和正投影。

**1. 斜投影**

投射方向倾斜于投影面时，所作出形体的平行投影，称为斜投影（图2-2b）。

**2. 正投影**

投射方向垂直于投影面时，所作出形体的平行投影，称为正投影（图2-2c）。由于用正投影法得到的投影图最能真实表达空间物体的形状和大小，作图也较方便，因此大多数工程图样的绘制都采用正投影法。

## 三、正投影的基本特性

正投影是平行投影中的一种，由于空间直线或平面对投影面所处的位置不同，其投影有下述几种特征。

### （一）全等性

当直线段平行于投影面时，其投影与直线段等长；当平面平行于投影面时，其投影与平面全等，如图2-3所示，即直线段的长度和平面的大小可以从投影中直接度量出来。这种特性称为全等性，这种投影称为实形投影。

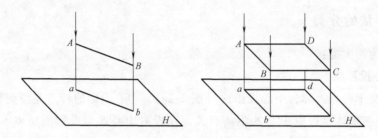

图2-3　投影的全等性

### （二）积聚性

当直线段垂直于投影面时，其正投影积聚成一点。当平面垂直于投影面时，其正投影积聚成一直线，如图2-4所示。这种特性称为积聚性，这种投影称为积聚投影。

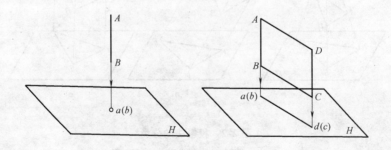

图2-4　投影的积聚性

### （三）类似性

当直线段倾斜于投影面时，其正投影仍是直线段，但比实长短；当平面倾斜于投影面时，其正投影与平面类似，但比实形小，如图2-5所示。这种特性称为类似性。

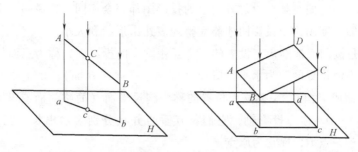

图 2-5　投影的类似性

---

⚙ **工程实践经验介绍**

　　中心投影和平行投影（斜投影和正投影）在工程图中应用甚广，用不同的投影法，可以画出以下几种常用的投影图。

　　1）透视图（图 2-6a）：是用中心投影法绘制的单面投影图。这种图形同人的眼睛观察物体或摄影所得的结果相似，形象逼真，立体感强，常用来绘制建筑物的立体图，用在初步设计绘制方案图。透视图的不足是房屋各部分形状和大小不能在图上直接量出，所以它不能做施工图用。

　　2）轴测图（图 2-6b）：是用平行投影法绘制的单面投影图。这种图有立体感，轴测图上平行于轴测轴的线段都可以测量。

　　3）三面正投影图（图 2-6c）：是用平行投影的正投影法绘制的多面投影图。这种图画法较前两种图简便，显实性好，是绘制建筑工程图的主要图示方法，但是，缺乏主体感，无投影知识的人不易看懂。

　　4）标高投影图（图 2-6d）：是一种带有数字标记的单面正投影图。标高投影常用来表示地面的形状。

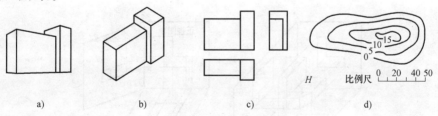

图 2-6　建筑工程常用的投影图
a）透视图　b）轴测图　c）三面正投影图　d）标高投影图

---

# 课题 2　形体的三面正投影

## 一、三面正投影图的形成

　　一个物体只画出一个投影图是不能完整地表示出它的形状和大小的，图 2-7 所示是两个形状不同的物体，而它们在某个投射方向上的投影图却完全相同。这说明一个物体必须从几个方向来进行投影，即用几个投影图才能完整地表达出形状和大小。

图 2-8 所示是按国家标准规定设立的三个互相垂直的投影面，称为三面投影体系。三个投影面中，呈水平面位置的称为水平投影面（简称水平面或 *H* 面）；呈正立面位置的称为正投影面（简称正面或 *V* 面）；呈侧立面位置的称为侧投影面（简称侧面或 *W* 面）。三个投影面的交线 *OX*、*OY*、*OZ* 称为投影轴，它们相互垂直并且分别表示出长、宽、高三个方向。三个投影轴相交于一点 *O*，称它为原点。

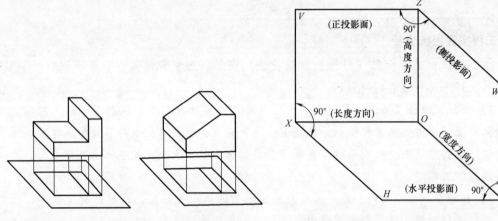

图 2-7 单一投影不能确定物体的形状和大小　　　　图 2-8 三个投影面的组成

通常我们把物体放在由三个相互垂直的投影面所组成的体系中，然后用正投影法由前面垂直向后投影，由上面垂直向下投影，由左面垂直向右投影，由此就可得到物体的三个不同方向的正投影图（图 2-9a）。物体在三个投影面上的正投影图分别为：正视图（正面投影或 *V* 面投影）、俯视图（水平投影或 *H* 面投影）、左视图（侧面投影或 *W* 面投影）。

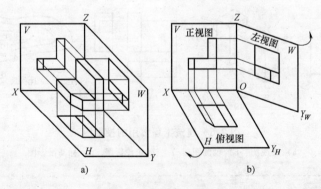

图 2-9 形体的三视图

**标准学习**

《技术制图—投影法》（GB/T 14692—2008）对物体的正投影法进行了相关规定：

表示一个物体可有六个基本投射方向，如图 2-10 所示。相应地有六个基本的投影面分别垂直于六个基本投射方向。

　　从前方投射的视图应尽量反映物体的主要特征，该视图称为主视图。

　　可根据实际情况选用其他视图，在完整、清晰地表达物体特征的前提下，使视图数量为最少，力求制图简洁。

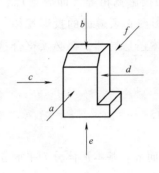

| 投射方向 | | 视图名称 |
|---|---|---|
| 方向代号 | 方向 | |
| a | 自前方投射 | 主视图或正立面图 |
| b | 自上方投射 | 俯视图或平面图 |
| c | 自左方投射 | 左视图或左侧立面图 |
| d | 自右方投射 | 右视图或右侧立面图 |
| e | 自下方投射 | 仰视图或底面图 |
| f | 自后方投射 | 后视图或背立面图 |

图 2-10　基本视图的投射方向

## 二、三个投影面的展开

　　为了把处在空间位置的三个投影图画在同一平面上，必须将三个相互垂直的投影面进行展开。根据规定 $V$ 面保持不动，将 $H$ 面向下旋转，将 $W$ 面向右旋转，使它们都与 $V$ 面处在同一平面上（图 2-9b）。这时，$OY$ 轴分为两条，一条为 $OY_H$ 轴，另一条为 $OY_W$ 轴。

　　从展开后的三面正投影图的位置来看，$H$ 面投影在 $V$ 面投影的下方，$W$ 面投影在 $V$ 面投影的右方。在实际绘图时，在投影图外不必画出投影面的边框，也不写 $H$、$V$、$W$ 字样，对投影逐渐熟悉后，投影轴 $OX$、$OY$、$OZ$ 也不注，就依"三等关系"去作图。

## 三、三面正投影图的投影规律

　　一个物体可用三面正投影图来表达它的三个面，在这三个投影图之间既有区别，又有着联系，从图 2-11 中可以看出三面正投影图具有下述投影规律：

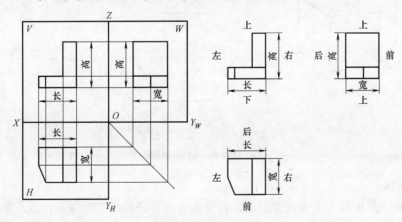

图 2-11　三面正投影图的形成

正面投影能反映物体的正立面形状以及物体的高度和长度及上下、左右的位置关系。

水平投影能反映物体的水平面形状以及物体的长度和宽度及前后、左右的位置关系。

侧面投影能反映物体的侧立面形状以及物体的高度与宽度及上下、前后的位置关系。

除此之外,在三个投影图间还具有"三等"关系:正面投影与水平投影长对正(即等长);正面投影与侧面投影高平齐(即等高);水平投影与侧面投影宽相等(即等宽)。"长对正、高平齐、宽相等"的"三等"关系是绘制和阅读正投影图必须遵循的投影规律,如图 2-11 所示。这是画图和读图的根本规律,无论是物体的整体还是局部,都必须符合这个规律。

# 课题3 立体的三面投影

任何建筑形体都可以看成由基本形体按照一定的方式组合而成。基本形体分为平面立体和曲面立体两大类。

## 一、平面立体

由若干平面围成的立体称为平面立体。最常见的平面立体有棱柱、棱锥和棱台。

### (一)棱柱

棱柱由上、下底面和若干侧面围成,如图 2-12、图 2-13a 所示。其上、下底面形状大小完全相同且相互平行;每两个侧面的交线为棱线,有几个侧面就有几条棱线;各棱线相互平行且都垂直于上、下底面。

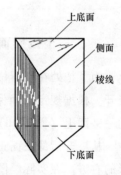

图 2-12 棱柱立体图

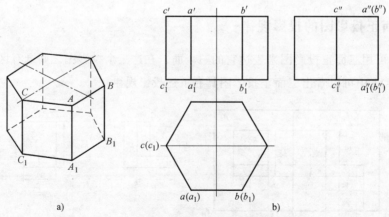

a)

b)

图 2-13 正六棱柱的投影

a)立体图 b)投影图

### (二)棱锥

棱锥由一个底面和若干个侧面围成,各个侧面由各条棱线交于顶点,顶点常用字母 $S$ 来表示。图 2-14a 所示为一个三棱锥,其底面为 $\triangle ABC$,顶点为 $S$,三条棱线分别为 $SA$、$SB$、

$SC$。三棱锥底面为三角形，有三个侧面及三条棱线；四棱锥的底面为四边形，有四个侧面及四条棱线；依次类推。在作棱锥的投影图时，通常将其底面水平放置，如图 2-14b 所示。

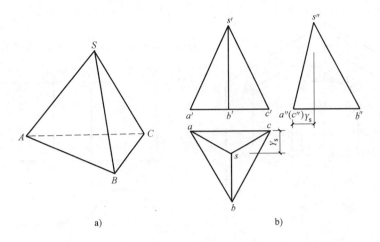

图 2-14　三棱锥的投影

a) 立体图　b) 投影图

### （三）棱台

如图 2-15a 所示，棱台的形体特点是：两个底面为大小不同、相互平行且形状相似的多边形。各侧面均为等腰梯形。图 2-15b 为一四棱台的三视图，其画法思路同四棱锥。应当注意的是：画每个视图都应先画上、下底面，然后画出各侧棱。

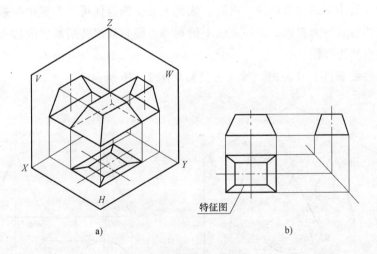

特征图

图 2-15　四棱台的三视图

a) 立体图　b) 投影图

## 二、曲面立体

由曲面或由曲面与平面围成的立体，称为曲面立体。工程上常见的曲面立体有圆柱、圆锥和球体等。由于这些曲面由直线或曲线作为母线绕定轴回转而成，所以又称为回转体。

## （一）圆柱

如果圆柱的轴线垂直于 $H$ 面，其三面投影如图 2-16b 所示。

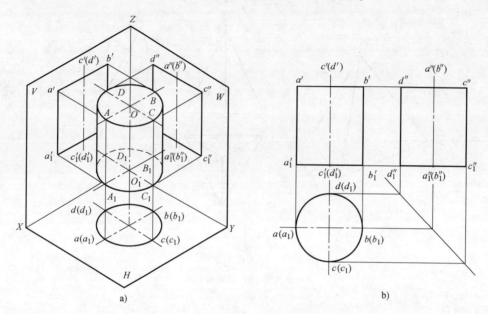

图 2-16　圆柱的三面投影

a) 立体图　b) 投影图

## （二）圆锥

直线绕着与其相交的轴线旋转一周后形成圆锥面，圆锥面可以看成由一系列通过锥顶的直线组成，这些直线称为素线。旋转直线上的每一点随直线旋转后形成的轨迹均为垂直于轴线的圆，这些圆称为纬圆。

当圆锥的轴线垂直于 $H$ 面时，其三面投影如图 2-17b 所示。

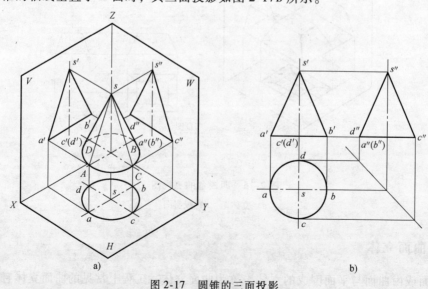

图 2-17　圆锥的三面投影

a) 立体图　b) 投影图

## （三）球体

球体的三面投影图如图 2-18b 所示。

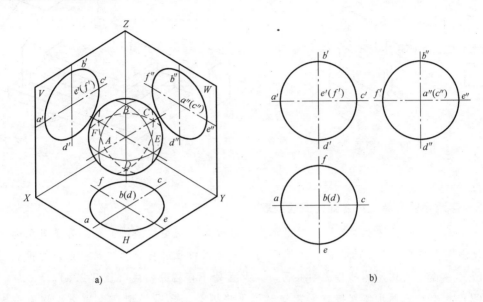

图 2-18　球体的三面投影

a）立体图　b）投影图

# 三、组合体

在建筑工程中，把叠加或切割后的形体称为组合体或建筑形体。

## （一）组合体的组合形式

为了便于分析，按形体组合特点，将它们的形成方式分为：

（1）叠加型　由几个基本形体叠加而成（图 2-19）。

（2）切割型　由基本形体切割掉某些形体而成（图 2-20）。

（3）综合型　有叠加和切割两种形式的组合体（图 2-21）。

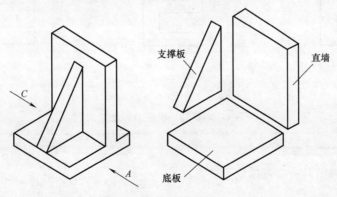

图 2-19　叠加型

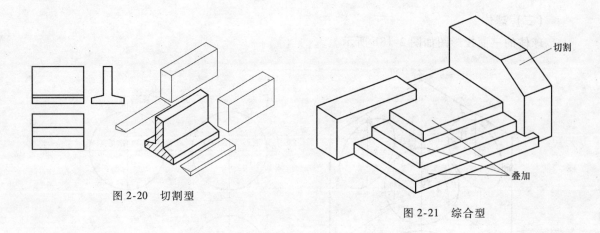

图 2-20　切割型

图 2-21　综合型

---

**⚙ 工程实践经验介绍：组合处的图线处理**

在工程制图中，对于建筑形体中出现形体经叠加、切割组合情况时，为了避免邻接表面的投影出现多线或漏线的错误，可按下列三种相对位置进行分析，画出正确的投影图。

（1）共面　当两形体邻接表面共面时，共面处不存在分割线（图 2-22a）。

（2）相交　当两形体邻接表面相交时，无论因叠加还是切割产生的交线均应按投影规律求出（图 2-22b）。

（3）相切　当两形体邻接表面相切时，由于相切是光滑过渡，所以切线的投影在三视图中均不画出（图 2-22c）。

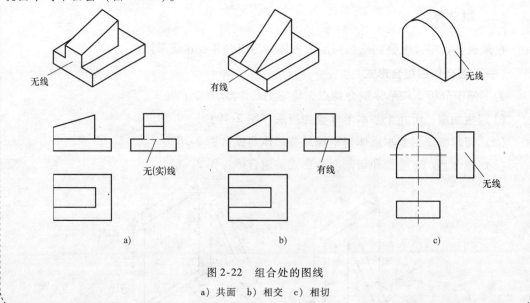

图 2-22　组合处的图线

a）共面　b）相交　c）相切

---

**（二）组合体的画法**

画组合体三视图时，应遵循以下三点：

**1. 形体分析**

画图前，首先要弄清组合体是由哪些基本形体组成的，各基本形体之间的组合形式及其相对位置及特征如何，从而对组合形体有一个全面的认识。图 2-19 所示物体，可将其分解为三个基本形体，该物体为叠加型组合。图 2-20 所示物体，可以分析为一四棱柱经切割后而形成的，该物体为切割型组合。

**2. 选择视图**

正立面图是一组视图中最重要的视图。选择正立面图的原则是：

1）通常先将这个组合体所表达的形体按自然位置安放，要注意使形体处于稳定状态，即它的正常使用位置。

2）一般用垂直于该形体的正面的方向作为正立面图的投射方向，有时也可用最能显示组合体各部分形状和它们之间的相对位置的方向作为正立面图的投射方向。

3）注意使各投影图中虚线最少。

**3. 遵循正确的画图方法和步骤**（以图 2-23 为例）

（1）选择图幅与比例　根据形体大小、复杂程度和注写尺寸所占的位置选择适宜的图幅和比例。

（2）布置投影图　先画出图框和标题粗线框，明确图纸上可以画图的范围，然后大致安排 3 个视图的位置，再画组合体的主要部分和各视图的对称中心线或最重要的面，使每个投影在注完尺寸后与图框线的距离大致相等。

（3）画底稿　先画主要部分，后画次要部分；先画大形体，后画小形体；先画整体，后画细部；先画最具特征的投影，后画其他投影。几个视图应配合起来同时画，以便正确实现"长对正，高平齐，宽相等"的投影规律。

（4）加深图线　经检查无误后，按各类线型进行加深。

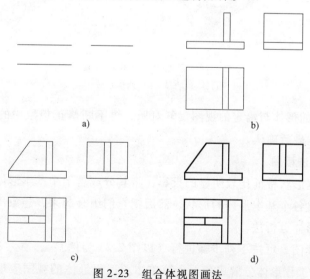

图 2-23　组合体视图画法

a）画各投影图的基准线　b）画底板和竖板三视图

c）画左侧竖板三视图　d）检查组合处的图线，加深全图

## 四、组合体投影图的阅读

阅读组合体的视图是画图的逆过程。画图是把空间的组合体用正投影法表示在平面上，

而读图则是根据画出的视图，运用投影规律，想象出组合体的空间形状。读图时主要用形体分析法，当形体复杂时，也常用线面分析法来帮助。

**（一）读图的一般方法**

1）几个视图要联系起来读。由于组合体的视图是用多面正投影来表达的，而在每一个视图中只能表示物体的长、宽、高三个方向中的两个方向，因此不能看了一个视图就下结论。

2）既要抓住形状特征明显的正立面图，又要认真分析形体间相邻表面的相对位置。读图时要注意分析视图中反映形体之间连接关系的图线，判断各形体间的相对位置。如图2-24a的正立面图中，三角形肋板与底板之间实线，说明它们的前表面不共面；结合平面图和左侧立面图可以判断出肋板只有一块，位于底板中间。而图2-24b的正立面图中三角形肋板与底板之间为虚线，说明它们前表面是共面的，结合平面图、左侧立面图可以判断三角形肋板有前后两块。

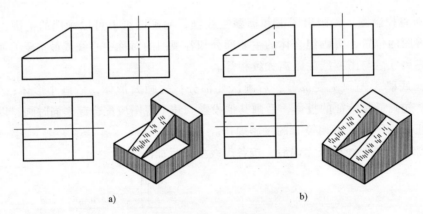

图 2-24　判断形体的相对位置

a）一块肋板　b）两块肋板

3）要把想象中的形体与给定的视图反复对照，再不断修正想象中的组合形状，图与物不互相矛盾时，才能最后确认。

**（二）形体分析法读图**

在视图中，根据形状特征比较明显的投影，将其分成若干个基本形体，并按它们各自的投影关系分别想象出各个基本形体的形状，然后把它们组合起来，想象出工程形体的整体形状，这种方法称为形体分析法。

用形体分析法读图，可按下列步骤进行（以图2-25为例）：

1）分线框。将工程形体分解成若干个简单体。工程形体的视图表现为线框，因此，可以从反映形体特征的正立面图入手（图2-25a），将正立面图初步分为 $1'$、$2'$、$3'$、$4'$ 四个部分（线框）。

2）对投影。对照其他视图，找出与之对应的投影，确认各基本体并想象出它们的形状。在平面图和左侧立面图中与前述 $1'$、$3'$ 相对应的线框是：1、3 和 $1''$、$3''$，由此得出简单体 I 和 III，如图2-25b、c所示；与 $2'$ 对应的线框，平面图是 2，但左侧立面图中却是 $a''$ 和

$b''$两个线框,这是因为其所对应的是上顶面为斜面的简单体Ⅱ;至于4'线框体现的是与左边Ⅱ相对称的部分。

3)读懂各简单体之间的相对位置,得出工程形体的整体形状,如图2-25c所示。

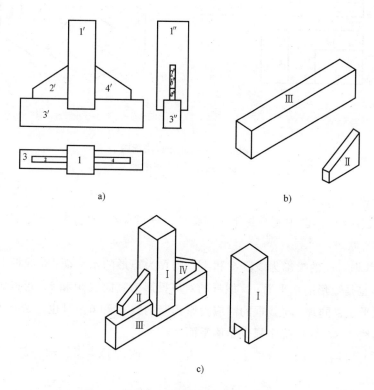

图2-25 形体分析法读图
a)视图 b)分析 c)立体图

### (三)线面分析法读图

分析三面投影图上相互对应的线段和线框的意义,从而弄清组成该组合形体的基本形状和整个形体的形状,这种方法叫线面分析法。

由于建筑工程中的一些建(构)筑物坡面较多,对一些比较复杂的组合体的视图不但要用形体分析法,还要用线面分析法来帮助读图,通过用线与面的投影特性来分析图线和线框,可以帮助读懂建(构)筑物上某些轮廓线和表面形状。

下面以图2-26为例说明线面分析法读图全过程。

1)将正立面中封闭的线框编号,在平面图和左侧立面图中找出与之对应的线框或线段,确定其空间形状。

正立面图有1'、2'、3'三个封闭线框,按"高平齐"的关系,1'线框对应$W$面投影上的一条竖直线1″,根据平面的投影规律可知Ⅰ平面是一个正平面,其$H$面投影应为与之"长对正"的平面图中的水平线1。2'线框对应的$W$面投影应为斜线2″,因此Ⅱ平面应为侧垂面,根据平面的投影规律,其$H$面投影不仅与其正面投影"长对正",而且应互为类似形,即为平面图中封闭的2线框。3'线框对应的$W$面投影为竖线3″,说明Ⅲ平面为正平面,

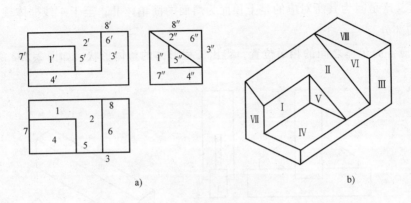

图 2-26  线面分析法读图

a) 投影图  b) 立体图

其 *H* 面投影为横向线段 3。

2）将平面图和侧面图中剩余封闭线框编号，分别有 4、8 和 5″、6″、7″，找出其对应投影并确定空间形状。

其中，4 线框对应的投影为线段 4′和 4″，则Ⅳ为矩形的水平面；8 线框对应的投影为线段 8′和 8″，Ⅷ也是矩形的水平面；5″线框的对应投影为竖向线 5′和 5，可确定Ⅴ为形状是直角三角形的侧平面；同理，6″线框的对应投影为竖向线 6′和 6，Ⅵ也是侧平面；7″线框的对应投影为竖向线 7′和 7，可确定Ⅶ也是侧平面。

3）由视图分析各组成部分的上、下、左、右、前、后关系，综合起来得出整体形状，如图 2-26b 所示。

上面虽然采用了两种不同的读图方法，读了两组不同的视图，这只是为了说明两种读图方法的特点，其实这两种方法并不是截然分开的，它们既相互联系又相互补充，读图时往往要同时用到这两种方法，必要时，还要借助尺寸进行分析。

总的来说，读图步骤常常是先作大概肯定，再作细致分析；先用形体分析法，后用线面分析法；先外部后内部；先整体后局部，再由局部回到整体。有时，也可画轴测图来帮助读图。

# 课题4  轴 测 投 影

## 一、轴测投影的基本知识

轴测图是在平行投影下形成的一种单面投影图，图中能同时反映物体的长、宽、高，具有较好的立体感，弥补多面正投影图的不足，是一种帮助读图的辅助图样（图 2-27）。

### （一）轴测投影图的形成与分类

**1. 形成**

轴测投影属平行投影，它采用与形体的三个向度都不一致的投射方向，将空间形体及确

定其位置的直角坐标系一起平行投射
到一个投影面上，所得的投影图，称
之轴测投影图，简称轴测图，如图2-
28所示。

投影面 $P$ 称为轴测投影面，空间
直角坐标轴（$OX$、$OY$、$OZ$）在轴测投
影面上的投影（$O_1X_1$、$O_1Y_1$、$O_1Z_1$）
称为轴测轴。

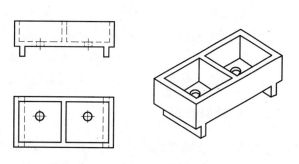

图 2-27 正投影图与轴测图

在轴测图中，轴测轴之间的夹角
称为轴间角。轴测轴上的单位长度与相应直角坐标轴上的单位长度的比值，称为轴向伸缩系
数。$X$、$Y$、$Z$ 轴向伸缩系数分别用 $p$、$q$、$r$ 表示，即

$$p = O_1X_1/OX \qquad q = O_1Y_1/OY \qquad r = O_1Z_1/OZ$$

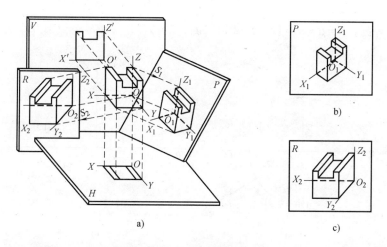

图 2-28 轴测投影

a）轴测投影形成 b）正轴测投影图 c）斜轴测投影图

## 2. 分类

轴测投影分为正轴测投影和斜轴测投影。

将形体的三条坐标轴倾斜于投影面 $P$ 放置，利用正投影法进行投影，则该形体的 3 个侧
面也可同时在该投影面上显示出来，这种投影法称为正轴测投影法（图2-28b）。正轴测分
正等测、正二测、正三测。

将形体的一个侧面平行于投影面 $R$ 放置，并用平行投影法将其倾斜投影到该投影面上，
此时，形体的三个侧面便同时显示出来，这种投影法称为斜轴测投影法（图2-28c）。斜轴
测分斜等测、斜二测、斜三测。

**（二）轴测图的特性**

轴测图是用平行投影的方法所得的一种投影图，必然具有平行投影的投影特性：

（1）平行性 形体上互相平行的线段，在轴测图中仍然互相平行。

（2）定比性　形体上平行于直角坐标轴的线段，其轴测投影也必然与相应的轴测轴平行，并且所有同一轴向的线段其轴向伸缩系数是相同的，这种线段在轴测图中可以测量。和坐标轴不平行的线段，其投影变得或长或短，不能在图上测量。

（3）实形性　形体上平行于轴测投影面的平面，在轴测图中反映实形。

## 二、正轴测投影

如前所述，正轴测投影的三个坐标轴均与轴测投影面倾斜，轴测投射方向垂直于轴测投影面。工程中常用的正轴测投影图有正等测和正二测两种。

### （一）轴间角及轴向伸缩系数

**1. 轴间角**

在正轴测投影中，只要空间坐标系与轴测投影面的相对位置已经确定，则轴向伸缩系数和轴间角也就随之确定。根据已求出的轴向伸缩系数，便可求出相应的轴间角，如图 2-29 所示。

即：①正等测，$\alpha = \beta = \gamma = 120°$；②正二测，$\alpha = 97°10'$，$\beta = \gamma = 131°25'$。

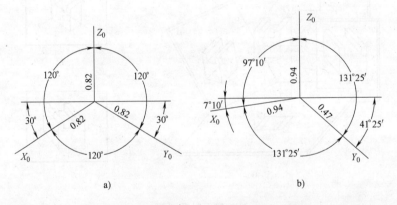

图 2-29　正轴测图的轴向伸缩系数和轴间角
a）正等测　b）正二测

**2. 轴向伸缩系数**

从理论上可以推出：在正等测图中，$p = q = r \approx 0.82$；在正二测图中，$p = q \approx 0.94$，$r \approx 0.47$。为了作图简便，常采用简化轴向伸缩系数。在正等测中，取 $p = q = r = 1$。这样用简化轴向伸缩系数画出的正等测图比实际尺寸放大了 $1/0.82 \approx 1.22$ 倍；在正二测图中，常取 $p = r = 1$，$q = 0.5$。这样画出的轴测图比实际尺寸放大了 $1/0.94 \approx 1.06$ 倍。

### （二）正等测投影图的画法

因为正等测投影的轴间角 $\alpha = \beta = \gamma = 120°$，

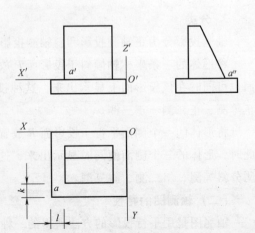

图 2-30　挡土墙的投影图

轴向伸缩系数 $p=q=r\approx0.82$，为了作图简便，通常将轴向伸缩系数取为简化伸缩系数，即 $p=q=r=1$。作图过程如下例：

**【例 2-1】** 根据图 2-30 的三面投影，作出挡土墙的正等测图。

作图步骤如下：

1）形体分析，挡土墙可分成基础和墙身两部分。

2）确定坐标系 $O\text{-}XYZ$，并在投影图上确定一点 $A$（$a$、$a'$、$a''$）作为基准点。

3）画出轴测轴 $OX'$、$OY'$、$OZ'$。

4）以轴测轴为基准先画出基础的轴测图，然后根据坐标线段在基础顶面上定出墙身上的 $A$ 点，接着根据 $A$ 点作出墙身端面的轴测图，再画出墙身，完成挡土墙的轴测图（图 2-31）。

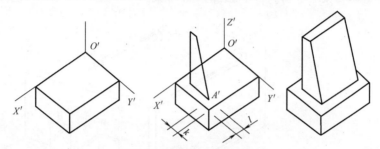

图 2-31 挡土墙的正等测图

### 三、斜轴测投影

斜轴测投影就是按倾斜于轴测投影面的投射方向，通常使某一坐标平面与轴测投影面平行而作出的具有立体感的斜投影图。以正立投影面 $V$ 为轴测投影面所得的斜轴测投影称为正面斜轴测投影，以水平投影面 $H$ 为轴测投影面，所得为水平斜轴测投影。

在正面斜轴测投影中，坐标轴 $OX$、$OZ$ 就是轴测轴。它们之间的轴间角总为 $90°$，$X$ 和 $Z$ 方向的投影长度等于原长度，即轴向伸缩系数 $p=r=1$。$Y$ 轴方向的伸缩系数与投射方向有关，一般取 $q=1/2$（正面斜二测）或 $q=1$（正面斜等测），更多采用 $q=1/2$，且轴测轴 $OY$ 与水平线的倾角为 $45°$，如图 2-32 所示。

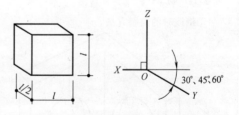

图 2-32 正面斜轴测投影的画法

---

📖 **标准学习**

《房屋建筑制图统一标准》（GB/T 50001—2010）中关于轴测投影法的相关规定：

1）轴测图的可见轮廓线宜用中实线绘制，断面轮廓线宜用粗实线绘制。不可见轮廓线一般不绘出，必要时，可用细虚线绘出所需部分。

2）轴测图的断面上应画出其材料图例线，图例线应按其断面所在坐标面的轴测方向绘制。如以 $45°$ 斜线为材料图例线时，应按图 2-33 的规定绘制。

3）轴测图中的线性尺寸，应标注在各自所在的坐标面内，尺寸线应与被注长度平行，尺寸界线应平行于相应的轴测轴，尺寸数字的方向应平行于尺寸线，如出现字头向下倾斜时，应将尺寸线断开，在尺寸线断开处水平方向注写尺寸数字。轴测图的尺寸起止符号宜用小圆点，如图 2-34 所示。

4）轴测图中的圆径尺寸，应标注在圆所在的坐标面内；尺寸线与尺寸界线应分别平行于各自的轴测轴。圆弧半径和小圆直径尺寸也可引出标注，但尺寸数字应注写在平行于轴测轴的引出线上，如图 2-35 所示。

5）轴测图的角度尺寸，应标注在该角所在的坐标面内，尺寸线应画成相应的椭圆弧或圆弧。尺寸数字应水平方向注写，如图 2-36 所示。

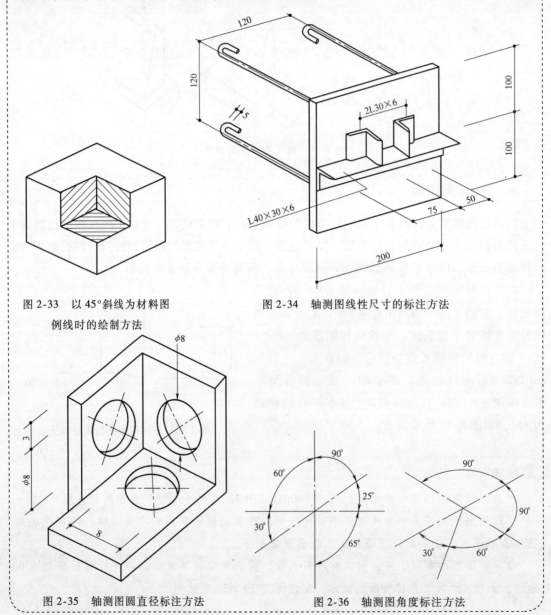

图 2-33　以 45°斜线为材料图　　　　　图 2-34　轴测图线性尺寸的标注方法
　　　　　例线时的绘制方法

图 2-35　轴测图圆直径标注方法　　　　　图 2-36　轴测图角度标注方法

# 单元三

## 剖面图和断面图

**单元概述**

在"国标"规定的建筑形体多种表达方法的基础上，本单元主要介绍对复杂形体的表达方法，即剖面图、断面图的形成、画法以及相应的简化画法等。

**学习目标**

**能力目标**

1. 能识读和绘制简单建筑形体的剖面图。

2. 能识读和绘制简单建筑形体的断面图。

**知识目标**

1. 掌握建筑形体的剖切原理。

2. 掌握建筑形体常用的各种剖切表达方法和识读方法。

**情感目标**

通过对建筑形体常用的各种表达方法的学习，增强对建筑形体剖面图和断面图重要性的认知和把握。

## 课题1  剖面图的形成和绘制方法

### 一、剖面图的形成

在画建筑形体的投影时，形体上不可见的轮廓线在投影图上需用虚线画出。在实际工程中，由于功能上的需要，建筑形体一般具有复杂的内、外形状和构造，则在该图中会出现较多的虚线，使图面虚实线交错，混淆不清。既不便于标注尺寸，也容易产生错误。图 3-1 为钢筋混凝土双柱杯形基础的投影图。这个基础有安装柱子用的杯口，在 V、W 面投影上都出现了虚线，使图面不

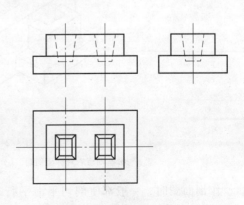

图 3-1  双柱杯形基础的投影图

清晰。

我们假想用一个剖切平面将形体切开，移去观察者与剖切平面之间的那一部分，作剩下部分的投影图，这种剖切后对形体作出的投影图，称为剖面图，简称剖面。

图 3-1 为双柱杯形基础的三视图。为表明其内部结构，假想用正平面 $P$ 沿基础前后对称面进行剖切，移去平面 $P$ 前面的部分，将剩余的后半部分向正立投影面投射（图 3-2a），就得到了杯形基础的正向剖面图（图 3-2b 左图）。同样，可选择侧平面沿基础上杯口的中心线进行剖切（图 3-2c），投射后得到基础的侧向剖面图（图 3-2b 右图）。

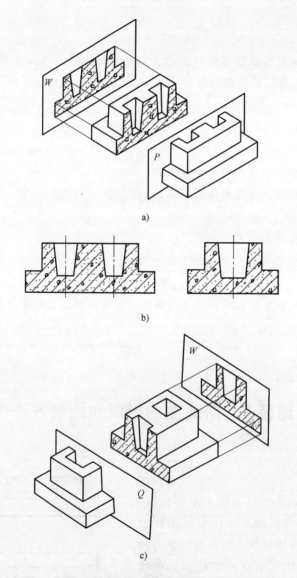

图 3-2 剖面图的形成
a）沿基础前后对称面剖切　b）剖面图　c）沿基础上杯口的中心线剖切

作剖面图时，一般都使剖切平面平行于基本投影面，从而使剖面的投影反映实形。同时，要使剖切平面尽量通过形体上的孔洞、槽等隐蔽形体的中心线，将形体内部尽量表示清楚。由于剖切面是假想的，所以只在画剖面图时，才假想将形体切去一部分。在画另一个投影时，则应按完整的形体画出。如图 3-2 所示，在画 V 向的剖面图时，虽然已将基础剖去了前半部，但是在画 W 向的剖面图时，则仍然按完整的基础剖开。H 面投影按完整的基础画出。

## 二、剖面图的表示方法

### 1. 剖切符号

剖面图本身不能反映出剖切位置，为了读图方便，在其投影图上必须标注剖面的剖切符号。剖切符号由剖切位置线及剖视方向线组成，均以粗实线绘制。

剖切位置线简称剖切线，实质上就是剖切面（一般设置成垂直于某个基本投影面的位置）的积聚投影，用断开的两段粗实线表示，长度宜为 6～10mm。

剖视方向线垂直于剖切线，在剖切线两端的同侧各画一段与它垂直的短粗线，表示观看方向为朝向这一侧，长度宜为 4～6mm。如图 3-3 的 1—1 剖面即表明观看方向为向左看。剖面剖切符号不宜与图面上的图线相接触。

剖面剖切符号的编号，宜采用阿拉伯数字，按顺序由左至右，由下至上连续编排，并应注写在剖视方向线的端部，此编号应标注在相应的剖面图的下方。

剖切线需要转折时，一般以一次为限。当剖面图与被剖切图样不在同一张图纸内时，可在剖切线的一侧注明其所在图纸的图纸号。如图 3-3 中的 3—3 剖面标注即表示 3—3 剖面图画在建筑施工图第 5 号图纸上。

通常对下列剖面图不标注剖面剖切符号：通过门窗洞口位置剖切房屋所绘制的建筑平面图；通过形体（或构件配件）的对称中心平面、中心线等位置剖切形体所绘制的剖面图。

### 2. 剖面图的图线与线型

剖面图中被剖切处的截断面图形的轮廓线用粗实线表示；未剖切到但在投影时仍可见的轮廓线用中粗实线表示；不可见的线一般可不画出。

### 3. 材料图例

按国家制图标准规定，画剖面图时在截断面部分应画上形体的材料图例，常用建筑材料图例见表 3-1。当不注明材料种类时，则可用等间距同方向的 45°细线来表示。对图中狭窄的断面画出材料图例有困难时，也可将断面涂黑。两个相邻的涂黑图例间，应留有空隙，其宽度不得小于 0.5mm，如图 3-4 所示。当一张图纸内的图样，只用一种建筑材料时，或图形小而无法画出图例时，可不画材料图例，但应加文字说明。

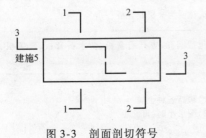

图 3-3　剖面剖切符号

图 3-4　较小截面的表示法

表 3-1　常用建筑材料图例

| 序号 | 名称 | 图例 | 备注 |
|---|---|---|---|
| 1 | 自然土壤 | 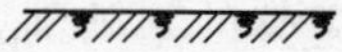 | 包括各种自然土壤 |
| 2 | 夯实土壤 |  | — |
| 3 | 砂、灰土 | 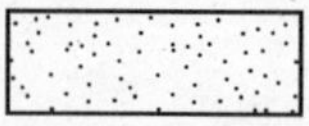 | — |
| 4 | 砂砾石、碎砖三合土 | 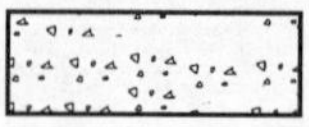 | — |
| 5 | 石材 | 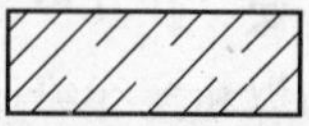 | — |
| 6 | 毛石 | 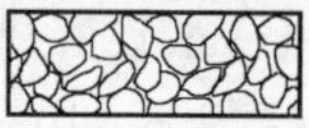 | |
| 7 | 普通砖 | 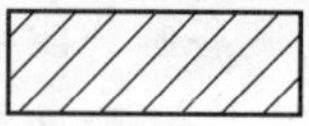 | 包括实心砖、多孔砖、砌块等砌体。断面较窄不易绘出图例线时,可涂红,并在图纸备注中加注说明,画出该材料图例 |
| 8 | 耐火砖 | 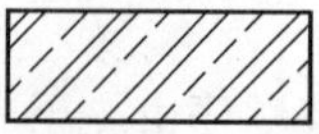 | 包括耐酸砖等砌体 |
| 9 | 空心砖 | 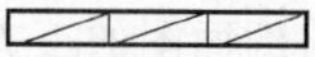 | 指非承重砖砌体 |
| 10 | 饰面砖 | 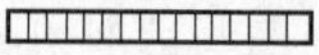 | 包括铺地砖、马赛克、陶瓷锦砖、人造大理石等 |
| 11 | 焦渣、矿渣 | 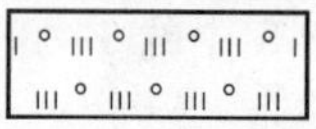 | 包括与水泥、石灰等混合而成的材料 |
| 12 | 混凝土 | 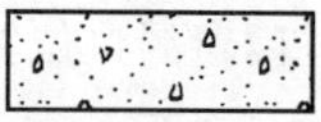 | 1)本图例指能承重的混凝土及钢筋混凝土<br>2)包括各种强度等级、集料、添加剂的混凝土<br>3)在剖面图上画出钢筋时,不画图例线<br>4)断面图形小,不易画出图例线时,可涂黑 |
| 13 | 钢筋混凝土 |  | |
| 14 | 多孔材料 |  | 包括水泥珍珠岩、沥青珍珠岩、泡沫混凝土、非承重加气混凝土、软木、蛭石制品等 |
| 15 | 纤维材料 | 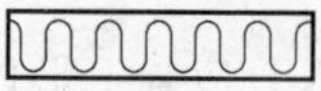 | 包括矿棉、岩棉、玻璃棉、麻丝、木丝板、纤维板等 |
| 16 | 泡沫塑料材料 | 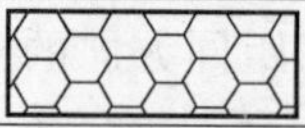 | 包括聚苯乙烯、聚乙烯、聚氨酯等多孔聚合物类材料 |
| 17 | 木材 | 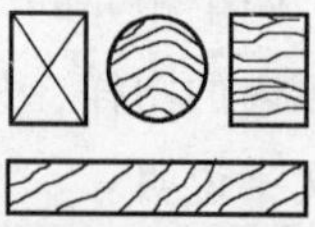 | 1)上图为横断面,左上图为垫木、木砖或木龙骨<br>2)下图为纵断面 |
| 18 | 胶合板 | 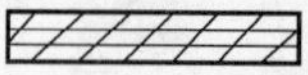 | 应注明为×层胶合板 |
| 19 | 石膏板 | 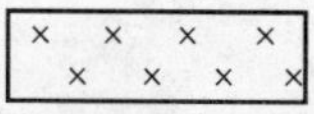 | 包括圆孔、方孔石膏板、防水石膏板、硅钙板、防火板等 |
| 20 | 金属 |  | 1)包括各种金属<br>2)图形小时,可涂黑 |

（续）

| 序号 | 名称 | 图例 | 备注 |
|---|---|---|---|
| 21 | 网状材料 |  | 1）包括金属、塑料网状材料<br>2）应注明具体材料名称 |
| 22 | 液体 | 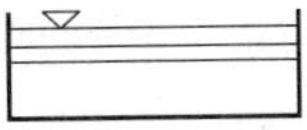 | 应注明具体液体名称 |
| 23 | 玻璃 | 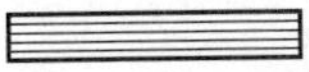 | 包括平板玻璃、磨砂玻璃、夹丝玻璃、钢化玻璃、中空玻璃、夹层玻璃、镀膜玻璃等 |
| 24 | 橡胶 |  | — |
| 25 | 塑料 |  | 包括各种软、硬塑料及有机玻璃等 |
| 26 | 防水材料 |  | 构造层次多或比例大时,采用上面图例 |
| 27 | 粉刷 |  | 本图例采用较稀的点 |

注：序号 1、2、5、7、8、13、14、16、17、18 图例中的斜线、短斜线、交叉斜线等角度均为 45°。

📖 **标准学习**

《房屋建筑制图统一标准》（GB/T 50001—2010）中关于建筑材料图例的相关规定：

1）图例的画法：

① 图例线应间隔均匀，疏密适度，做到图例正确，表示清楚。

② 不同品种的同类材料使用同一图例时（如某些特定部位的石膏板必须注明是防水石膏板时），应在图上附加必要的说明。

③ 两个相同的图例相接时，图例线宜错开或使倾斜方向相反。

④ 两个相邻的涂黑图例间应留有空隙。其净宽度不得小于 0.5mm。

2）下列情况可不加图例，但应加文字说明：

① 一张图纸内的图样只用一种图例时。

② 图形较小无法画出建筑材料图例时。

3）需画出的建筑材料图例面积过大时，可在断面轮廓线内，沿轮廓线作局部表示。

4）当选用本标准中未包括的建筑材料时，可自编图例。但不得与本标准所列的图例重复。绘制时，应在适当位置画出该材料图例，并加以说明。

## 三、剖面图的几种形式

《房屋建筑制图统一标准》（GB/T 50001—2010）规定，根据形体的内部和外部形状，应按下列方法剖切后绘制，即全剖面图、阶梯剖面图、半剖面图、局部剖面图、分层剖切剖面图和展开剖面图等。

### 1. 全剖面图

用一个剖切平面将物体全部剖开所得到的剖面图称为全剖面图。它一般用于不对称物体或虽对称但外形比较简单或在另一个视图中已将它的外形表达清楚的物体的剖切。

在建筑工程图中，建筑平面图就是用水平全剖的方法绘制的水平全剖面图，如图 3-5 所示。

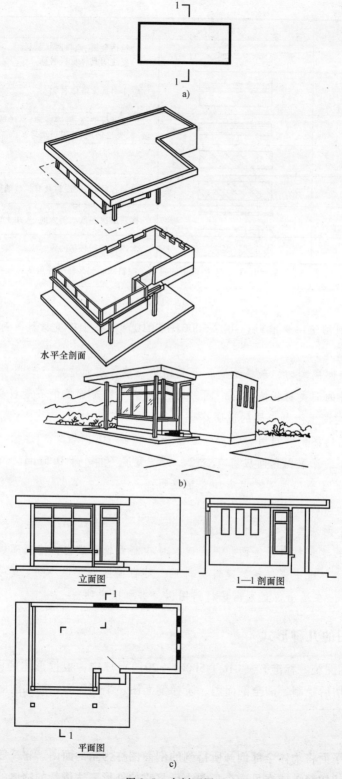

水平全剖面

a)

b)

立面图                1—1 剖面图

平面图

c)

图 3-5  全剖面图

a) 全剖面图的形成   b) 平面图的形成   c) 房屋平、立、剖面图

**2. 阶梯剖面图**

如一个剖切平面不能将形体上需要表达的内部构造表示清楚时，可将剖切平面转折成两个互相平行的平面，将形体沿需要表达的地方剖开，然后画出剖面图，这种剖面图称为阶梯剖面图。如图 3-6 所示，形体具有不在同一轴线上的两个孔洞，如果仅用一个剖切平面，势必不能同时剖切到两个孔洞，为解决这个问题可将剖切面转折一次（仅一次）即满足要求。转折后由于剖切而使形体产生的轮廓线不应在剖面图中画出，因为这种剖切实际上是假想的，它只是一种作图的方法。

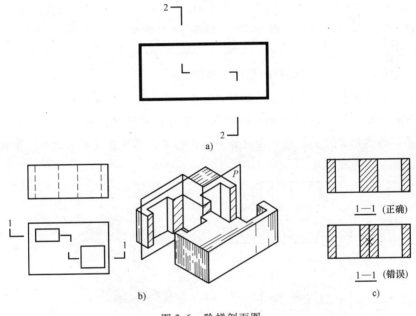

图 3-6　阶梯剖面图

a）阶梯剖面图的形成　b）立体图　c）剖面图

如图 3-5 所示的房屋，如果只用一个平行于侧投影面的剖切面，就不能同时剖开前墙的窗和后墙的窗，这时可将剖切面转折，形成两个平行的剖切面，使一个剖切面剖切前墙的窗，另一个剖切面剖切后墙的窗，这就把该剖的内部构造都表示出来了。

**3. 半剖面图**

当形体是左右或前后对称而外形又比较复杂时，为了同时表达内外形状，可把投影图的一半画为剖面图，另一半画为形体的正投影图而组成一个图，中间用对称轴线（点画线）为分界线，这种同时表示形体的外形和内部构造的剖面图叫半剖面图（图 3-7）。当剖切平面与形体的对称中心平面重合，且半剖面图位于基本视图的位置时，可以不予标注剖面剖切符号。当剖切平面不通过形体的对称中心平面时，则应标注剖切线和剖视方向线。

**4. 局部剖面图**

当建筑形体的外形比较复杂，完全剖开后无法清楚表示它的外形时，可以保留原投影图的大部分，而只将局部地方画成剖面图。投影图与局部剖面图之间，用徒手画波浪线分界，波浪线不能与轮廓线或中心线重合且不能超出外形轮廓线。

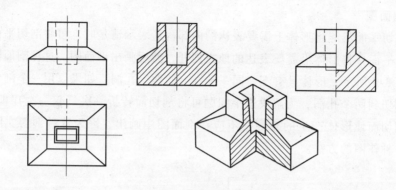

图 3-7　全剖面图与半剖面图

---

⚙ **工程实践经验介绍：杯形基础的局部剖面图**

　　图 3-8 所示为某杯形基础。为了保留较完整的外形，在绘制剖面图时将其水平投影的一角剖开画成局部剖面图，以表示基础内部钢筋的配置情况，基础的正投影是个全剖面图，画出了钢筋的配置情况，此处视混凝土为透明体，不再画混凝土的材料图例，这种图在结构施工图中称为配筋图。

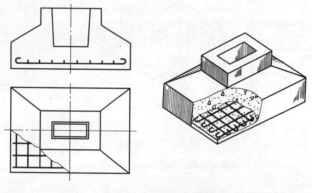

图 3-8　某杯形基础

---

### 5. 分层剖切剖面图

　　将形体按层次用波浪线隔开，进行剖切所得到的剖面图，叫分层剖切剖面图。在此，波浪线不应与任何图线重合。

　　图 3-9 所示的楼层地面图，是用分层剖切剖面图来表示地面的构造与各层所用材料及做法。分层剖切剖面，也常用来表示屋面等多层材料构成的建筑构件。

### 6. 展开剖面图

　　由两个或两个以上相交的剖切面剖切形体，并将倾斜于基本投影面的剖面旋转到平行于基本投影面后得到的剖面图叫展开剖面图，用此法剖切时，应在剖面图的图名后加注"展开"字样。

　　如图 3-10 把剖切平面沿着图中 1—1 剖面图所示的转折剖切线转折成两个相交的剖切平面。左方的剖切平面平行于正立投影面，右方的剖切平面倾斜于正立投影面，两剖切平面的

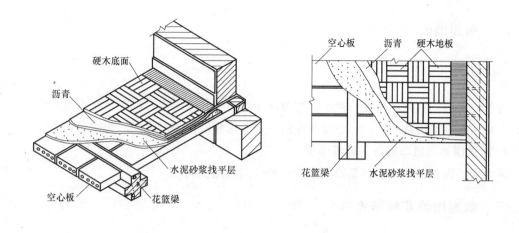

图 3-9　楼层地面分层剖切剖面图

a）立体图　b）平面图

交线垂直于投影面 $H$。剖切后将倾斜剖切平面连同它上面的剖面以交线为旋转轴，旋转成平行于正立投影面的位置，然后画出它们的剖面图。在剖面图中也不应画出两个相交剖切平面的交线。

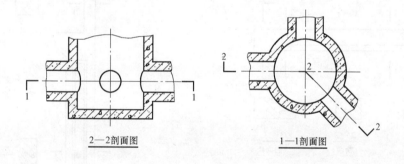

图 3-10　展开剖面图

## 课题 2　断面图的形成和绘制方法

### 一、断面图的形成

当剖切面剖切一个形体时，剖切面与物体相交所得到的图形称为断面图，简称断面，如图 3-11 主要表示形体某一部位的断面形状。

断面图与剖面图的区别：断面图不必画出剖切后按投射方向可能见到的形体其他部分的轮廓线投影，而剖面图则要画出包括断面在内的物体留下部分的投影。显然，断面图是包含于剖面图之中的。

## 二、断面图的表示方法

### 1. 断面剖切符号

断面的剖切符号，只用剖切位置线表示，并以粗实线绘制，长度宜为 6～10mm；断面剖切符号的编号，宜采用阿拉伯数字，按顺序连续编排，表示编号的数字在图中一律水平书写，并应注写在剖切线的一侧，编号所在的一侧为该断面的投射方向，如图 3-11 所示。

### 2. 断面图的图线与线型、断面图例

断面图的图线与线型、断面图例等要求均与剖面图相同。

## 三、断面图的几种形式

根据断面图在视图中的位置，可分为移出断面图、重合断面图和中断断面图三种。

### 1. 移出断面图

将形体的断面图，移画于投影图外的一侧，称为移出断面，适用于形体的截面形状变化较多的情况。如图 3-12 所示，通过 1—1、2—2 移出断面，可知该柱柱身是工字形断面，上柱是方形断面。

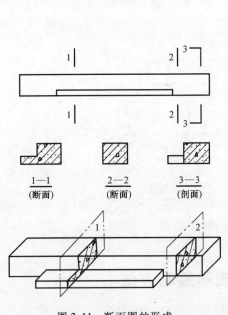

图 3-11　断面图的形成

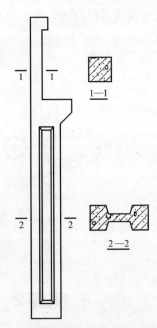

图 3-12　钢筋混凝土牛腿柱移出断面图

断面图移画的位置一般在剖切位置附近，以便对照识读。断面图一般可用较大的比例画出，以利于标注尺寸和清晰地显示其内部构造。

### 2. 重合断面图

将断面图直接画在投影图中，二者比例相同，重合在一起的称为重合断面图，适用于形体的截面形状变化少或单一的情况。重合断面的轮廓线应用粗实线表示，以便与投影图上的线条有所区别，并在重合断面上画上材料图例。如图 3-13a 所示，为一角钢的重合断面，该

断面没有标注断面的剖切符号，通常在图形简单时，可不画剖切位置线亦不编号。图 3-13b 所示的断面是对称图形，故将剖切位置线改用点画线表示，且不予编号。

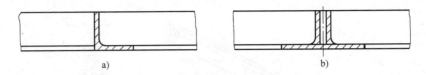

图 3-13 重合断面图

a) 断面不对称 b) 断面对称

重合断面还可以用来表示屋顶的形式与坡度（图 3-14）或墙壁立面上装饰花纹凸凹起伏的状况（图 3-15）等。

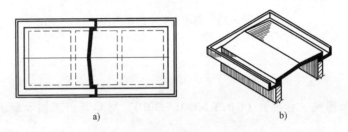

图 3-14 屋顶结构重合断面图

a) 重合断面图 b) 立体图

**3. 中断断面图**

画等截面的细长杆件时，常把断面图直接画在构件假想的断开处，称为中断断面，断开处采用折断线表示，圆形构件要采用曲线折断方式。图 3-16 所示为由金属或木质等材料制成的构件的横断面，构件分别为角钢、方木、圆木、钢管。

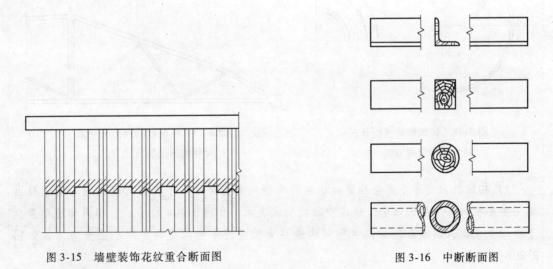

图 3-15 墙壁装饰花纹重合断面图　　　　　图 3-16 中断断面图

用断面图表示钢屋架中杆件的型钢组合情况（这里只画出屋架的局部），断面图布置在杆件的断开处，如图 3-17 所示。

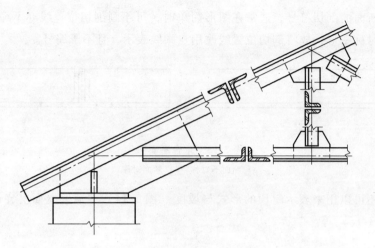

图 3-17　钢屋架的中断断面图

**标准学习**

《房屋建筑制图统一标准》（GB/T 50001—2010）对建筑剖面图和断面图简化画法的相关规定：

1）构配件的视图有一条对称线，可只画该视图的一半；视图有两条对称线，可只画该视图的 1/4，并画出对称符号，如图 3-18 所示。图形也可稍超出其对称线，此时可不画对称符号（图 3-19）。

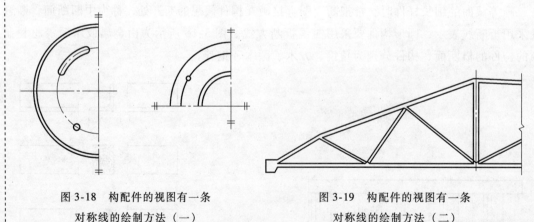

图 3-18　构配件的视图有一条
对称线的绘制方法（一）

图 3-19　构配件的视图有一条
对称线的绘制方法（二）

2）构配件内有多个完全相同而连续排列的构造要素时，可仅在两端或适当位置画出其完整形状，其余部分以中心线或中心线交点表示，如图 3-20a 所示。当相同构造要素少于中心线交点，则其余部分应在相同构造要素位置的中心线交点处用小圆点表示，如图 3-20b 所示。

3）较长的构件，当沿长度方向的形状相同或按一定规律变化，可断开省略绘制，断开处应以折断线表示，如图 3-21 所示。

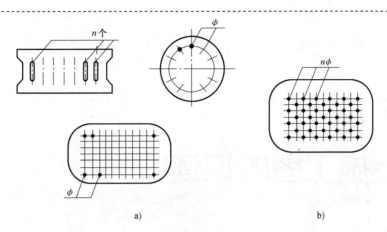

图 3-20　构配件内有多个完全相同而连续排列的构造要素时的绘制方法

4）一个构配件，如绘制位置不够，可分成几个部分绘制，并应以连接符号表示相连（图 3-22）。

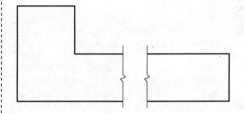

图 3-21　较长构件断面图的绘制方法

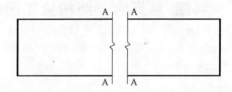

图 3-22　绘制位置不够时一个构配件的绘制方法

5）一个构配件如与另一构配件仅部分不相同，该构配件可只画不同部分，但应在两个构配件的相同部分与不同部分的分界线处，分别绘制连接符号（图 3-23）。

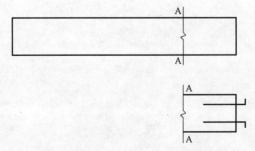

图 3-23　一个构配件如与另一构配件部分不相同时的绘制方法

# 模块二

房屋施工图的识读

# 单元四

## 房屋施工图的基本知识

**单元概述**

在介绍房屋的各大组成部分及其作用的基础上，本单元引入建筑施工图的内容、特点和阅读方法的初步知识，并进一步引导学生掌握建筑施工图的常用符号及画法。

**学习目标**

**能力目标**

1. 能说出房屋的各大组成部分及其作用。

2. 能掌握建筑制图中各种符号的作用和用法。

**知识目标**

1. 认识房屋的各大组成部分及其作用。

2. 熟悉国家标准《房屋建筑制图统一标准》（GB/T 50001—2010）等对建筑施工图的有关规定。

3. 了解建筑施工图中各种图样的基本内容、如何形成、表达方法及图示特点。

**情感目标**

形成对房屋施工图的初步认识，培养良好的识图习惯。

## 课题 1  房屋的组成及其作用

一幢建筑物由很多部分所组成，这些组成部分称为构件。一般民用建筑是由基础、墙和柱、楼层和地层、楼梯、屋顶、门窗等六大基本构件组成的，如图 4-1 所示。这些构件处于不同部位，发挥着各自的不同作用。

### 一、基础

基础是建筑物最下部的承重构件，它承受建筑物的全部荷载，并将荷载传给地基。基础必须具有足够的强度、稳定性，同时应能抵御土层中各种有害因素的作用。

### 二、墙和柱

墙是建筑物的竖向围护构件，在多数情况下也为承重构件，承受屋顶、楼层、楼梯等构

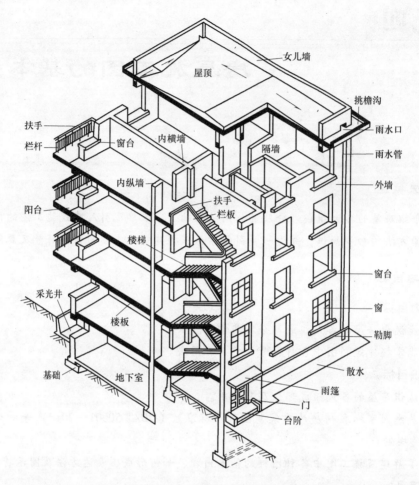

图 4-1　民用建筑的组成

件传来的荷载，并将这些荷载传给基础。外墙分隔建筑物内外空间，抵御自然界各种因素对建筑的侵袭；内墙分隔建筑内部空间，避免各空间之间的相互干扰。根据墙所处的位置和所起的作用，分别要求它具有足够的强度、稳定性以及保温、隔热、节能、隔声、防潮、防水、防火等功能以及具有一定的经济性和耐久性。

为了扩大空间，提高空间的灵活性，也为了结构的需要，有时以柱代墙，起承重作用。

### 三、楼层和地层

楼层和地层是建筑物水平方向的围护构件和承重构件。楼层分隔建筑物上下空间，并承受作用于其上的家具、设备、人体、隔墙等荷载及楼板自重，并将这些荷载传给墙或柱。楼层还起着墙或柱的水平支撑作用，以增加墙或柱的稳定性。楼层必须具有足够的强度和刚度。根据上下空间的特点，楼层尚应具有隔声、防潮、防水、保温、隔热等功能。地层是底层房间与土壤的隔离构件，除承受作用于其上的荷载外，还应具有防潮、防水、保温等功能。

## 四、楼梯

楼梯是建筑物的垂直交通设施，供人们上下楼层、疏散人流及运送物品之用。它应具有足够的通行宽度和疏散能力、足够的强度和刚度，并应具有防火、防滑、耐磨等功能。

## 五、屋顶

屋顶是建筑物顶部的围护构件和承重构件。它抵御自然界的雨、雪、风、太阳辐射等因素对房间的侵袭，同时承受作用于其上的全部荷载，并将这些荷载传给墙或柱。因此，屋顶必须具备足够的强度、刚度以及保温、隔热、防潮、防水、防火、耐久及节能等功能。

## 六、门窗

门的主要功能是交通出入，分隔和联系内部与外部或室内空间，有的兼起通风和采光作用。门的大小和数量以及开关方向是根据通行能力、使用方便和防火要求等因素决定的。窗的主要功能是采光和通风透气，同时又有分隔与围护作用，并起到空间之间视觉联系作用。门和窗均属围护构件，根据其所处位置，门窗应具有保温、隔热、隔声、节能、防风沙及防火等功能。

一栋建筑物除上述基本构件外，根据使用要求还有一些其他构件，如阳台、雨篷、台阶、烟道与通风道等。

> **标准学习**
>
> 根据《住宅设计规范》（GB 50096—2011）中的有关规定，一般在进行房屋设计时常常从以下几个方面考虑：
>
> 一、使用功能
>
> 1. 人体尺度和人体活动所需的空间尺度
>
> 建筑是人类改造自然、适应自然的人工产物，其最终目的是为人服务。所以，大到建筑空间的组合，小到局部构件与设备家具的尺寸尺度，无不以人体及其活动尺度为依据。
>
> 2. 家具、设备的尺寸和使用它们的必要空间
>
> 家具、设备的尺寸，以及人们在使用家具和设备时所需的空间尺寸是考虑房间内部使用空间的重要依据。
>
> 二、自然条件
>
> 1. 气候条件
>
> 气候条件一般包括温度、湿度、日照、雨雪、风向和风速等。气候条件对建筑设计有较大影响，例如我国南方多是湿热地区，建筑风格多以通透为主；北方干冷地区建筑风格趋向闭塞、严谨。日照与风向通常是确定房屋朝向和间距的主要因素。雨雪量的多少对建筑的屋顶形式与构造也有一定影响。

2. 地形、地质以及地震烈度

基地的平缓起伏、地质构成、土壤特性与承载力的大小对建筑物的平面组合、结构布置与造型都有明显的影响。坡地建筑常结合地形错层建造，复杂的地质条件要求基础采用不同的结构和构造处理等。地震对建筑的破坏作用也很大，有时是毁灭性的，这就要求我们从建筑的体形组合到细部构造设计都必须考虑抗震措施，才能保证建筑的使用年限与坚固性。

3. 水文条件

水文条件是指地下水位的高低及地下水的性质，直接影响到建筑物的基础和地下室，设计时应采取相应的防水和防腐措施。

三、技术要求

建筑设计应遵循国家制定的标准、规范、规程以及各地或各部门颁发的标准，如《建筑设计防火规范》（GB 50016—2006）、《住宅设计规范》（GB 50096—2011）、《建筑采光设计标准》（GB 50033—2013）等，以提高建筑科学管理水平，保证建筑工程质量，加快基本建设步伐。这体现了国家的现行政策和我国的经济技术水平。

另外，设计标准化是实现建筑工业化的前提。只有设计标准化，做到构件定型化，减少构配件规格、类型，才有利于大规模采用工厂生产及施工的工业化，从而提高工业化水平。为此，建筑设计应实行国家规定的《建筑模数协调标准》（GB/T 50002—2013）。

最近几年，BIM（建筑信息模型）的出现也为实现建筑工业化提供了变革性的技术支持。

## 课题2　建筑施工图的内容、特点和阅读方法

房屋建筑工程施工图是将建筑物的平面布置、外形轮廓、尺寸大小、结构构造和材料做法等内容，按照"国标"的规定，用正投影方法，详细准确地画出的图样。它是用以组织、指导建筑施工，进行经济核算、工程监理，完成整个房屋建造的一套图样，所以又称为房屋施工图。

### 一、房屋施工图的内容

房屋施工图由于专业分工不同，一般分为建筑施工图、结构施工图和水暖电施工图。各专业图纸又分为基本图和详图两部分。基本图表明全局性的内容，详图表明某些构件或某些局部详细尺寸和材料构成等。

1）建筑施工图（简称建施）主要表示建筑物的总体布局、外部造型、内部布置、细部构造、装修和施工要求等。基本图包括总平面图、建筑平面图、立面图和剖面图等；详图包括墙身、楼梯、门窗、厕所、屋檐及各种装修、构造的详细做法。

2）结构施工图（简称结施）主要表示承重结构的布置情况、构件类型及构造做法等。

基本图包括基础图、柱网平面布置图、楼层结构平面布置图、屋顶结构平面布置图等。构件图（即详图）包括柱、梁、楼板、楼梯、雨篷等。

3）给水、排水、采暖、通风、电气等专业施工图（亦可统称它们为设备施工图），简称分别是水施、暖施、电施等，它们主要表示管道（或电气线路）与设备的布置和走向、构件做法和设备的安装要求等。这几个专业的共同点是基本图都是由平面图、轴测系统图或系统图所组成；详图有构件配件制作或安装图。

上述施工图，都应在图纸标题栏注写自身的简称与图号，如"建施1""结施1"等。

一套房屋施工图的编排顺序是：图纸目录、设计技术说明、总平面图、建筑施工图、结构施工图、水暖电施工图等。各工种图纸的编排一般是全局性图纸在前，表达局部的图纸在后；先施工的在前，后施工的在后。

图纸目录（首页图）主要说明该工程是由哪几个专业图纸所组成，各专业图纸的名称、张数和图号顺序。

设计技术说明主要是说明工程的概貌和总的要求，包括工程设计依据、设计标准、施工要求等。

一般中小型工程，常把图纸目录、设计技术说明和总平面图画在一张图纸内。

## 二、房屋施工图的特点

1）施工图中各图样，主要是用正投影绘制的。通常在 $H$ 面作平面图，在 $V$ 面作正、背立面图，在 $W$ 面上作左、右侧立面和剖面图。在图幅大小允许的情况下，将平、立、剖面图放在同一张图纸上，以便阅读。如果图幅过小，平、立、剖面图可分别单独绘出。

2）房屋的形体较大，所以施工图都用较小比例绘制。构造较复杂的地方，可用大比例的详图绘出。

3）由于房屋的构配件和材料种类较多，"国标"规定了一系列的图形符号来代表建筑构配件、卫生设备、建筑材料等，这种图形符号称为图例。为了读图方便，"国标"还规定了许多标准符号。所以，阅读者应对图例和符号有所了解。

4）线型粗细变化，为了使所绘的图样重点突出、活泼美观，建筑上采用了很多线型，如立面图中室外地坪用 $1.4b$ 的特粗线，门窗格子、墙面粉刷分格线用细实线。

5）图纸中用投影表示不清楚的地方，可以用文字说明。

## 三、房屋施工图阅读方法

一套房屋施工图，简单的有几张，复杂的有十几张、几十张甚至几百张。当我们拿到这些图纸时，应从哪里看起呢？

首先根据图纸目录，检查和了解这套图纸的分类情况。如有缺损或需用标准图和重复利用旧图时，应及时配齐。检查无缺后，按目录顺序（一般是按"建施""结施""设施"的顺序排列）通读一遍，对工程对象的建设地点、周围环境、建筑物的大小及形状、结构形式和建筑关键部位等情况先有一个概括的了解。然后，负责不同专业（或工种）的技术人员，根据不同要求，重点深入地读不同类别的图纸。阅读时，应按先整体后局部，先文字说明后图样，先图形后尺寸等原则依次仔细阅读。同时应特别注意各类图纸之间的联系，以避免发生矛盾而造成质量事故和经济损失。

---

⚙ **工程实践经验介绍：阅读建筑**

　　一幢建筑物从施工到建成，需要有全套的建筑施工图作指导。一般一套图纸有几十张或几百张。阅读这些施工图要先从大方面看，然后再依次阅读细小部位，先粗看后细看，平面图、立面图、剖面图和详图结合看。

　　阅读建筑施工图时，应注意以下几个问题：

　　1）具备用正投影原理读图的能力，掌握正投影基本规律，并会运用这种规律在头脑中将平面图形转变成立体实物。同时，还要掌握建筑物的基本组成，熟悉房屋建筑基本构造及常用建筑构配件的几何形状及组合关系等。

　　2）建筑物的内、外装修做法以及构件、配件所使用的材料种类繁多，它们都是按照建筑制图国家标准规定的图例符号表示的，因此，必须先熟悉各种图例符号。

　　3）图纸上的线条、符号、数字应互相核对。要把建筑施工图中的平面图、立面图、剖面图和详图对照查看清楚，必要时还要与结构施工图中的所有相应部位核对一致。

　　4）阅读建筑施工图，了解工程性质，不但要看图，还要查看相关的文字说明。

---

### 四、标准图

#### （一）标准图的定义

　　为了适应大规模建设的需要，加快设计施工速度、提高质量、降低成本，将各种大量常用的建筑物及其构配件按国家标准规定的模数协调，并根据不同的规格标准，设计编绘成套的施工图，以供设计和施工时选用，这种图样称为标准图或通用图。将其装订成册即为标准图集或通用图集。

#### （二）标准图的分类

我国标准图有两种分类方法：一是按使用范围分类；二是按工种分类。

**1. 按照使用范围大体分类**

1）经国家部委批准的，可在全国范围内使用。

2）经各省、市、自治区有关部门批准的，在各地区使用。

3）各设计单位编制的图集，供各设计单位内部使用。

**2. 按工种分类**

1）建筑配件标准图，一般用"建"或"J"表示。

2）结构构件标准图，一般用"结"或"G"表示。

**标准学习**

建筑工程中常用的标准、图集（结构专业）：

| 11G101-1 | 《混凝土结构施工图平面整体表示方法制图规则和构造详图（现浇混凝土框架、剪力墙、梁、板)》 |
|---|---|
| 11G101-2 | 《混凝土结构施工图平面整体表示方法制图规则和构造详图（现浇混凝土板式楼梯)》 |
| 11G101-3 | 《混凝土结构施工图平面整体表示方法制图规则和构造详图（独立基础、条形基础、筏形基础及桩基承台)》 |
| 12G101-4 | 《混凝土结构施工图平面整体表示方法制图规则和构造详图（剪力墙边缘构件)》 |
| 13G101-11 | 《G101系列图集施工常见问题答疑图解》 |
| 04G320 | 《钢筋混凝土基础梁》 |
| 04G321 | 《钢筋混凝土连系梁》 |
| G322-1～4 | 《钢筋混凝土过梁》 |
| 11G329-1 | 《建筑物抗震构造详图（多层和高层钢筋混凝土房屋)》 |
| 14G330-1 | 《混凝土结构剪力墙边缘构件和框架柱构造钢筋选用（剪力墙边缘构件、框支柱)》 |
| 14G330-2 | 《混凝土结构剪力墙边缘构件和框架柱构造钢筋选用（框架柱)》 |
| 12G614-1 | 《砌体填充墙结构构造》 |
| 10SG614-2 | 《砌体填充墙构造详图（二）（与主体结构柔性连接)》 |
| 05SG811 | 《条形基础》 |
| 06SG812 | 《桩基承台》 |
| 10SG813 | 《钢筋混凝土灌注桩》 |
| 09G901-4 | 《混凝土结构施工钢筋排布规则与构造详图（现浇混凝土楼面与屋面板)》 |
| 09G901-5 | 《混凝土结构施工钢筋排布规则与构造详图（现浇混凝土板式楼梯)》 |
| 12G901-1 | 《混凝土结构施工钢筋排布规则与构造详图（现浇混凝土框架、剪力墙、梁、板)》 |
| 12G901-2 | 《混凝土结构施工钢筋排布规则与构造详图（现浇混凝土板式楼梯)》 |
| 12G901-3 | 《混凝土结构施工钢筋排布规则与构造详图（独立基础、条形基础、筏形基础、桩基承台)》 |

# 课题3 建筑施工图的常用符号及画法

绘制和阅读房屋的建筑施工图，除应依据画法几何的投影原理，以及视图、剖面和断面等的基本图示方法外，还应严格遵守国家标准中的规定。

现将与施工图有关的专业部分制图标准介绍如下：

## 一、定位轴线

定位轴线简称轴线，就是把房屋中的墙、柱和屋架等承重构件的轴线画出，并进行编号，以便施工时定位放线和查阅图纸。

定位轴线用细点画线表示，其端部用细实线画出直径为 8mm 的圆圈，圈内注写轴线编号。平面图上定位轴线的编号，宜标注在图样的下方与左侧。横向编号应用阿拉伯数字，从左至右顺序

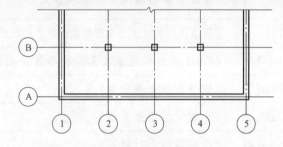

图 4-2 定位轴线的编号顺序

编写，竖向编号应用大写拉丁字母，从下至上顺序编写，但其中 I、O、Z 三个字母与阿拉伯数字的 1、0、2 容易混淆，故不得用于轴线编号，如图 4-2 所示。

对于非承重的隔墙以及其他次要承重构件，可由注明其与附近轴线的有关尺寸来确定，也可在轴线之间增设附加轴线。附加定位轴线的编号，应以分数形式表示，并应按下列规定编写：

1）两根轴线间的附加轴线，应以分母表示前一轴线的编号，分子表示附加轴线的编号，编号宜用阿拉伯数字顺序编写：

(1/2)表示 2 号轴线之后附加的第一根轴线。

(3/C)表示 C 号轴线之后附加的第三根轴线。

2）1 号轴线或 A 号轴线之前的附加轴线的分母应以 01 或 0A 表示，如：

(1/01) 表示 1 号轴线之前附加的第一根轴线。

(2/0A) 表示 A 号轴线之前附加的第二根轴线。

一个详图适用于几根轴线时，应同时注明各有关轴线的编号，如图 4-3 所示。

通用详图中的定位轴线，应只画圆，不注写轴线编号。

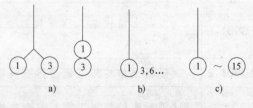

图 4-3 详图的轴线编号
a）用于 2 根轴线时 b）用于 3 根或 3 根以上轴线时 c）用于 3 根以上连续编号的轴线时

**工程实践经验介绍：工程施工图轴线的编号**

实际的建筑工程一般要复杂得多，因此对应的工程施工图轴线需要结合具体情况进行编号，常见的有以下几种情况。

1）圆形与弧形平面图中的定位轴线，其径向轴线应以角度进行定位，其编号宜用阿拉伯数字表示，从左下角或−90°（若径向轴线很密，角度间隔很小）开始，按逆时针顺序编写；其环向轴线宜用大写拉丁字母表示，从外向内顺序编写，如图4-4、图4-5所示。

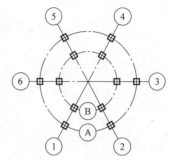

图4-4 圆形平面定位轴线的编号

2）组合较复杂的平面图中定位轴线可采用分区编号，如图4-6所示。编号的注写形式应为"分区号-该分区编号"。"分区号-该分区编号"采用阿拉伯数字或大写拉丁字母表示。

3）折线形平面图中定位轴线的编号可按图4-7的形式编写。

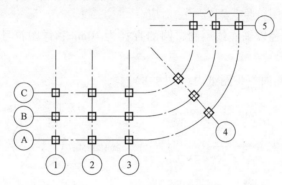

图4-5 弧形平面定位轴线的编号

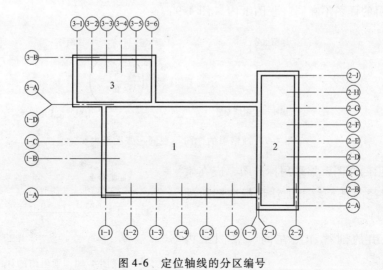

图4-6 定位轴线的分区编号

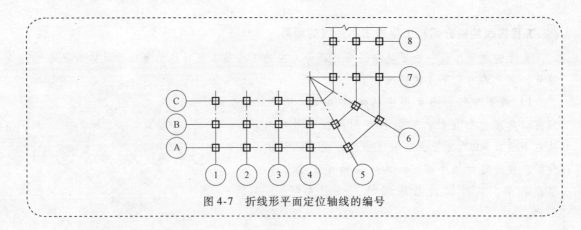

图 4-7　折线形平面定位轴线的编号

## 二、索引符号与详图符号

当图纸中的部分图形或某一构件，由于比例较小或细部构造较复杂并无法表示清楚时，通常将这些图形和构件用较大的比例放大画出，这种放大后的图就称详图。为了使详图与有关的图能联系起来并且查阅方便，通常采用索引标志，即在需要另画详图的部位以索引符号索引，在详图上编上详图符号，两者一一对应。

索引符号的圆及直径以细实线绘制，圆的直径为 10mm；详图符号以粗实线绘制，圆的直径为 14mm。

1）被索引的详图在同一张图纸内（图 4-8）。

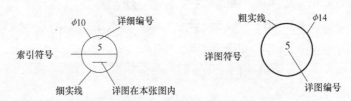

图 4-8　被索引的详图在同一张图纸内

2）被索引的详图不在同一张图纸内（图 4-9）。

图 4-9　被索引的详图不在同一张图纸内

3）索引出的详图，如采用标准图，应在索引符号水平直径的延长线上加注该标准图册的编号（图 4-10）。

4）被索引的剖视详图在同一张图纸内（图 4-11）。

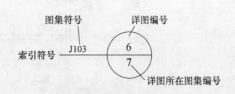

图 4-10　索引出的详图

图 4-11 被索引的剖视详图在同一张图纸内

5）被索引的剖视详图不在同一张图纸内（图 4-12）。

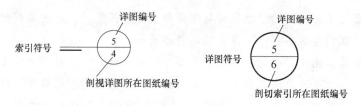

图 4-12 被索引的剖视详图不在同一张图纸内

## 三、标高

建筑物各部分的竖向高度主要用标高来表示。

标高符号应以直角等腰三角形表示（图 4-13a），用细实线绘制，如标注位置不够，也可按图 4-13b 所示的形式来绘制。

标高数字以米为单位，注写到小数点以后第三位。在总平面图中，可注写到小数点以后第二位。零点标高应注写成 ±0.000，正数标高不注"＋"，负数标高应注"－"，如 4.500、－4.500。

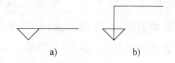

图 4-13 标高符号
a）一般情况 b）特殊情况

### 1. 标高的形式

1）一般用于立面图和剖面图，其尖端表示所注标高的位置，在横线处注明标高值（图 4-14）。

2）用于表明平面图室内地面的标高（图 4-13）。

3）用于总平面图中和底层平面图中的室外整平地面标高（图 4-15）。

在图样的同一位置需表示几个不同标高时，标高数字可按图 4-16 的形式注写。

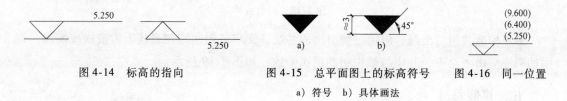

图 4-14 标高的指向　　图 4-15 总平面图上的标高符号　　图 4-16 同一位置
　　　　　　　　　　　　　a）符号 b）具体画法

### 2. 标高的分类

1）按标高基准面的选定情况分为绝对标高和相对标高。

绝对标高：我国是以青岛附近的黄海平均海平面为零点，以此为基准。

相对标高：凡标高的基准面（即 ±0.000 水平面）是根据工程需要而选定的，这类标高称为相对标高。在一般建筑工程中，通常取底层室内主要地面作为相对标高的基准面（即 ±0.000），并在建筑工程的总说明中说明相对标高和绝对标高的关系。

2）按标高所注的部位分建筑标高和结构标高。建筑标高是标注在建筑物的装饰面层处的标高；结构标高是标注在建筑物结构部位的标高。

> **工程实践经验介绍：建筑标高和结构标高的区分**
>
> 在建筑工程施工图中，除了出现相对标高和绝对标高之外，还有建筑标高和结构标高之别。一般地，我们怎么在图纸中区分这四种标高呢？
>
> 其实，建筑施工图中区分绝对标高和相对标高并不难。一是可以看施工图设计说明中有关标高的界定；二是建筑施工图一般地只有总平面图用绝对标高标注，其他图纸用相对标高表示。根据《房屋建筑制图统一标准》（GB/T 50001—2010）有关规定，总平面图室外地坪标高符号，宜用涂黑的三角形表示。
>
> 对于建筑标高和结构标高，一般在结构施工图中出现的标高都是结构标高。而建筑施工图中，如果同一部位标注两种标高，那么其绝对值数字小的是结构标高，绝对值数字大的是建筑标高。因为建筑标高在计量时考虑了装修层厚度，所以数值较大，如图 4-17 所示。

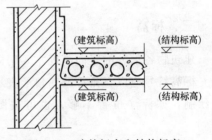

图 4-17　建筑标高和结构标高

## 四、引出线

引出线应以细实线绘制，宜采用与水平方向成 30°、40°、60°、90° 的直线，或经上述角度再折为水平线。文字说明宜注写在水平线上方，也可注写在水平线的端部。索引详图的引出线应与水平直径线相连（图 4-18）。

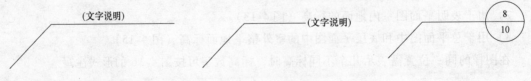

图 4-18　引出线

多层构造共用引出线，应通过被引出的各层，文字说明注写在横线上方或横线端部，说明的顺序应由上至下，并应与被说明的层次一致，如图 4-19 所示。

## 五、其他符号

### 1. 风向频率玫瑰图

风向频率玫瑰图亦称风玫瑰图，如图 4-20 所示。它是根据当地的风向资料将全年中各个不同风向的天数用同一比例画在十六个方位线上，然后用实线连接成多边形，其形似花故由此得名。在风玫瑰图中还有用虚线画成的封闭折线，是用来表示当地夏季六、七、八三个月的风向频率情况的，从图 4-20 可以看出该地区的全年与夏季的主导风向是东南风。

图 4-19　引出线　　　　　　　　　　　　　图 4-20　风玫瑰图

### 2. 对称符号

当建筑物或构配件的图形对称时，可只画图形的一半，然后在图形的对称中心处画上对称符号，另一半图形可省略不画。对称符号由对称线和两端的两对平行线组成。对称线用细单点长画线绘制；平行线用细实线绘制，长度为 6 ~ 10mm，平行线的间距为 2 ~ 3mm，对称线垂直平分两对平行线，两端超出平行线宜为 2 ~ 3mm，如图 4-21a 所示。

### 3. 连接符号

连接符号用来表示结构构件图形的一部分与另一部分的相连关系，如图 4-21b 所示。连接符号应以折断线表示需连接的部位，应以折断线两端靠图样一侧的大写拉丁字母表示连接编号。两个被连接的图样，必须用相同的字母编号。

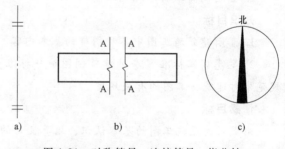

a)　　　　　　b)　　　　　　c)

图 4-21　对称符号、连接符号、指北针

a) 对称符号　b) 连接符号　c) 指北针

### 4. 指北针

在底层建筑平面图上，应画指北针，如图 4-21c 所示。指北针用细实线绘制，圆的直径为 24mm，指针尾部的宽度宜为 3mm。需用较大直径绘制指北针时，指针尾部宽度宜为直径的 1/8。

# 单元五

## 建筑施工图的识读

---

**单元概述**

在介绍房屋总平面图的基础上，本单元引入建筑平面图、立面图、剖面图以及建筑详图的内容，并进一步引导学生掌握建筑施工图的识读方法。

**学习目标**

**能力目标**

1. 能熟练阅读建筑总平面图、建筑平面图、立面图、剖面图和建筑详图。

2. 会绘制简单的建筑施工图。

**知识目标**

1. 了解建筑施工图中各种图样的基本内容、形成方法、表达方法及图示特点。

2. 熟悉国家标准《房屋建筑制图统一标准》（GB/T 50001—2010）以及相关设计规范中对建筑施工图的有关规定。

**情感目标**

形成对房屋施工图的基本认识，培养良好的识图习惯。

---

## 课题1 建筑施工图首页和总平面图的识读

### 一、建筑施工图首页的内容

一般来说，建筑施工图的首页包括工程概况、主要设计依据、设计说明、图纸目录、门窗表、装修表以及有关的技术经济指标等。有时建筑总平面图也可以画在首页上。

**1. 工程概况**

内容一般应包括建筑名称、建设地点、建设单位、建筑面积、建筑基底占地面积、建筑工程等级、设计使用年限、建筑层数和建筑高度、防火设计建筑分类和耐火等级、人防工程防护等级、屋面防水等级、地下室防水等级、抗震设防烈度等，以及能反映建筑规模的主要技术经济指标，如住宅的套型和套数（包括每套的建筑面积、使用面积、阳台建筑面积。房间的使用面积可在平面图中标注）、旅馆的客房间数和床位数、医院的门诊人次和住院部的床位数、车库的停车泊位数等；设计标高、本项目的相对标高与总图绝对标高的关系，工程设计的范围等。

**2. 主要设计依据**

本项目工程施工图设计的依据性文件、批文和相关规范。

**3. 设计说明**

工程所在地区的自然条件，建筑场地的工程地质条件，规划要求以及人防、防震的依据，承担设计的范围与分工，水、电、暖、煤气等供应情况以及道路条件，采用新技术、新材料的做法说明及对特殊建筑造型和必要的建筑构造的说明等。

**4. 技术经济指标**

技术经济指标一般以表格形式列出，包括用地面积、总建筑面积、建筑系数、建筑容积率、绿化系数、单位综合指标等。

**5. 图纸目录**

一般以表格形式画出，每一项工程都会有许多张图纸，为了便于查阅，针对每张图纸所表示的建筑部位，给图纸起个名称，再用数字编号，确定图纸的顺序。如建施01，表示建筑施工图的第一张图纸。

🔧 **工程实践经验介绍：某工程建筑施工图首页**

一、设计依据。

1. 某市规划管理局对总平面规划的审批意见。

2. 本工程是依据建设单位确定的方案及设计委托书进行设计的。

3. 国家规范、规定及有关文件。

二、平面位置及设计标高。

1. 平面位置详见学生公寓楼平面布置图。

2. 设计标高：6# ±0.000 相当于绝对标高 23.30m，7# ±0.000 相当于绝对标高 22.92m。

三、本建筑防火等级为二级，本建筑合理使用年限为 50 年，采用砖混结构，按 7 度抗震设防。

四、本建筑屋面防水等级为Ⅱ级，建筑高度为 22.9m，总建筑面积：6#为 4296m²，7#为 4296m²。

五、在标高 −0.060m 处设墙身防潮层，做法为 30mm 厚 1:2 水泥砂浆内拌 5% 防水剂。

六、卫生间、盥洗间均涂刷防水剂二遍，周边返高 1200mm。

七、在内墙阳角处均做 1:2 水泥砂浆护角，宽每边 80mm，高 2000mm。

八、凡需找坡的地方，找坡厚度大于 30mm 时，用 C20 细石混凝土找坡；厚度小于 30mm 时用 1:2 水泥砂浆找坡，坡度为 4%。

九、凡外露铁件均涂红丹一遍，银粉油漆两遍，预埋木砖均涂水柏油防腐，所有木门及木构件均采用本色树脂清漆三遍。

十、凡各类设备管道：如穿钢筋混凝土、预制构件、墙身均需预留孔洞或预埋套管，不应临时开凿，并密切配合各工种图纸施工，遇有问题请会同本工程设计人员共同商定，不得任意更改。

十一、电扇钩：每间宿舍设 $\phi16mm$ 电扇钩两个，室内设吸顶式摇头扇两个，位置由建设单位确定。

十二、楼梯：栏杆选用 98ZJ401P6 大样 W，扶手选用 98ZJ401P27 扶手 2。

十三、凡本工程图中未详之处，均严格按国家有关现行规范、规程、规定执行。

| A 国际工程集团<br>某设计研究院 | 某省工业学校<br>6#,7#学生公寓楼 | | 第 1 页 | 共 1 页 |
|---|---|---|---|---|
| | | | 建筑分院 | |
| | 图纸总目录 | | S90553-<br>建施 6、7 | |

| 序号 | 图幅 | 图纸名称 | 图纸编号 | |
|---|---|---|---|---|
| | | | 新制图图号 | 采用图图号 |
| 1 | 2 | 3 | 4 | 5 |
| 1 | 1 | 建筑施工图设计说明及门窗表平面位置图 | S90553-建施 6、7-01 | |
| 2 | 2 + | 一层平面图 | S90553-建施 6、7-02 | |
| 3 | 2 + | 二层平面图 | S90553-建施 6、7-03 | |
| 4 | 2 + | 三～七层平面图 | S90553-建施 6、7-04 | |
| 5 | 2 + | 屋顶平面图 | S90553-建施 6、7-05 | |
| 6 | 2 + | ①～⑪立面图 | S90553-建施 6、7-06 | |
| 7 | 2 | ⑪～①立面图 | S90553-建施 6、7-07 | |
| 8 | 2 | Ⓐ～⑪立面图 | S90553-建施 6、7-08 | |
| 9 | 2 | 1—剖面图 | S90553-建施 6、7-09 | |
| 10 | 2 | 楼梯平面图、宿舍平面图布置及详图 | S90553-建施 6、7-10 | |

**门窗明细表**

| 编号 | 洞口尺寸 | | 数量 | 采用<br>图集 | 采用<br>图号 | 备注 |
|---|---|---|---|---|---|---|
| | 宽 | 高 | | | | |
| M-1 | 1000 | 2100 | 236 | GJM305-1021 | 98ZJ681 | |
| M-2 | 800 | 2100 | 238 | GJM308-0821 | 98ZJ681 | 镀板门 |
| M-3 | 1920 | 2600 | 236 | 铝合金门 | | 铝合金组合隔断见详图 |
| M-4 | 2400 | 2600 | 2 | 铝合金门 | 订做 | |
| M-5 | 1500 | 2700 | 14 | 铝合金门 | 订做 | |
| FM-1 | 1500 | 2700 | 12 | 乙级防火门 | | |
| C-1 | 1920 | 1700 | 136 | 厂家定制 | | 塑钢推拉窗,窗台高 900 |
| C-1a | 1740 | 1700 | 88 | 厂家定制 | | 塑钢推拉窗,窗台高 900 |
| C-2 | 600 | 1400 | 236 | 厂家定制 | | 塑钢推拉窗,窗台高 900 |
| C-3 | 1800 | 1700 | 26 | 厂家定制 | | 塑钢推拉窗,窗台高 900 |
| C-4 | 1500 | 1700 | 2 | 厂家定制 | | 塑钢推拉窗,窗台高 900 |

建筑装修及工程做法一览表

| 项目 | 类别 | 工程做法（采用图集） | 采用部位 | 附注 |
|---|---|---|---|---|
| 外墙面 | 涂料外墙面 | 详98ZJ001P41 外墙22 | 详见立面 | 详见立面或者建设单位统一考虑 |
| | 面砖外墙面 | 详98ZJ001P43 外墙12 | 详见立面 | 详见立面或者建设单位统一考虑 |
| 内墙面 | 面砖墙面（一） | 详98ZJ001P31 内墙10 | 卫生间、盥洗 | 满墙 |
| | 混合砂浆内墙面（一） | 详98ZJ001P30 内墙4 | 所有内墙 | 面层涂料为白色乳胶漆 |
| 顶棚 | 水泥砂浆顶棚 | 详98ZJ001P47 顶棚4 | 所有顶棚 | 面层同内墙面 |
| 楼地面 | 陶瓷地砖卫生间楼面 | 详98ZJ001P15 楼10 | 卫生间、盥洗 | 规格大小为300mm×300mm或者建设单位统一考虑 |
| | 陶瓷地砖楼面 | 详98ZJ001P15 楼10 | 其余所有楼面 | 规格大小为600mm×600mm或者建设单位统一考虑 |
| | 陶瓷地砖卫生间地面 | 详98ZJ001P11 地50 | 卫生间、盥洗、淋浴 | 水泥砂浆掺入防水剂规格大小为300mm×300mm |
| | 陶瓷地砖地面 | 详98ZJ001P6 地19 | 其余所有楼面 | 水泥砂浆掺入防水剂规格大小为600mm×600mm |
| 屋面 | 高聚物改性沥青涂膜防水屋面 | 详98ZJ001P85 屋20 | 楼梯间屋面 | |
| | 刚性防水和高聚物改性沥青卷材防水屋面 | 详98ZJ001P78 屋6 | 其余所有屋面 | 刚性防水屋面分格缝做法见98ZJ201P25 大样②、④、⑥ |
| 散水 | 水泥砂浆散水 | 详98ZJ901P4 | | 散水宽1200mm |
| 墙裙 | 釉面砖墙裙 | 详98ZJ001P37 裙5 | 内走廊 | 墙裙高1500mm |
| 踢脚 | 面砖踢脚（一） | 详98ZJ001P24 踢22 | | |
| 雨篷 | | 详98ZJ901P20 详图2 | | |
| 楼梯 | | 栏杆选用98ZJ401P6 大样W，扶手选用P27 扶手2 | | |

附注：1. 底层全部外窗、阳台均加设 $\phi14@110$ 防盗护栏或者建设单位另行定做。
　　　2. 所有门窗玻璃用无色透明平板玻璃（规格5mm厚）。
　　　3. 门窗的围梁及过梁依结构施工图施工。

## 二、建筑总平面图（简称总平面图）

### （一）建筑总平面图的产生

在画有等高线或加上坐标方格网的地形图上，画上原有的和拟建的房屋外轮廓的水平投影，即总平面图。它是新建房屋在基地范围内的总体布置图，主要表明新建房屋的平面轮廓形状和层数、与原有建筑物的相对位置、周围环境、地貌地形、道路和绿化的布置等情况。

### （二）建筑总平面图的作用

总平面图是新建的建筑物施工定位、放线和布置施工现场的依据；是了解建筑物所在区域的大小和边界，其他专业（如水、电、暖、煤气）的管线总平面图规划布置的依据；是建设项目开展技术设计的前提和依据；是房产、土地管理部门审批动迁、征用、划拨土地手续的前提；是城市规划行政主管部门核发建设工程规划许可证、核发建设用地规划许可证、确定建设用地范围和面积的依据；是建设项目是否珍惜用地、合理用地、节约用地的依据；是建设工程进行建设审查的必要条件。

**（三）建筑总平面图的内容和识读要点**

1）看图名、比例及有关文字说明。

总平面图由于表达的范围较大，所以绘制时都用较小的比例，如 1：500、1：1000、1：2000 等。总平面图上标注的尺寸，一律以米为单位。

2）了解新建工程的性质与总体布局。在用地范围内，了解各建筑物及构筑物的位置，道路、场地和绿化等布置情况以及各建筑物的层数（图 5-1）。"国标"中所规定的几种常用图例（表 5-1），我们必须熟识它们的意义。在较复杂的总平面图中，若用到一些"国标"没有规定的图例，必须在图中另加说明。

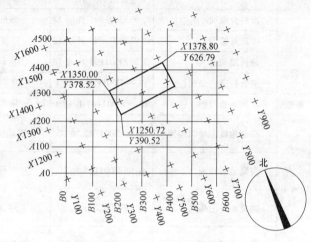

图 5-1　坐标网络

表 5-1　总平面图图例

| 名称 | 图例 | 说明 | 名称 | 图例 | 说明 |
|---|---|---|---|---|---|
| 新建的建筑物 | | 1. 上图为不画出入口的图例，下图为画出入口的图例<br>2. 需要时，可在图形内右上角以点数或数字（高层宜用数字）表示层数<br>3. 用粗实线表示 | 填挖边坡 | | 边坡较长时，可在一端或两端局部表示 |
| | | | 护坡 | | |
| 原有的建筑物 | | 1. 应注明拟利用者<br>2. 用细实线表示 | 新建的道路 | | 1. R9 表示道路转弯半径为 9m，150.00 为路面中心标高，6 表示 6%，为纵向坡度，101.00 表示变坡点间距离<br>2. 图中斜线为道路断面示意，根据实际需要绘制 |
| 计划扩建的预留地或建筑物 | | 用中实线表示 | | | |
| 拆除的建筑物 | | 用细实线表示 | 原有的道路 | | |
| 围墙及大门 | | 1. 上图为砖石、混凝土或金属材料的围墙，下图为镀锌钢丝网、篱笆等围墙<br>2. 如仅表示围墙时不画大门 | 计划扩建的道路 | | |
| | | | 人行道 | | |
| 坐标 | X105.00 / Y425.00<br>A131.51 / B278.25 | 上图表示测量坐标，下图表示施工坐标 | 拆除的道路 | | |
| | | | 公路桥 | | 用于旱桥时应注明 |

（续）

| 名称 | 图例 | 说明 | 名称 | 图例 | 说明 |
|------|------|------|------|------|------|
| 敞棚或敞廊 | 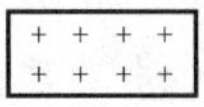 | | 阔叶灌木 | 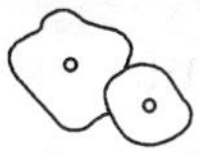 | |
| 铺砌场地 | 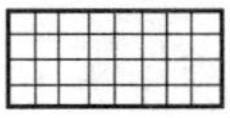 | | 修剪的树篱 | 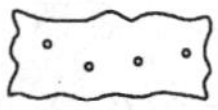 | |
| 针叶乔木 |  | | 草地 | 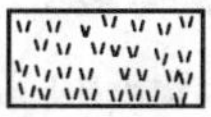 | |
| 阔叶乔木 |  | | 花坛 | 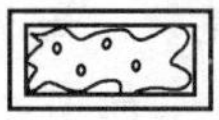 | |
| 针叶灌木 |  | | | | |

3）了解新建房屋室内外高差、道路标高及坡度。看新建房屋底层室内地面和室外整平地面的绝对标高，可知室内外地面高差及相对标高与绝对标高的关系。

在建筑总平面图上标注的标高一般均为绝对标高，工程中标高的水准引测点有的在图上直接可查阅到，有的则在图纸的文字说明中加以表明。地形起伏较大的地区，应画出地形等高线（即用细实线画出地面上标高相同处的位置，并注上标高的数值），以表明地形的坡度、雨水排除的方向等。

4）看总平面图上的指北针或风玫瑰图。

根据图中的指北针可知新建建筑物的朝向，而根据风玫瑰图可了解新建房屋地区常年的盛行风向（主导风向）以及夏季主导风向。有的总平面图中绘出风玫瑰图后就不绘指北针。

5）查看房屋与管线走向的关系、管线引入建筑物的位置。

总平面图上有时还画出给水排水、采暖、电气等管网布置图，一般与设备施工图配合使用。

6）规划红线，在城市建设的规划地形图上划分建筑用地和道路用地的界限，一般都以红色线条表示。它是建造沿街房屋和地下管线时，决定位置的标准线，不能超越。

7）绿化规划，随着人们生活水平的提高，居住生活环境越来越受到重视，绿化和建筑小品在总平面图中也是重要的内容之一。如一些树木、花草、建筑小品和美化构筑物的位置、场地建筑坐标（或与建筑物、构筑物的距离尺寸）、设计标高等。绿化率已成为居住生活质量的重要衡量指标之一。绿地率是项目绿地总面积与总用地面积的比值，一般用百分数表示。

8）容积率、建筑密度，容积率是项目总建筑面积与总用地面积的比值，一般用小数表示。建筑密度是项目总占地基地面积与总用地面积的比值，一般用百分数表示。

上面所列内容，不是任何工程设计都缺一不可，而应根据具体工程的特点和实际情况而定，对一些简单的工程，可不画出等高线、坐标网或绿化规划和管道的布置。

⚙ **工程实践经验介绍：某工程总平面图的识读**

　　建筑工程施工图中的总平面图主要是以图例的形式表示，图例应采用《总图制图标准》（GB/T 50103—2010）规定的图例（表5-1），并且严格根据《房屋建筑制图统一标准》（GB/T 50001—2010）中关于图线的相关规定绘制。

　　图5-2为某工程总平面图。可看出：由公路中心线引出的建筑红线为10m。围墙外墙皮纵横长度为126m和260m，所以建设区域占地面积为（126×260）m²。从表示地形的等高线来看，共有六条等高线。等高线的标高是绝对标高，从131m到136m，每两条相邻等高线间的高差均为1m。由南向北越来越高。从地势来看，右下角坡陡，左上角坡缓。图中画有施工坐标网，作为房屋定位放线的基准。A、D、E、J是新建工程，B、C等为原有建筑，L为拆除建筑。B、K与围墙间的距离为5.5m。A栋有六层，与C的间距为28.5m，并以它对角线上的两个点的施工坐标来定位，其室内首层地坪标高为132.30m，室外地坪标高为132.00m，室内外高差为0.30m。

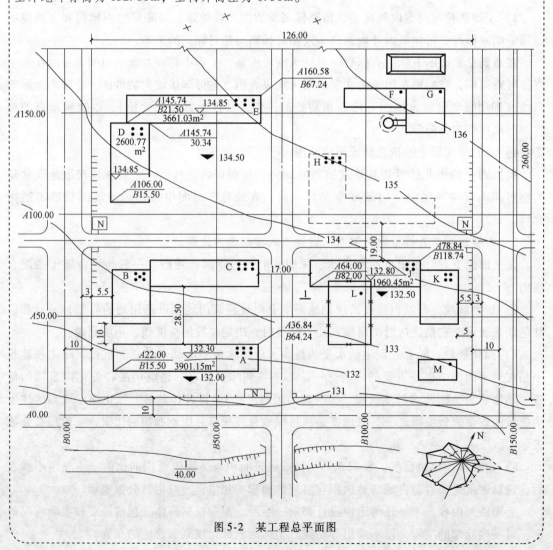

图5-2　某工程总平面图

# 课题2　建筑平面图的识读

## 一、建筑平面图的产生

建筑平面图（简称平面图）是建筑施工图的基本图样，它是假想用一水平的剖切面沿窗台的上方将房屋剖开后，对剖切面以下部分所作的水平投影图，如图5-3所示。

一般地说，房屋有几层，就应画出几个平面图，并在图的下面注明相应的图名，如底层平面图、二层平面图等。如上下各层的房间数量、大小和布置都一样时，则相同的楼层可用一个平面图表示，称为×~×层平面图。因此，建筑施工图中的平面图一般有底层平面图（除表示该层的内部情况外，还画有室外的台阶、花池、散水或明沟、雨水管的形状和位置，以及剖面的剖切符号等，以便与剖面图对照查阅）、×~×层平面图（除表示本层室内情况外，也需画出本层室外的雨篷、阳台等）、顶层平

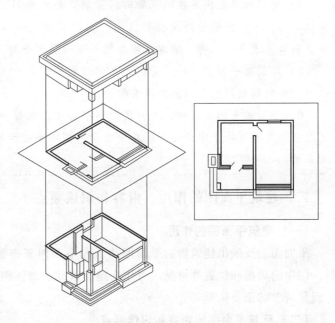

图5-3　建筑平面图的形成

面图（房屋最高层的平面布置图）以及屋顶平面图（房屋顶面的水平投影图）。对于某些建筑，往往因其在使用上的需要，在建筑的楼层间内设有局部的平台、夹层等，像这种平台和夹层的平面图的图名，常用它们房间的名称或平台面的标高来称呼。若建筑平面图左右对称时，亦可将两层平面图画在同一个平面图上，左边画出一层的一半，右边画出另一层的一半，中间用点画线作分界线，线两端画上对称符号，并在图下面分别注明图名。

当某些楼层平面的布置基本相同，仅有局部不同时（包括楼梯间及其他房间等的分隔以及某些结构构件的尺寸有变化时），则不同部分就用局部平面图来表示，或者当某些局部布置由于比例较小而固定设备较多，或者内部组合比较复杂时，可以另画较大比例的局部平面图。

平面图上的线型粗细要分明。凡是被水平剖切面剖切到的墙、柱等断面轮廓线用粗实线，断面材料图例可用简化画法（如钢筋混凝土涂黑色等）；门开启线，没有剖切到的可见轮廓线，如窗台、台阶、明沟、花台、梯段等用中实线。粉刷层在1:100的平面图中是不画的，在1:50或比例更大的平面图中粉刷层则用细实线画出。

《建筑制图标准》（GB/T 50104—2010）对房屋建筑平面图的绘制做了相关规定：

1）平面图的方向宜与总图方向一致。平面图的长边宜与横式幅面图纸的长边一致。

2）在同一张图纸上绘制多于一层的平面图时，各层平面图宜按层数由低向高的顺序从左至右或从下至上布置。

3）各种平面图应按正投影法绘制（顶棚平面图宜采用镜像投影法绘制）。

4）建筑物平面图应在建筑物的门窗洞口处水平剖切俯视，屋顶平面图应在屋面以上俯视，图内应包括剖切面及投影方向可见的建筑构造以及必要的尺寸、标高等，表示高窗、洞口、通气孔、槽、地沟及起重机等不可见部分时，应采用虚线绘制。

5）建筑物平面图应注写房间的名称或编号。编号注写在直径为6mm细实线绘制的圆圈内，并在同张图纸上列出房间名称表。

6）平面较大的建筑物，可分区绘制平面图，但每张平面图均应绘制组合示意图。各区应分别用大写拉丁字母编号。在组合示意图中需提示的分区，应采用阴影线或填充的方式表示。

## 二、建筑平面图的作用、内容和识读要点

### （一）建筑平面图的作用

平面图能反映出建筑物的平面形状、大小和内部布置，墙（或柱）的位置、厚度和材料，门窗的类型和位置等情况。可作为施工放线、墙体砌筑、门窗安装和室内外装修及编制工程量清单的重要依据。

### （二）建筑平面图的内容和识读要点

1）看图名、比例、朝向，了解该图是哪一层平面图，比例是多少。建筑平面图常用比例为1:100、1:50、1:200。

2）图例：建筑平面图的常用图例见表5-2。

表5-2　常用建筑构造及配件图例

| 序号 | 名称 | 图　　例 | 说　　明 |
|---|---|---|---|
| 1 | 墙体 | 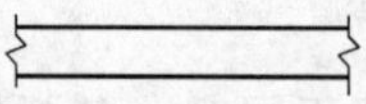 | 应加注文字或填充图例表示墙体材料,在项目设计图样说明中列材料图例表给予说明 |
| 2 | 隔断 |  | 1)包括板条抹灰、木制、石膏板、金属材料等隔断<br>2)适用于到顶与不到顶隔断 |
| 3 | 栏杆 |  | |

（续）

| 序号 | 名称 | 图 例 | 说 明 |
|------|------|-------|-------|
| 4 | 楼梯 | 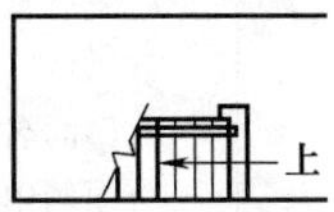 | 1）上图为底层楼梯平面，中图为中间层楼梯平面，下图为顶层楼梯平面<br>2）楼梯及栏杆扶手的形式和梯段踏步数应按实际情况绘制 |
| 5 | 坡道 | 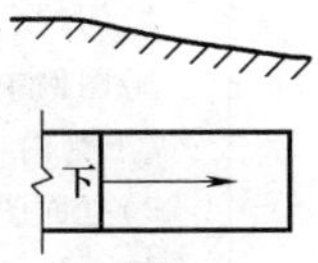 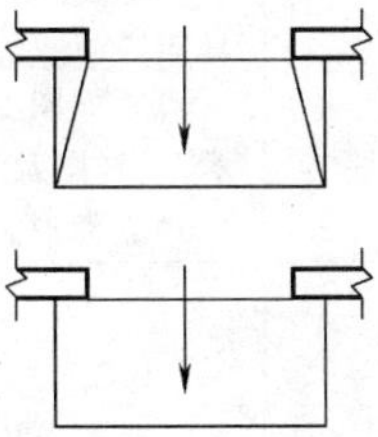 | 上图为长坡道，下图为门口坡道 |
| 6 | 烟道 | 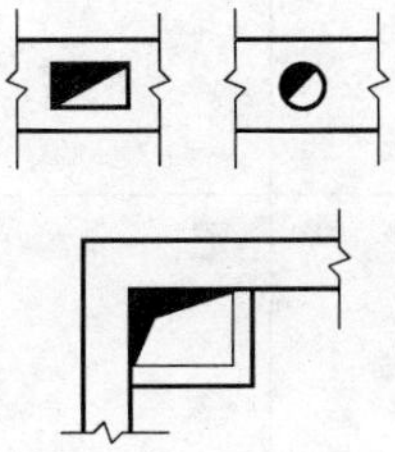 | 1）阴影部分可以涂色代替<br>2）烟道与墙体为同一材料，其相接处墙身线应断开 |
| 7 | 通风道 | 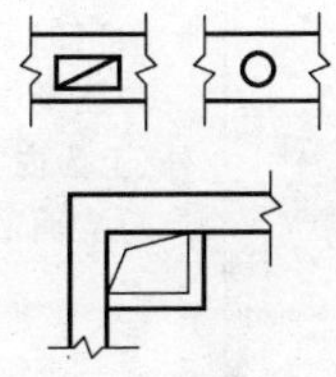 | |
| 8 | 孔洞 |  | 阴影部分可以涂色代替 |

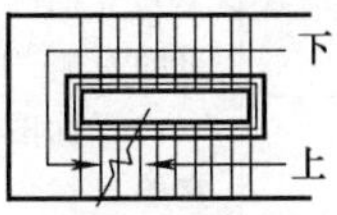

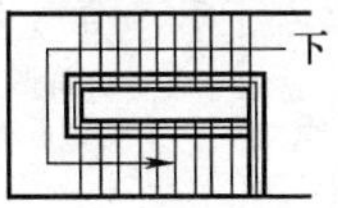

（续）

| 序号 | 名称 | 图 例 | 说 明 |
|---|---|---|---|
| 9 | 单扇双面弹簧门 | 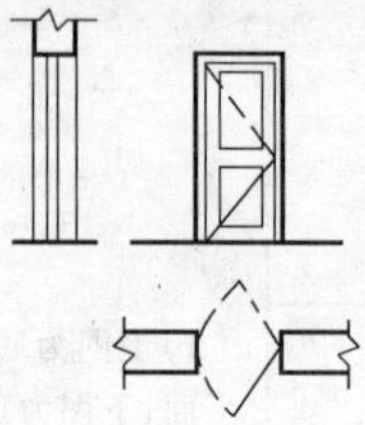 | 1）门的名称代号用 M<br>2）图例中剖面图左为外、右为内，平面图下为外、上为内<br>3）立面图上开启方向线交角的一侧为安装合页的一侧，实线为外开，虚线为内开<br>4）平面图上门线应 90°或 45°开启，开启弧线宜绘出<br>5）立面图上的开启线在一般设计图中可不表示，在详图及室内设计图上应表示<br>6）立面形式应按实际情况绘制 |
| 10 | 双扇双面弹簧门 | 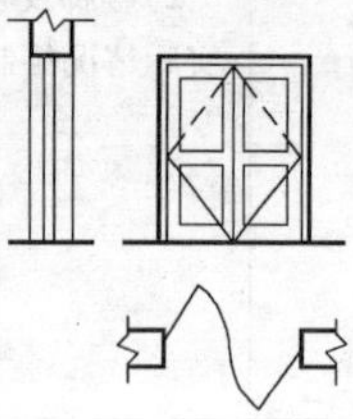 | |
| 11 | 单扇内外开双层门（包括平开或单面弹簧） | 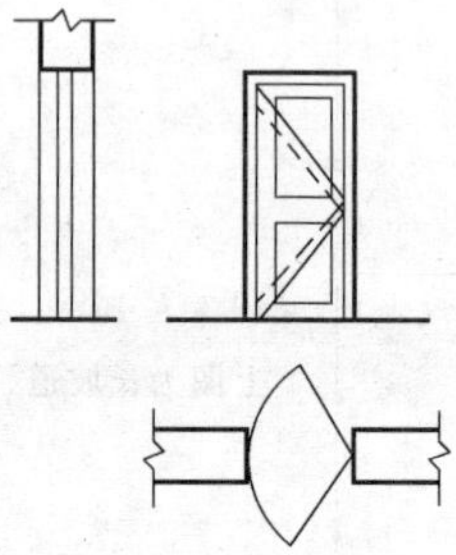 | 1）门的名称代号用 M<br>2）图例中剖面图左为外、右为内，平面图下为外、上为内<br>3）立面图上开启方向线交角的一侧为安装合页的一侧，实线为外开，虚线为内开<br>4）平面图上门线应 90°或 45°开启，开启弧线宜绘出<br>5）立面图上的开启线在一般设计图中可不表示，在详图及室内设计图上应表示<br>6）立面形式应按实际情况绘制 |
| 12 | 单扇门（包括平开或单面弹簧） | | |
| 13 | 双扇门（包括平开或单面弹簧） | 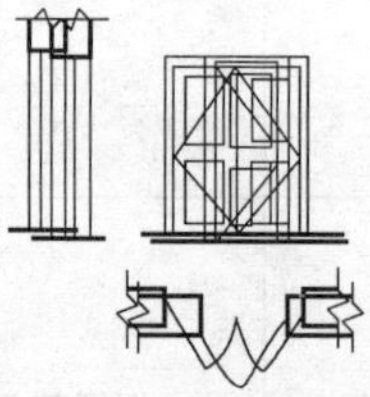 | 同 9～12 |
| 14 | 墙外双扇推拉门 | 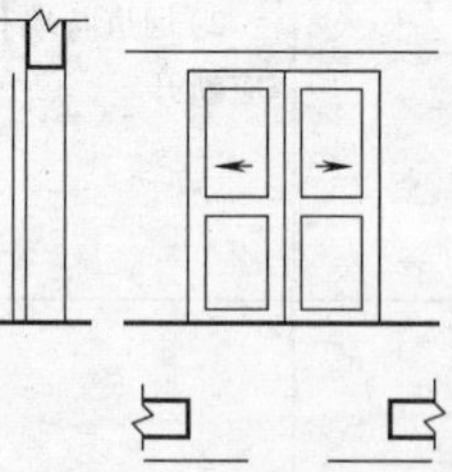 | 1）门的名称代号用 M<br>2）图例中剖面图左为外、右为内，平面图下为外、上为内<br>3）立面形式应按实际情况绘制 |
| 15 | 墙中单扇推拉门 | 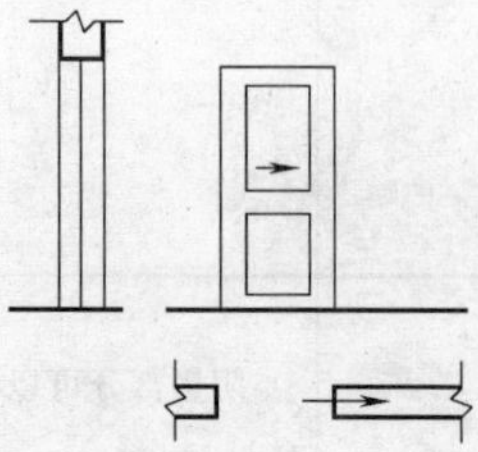 | |

（续）

| 序号 | 名称 | 图例 | 说明 |
|---|---|---|---|
| 16 | 转门 | 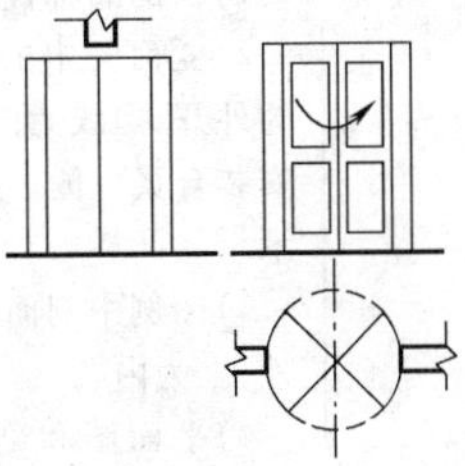 | 1）门的名称代号用 M<br>2）图例中剖面图左为外、右为内，平面图下为外、上为内<br>3）平面图上门线应 90°或 45°开启，开启弧线宜绘出<br>4）立面图上的开启线在一般设计图中可不表示，在详图及室内设计图上应表示<br>5）立面形式应按实际情况绘制 |
| 17 | 自动门 | 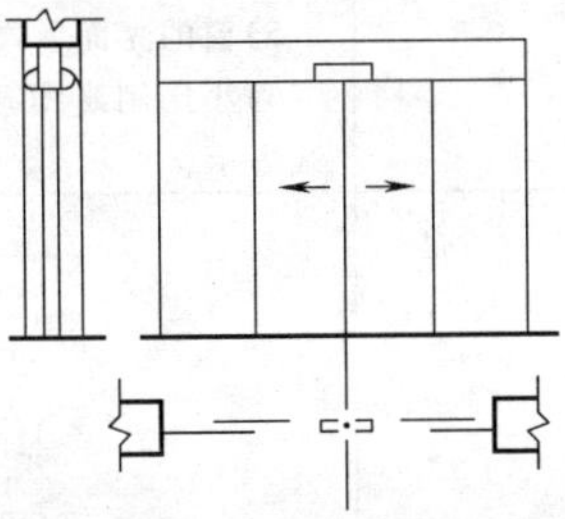 | 1）门的名称代号用 M<br>2）图例中剖面图左为外、右为内，平面图下为外、上为内<br>3）立面形式应按实际情况绘制 |
| 18 | 竖向卷帘门 | 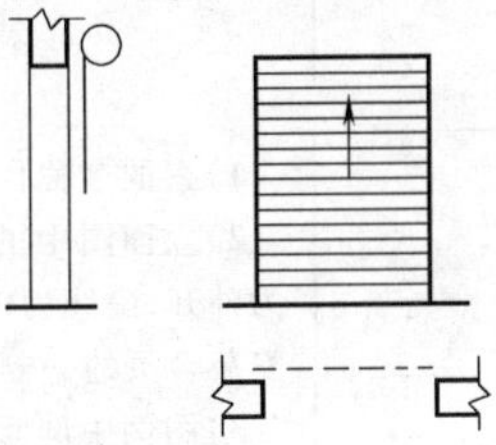 | 1）门的名称代号用 M<br>2）图例中剖面图左为外、右为内，平面图下为外、上为内<br>3）立面形式应按实际情况绘制 |
| 19 | 提升门 | 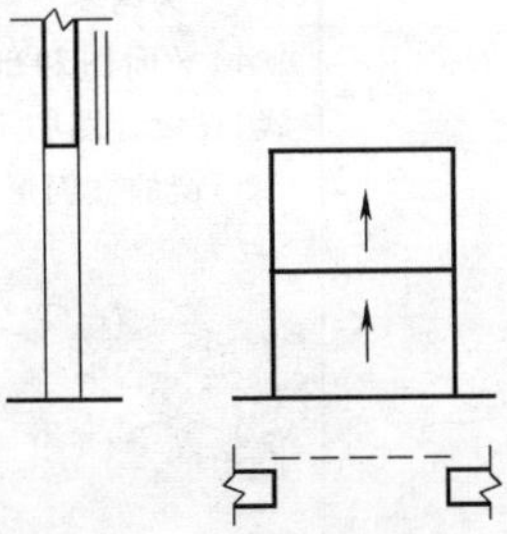 | |
| 20 | 单层固定窗 | 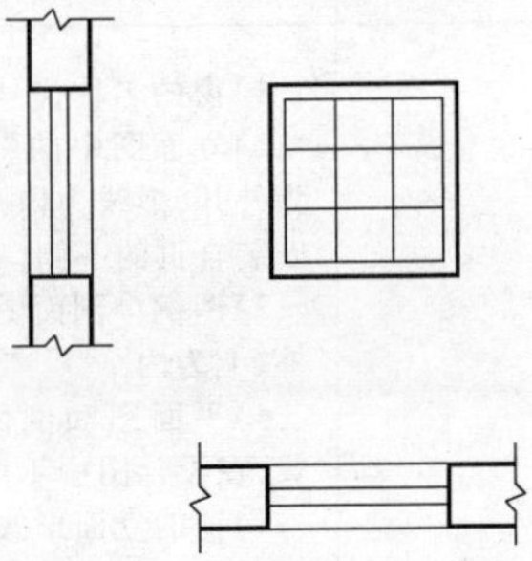 | 1）窗的名称代号用 C 表示<br>2）立面图中的斜线表示窗的开启方向，实线为外开，虚线为内开；开启方向线交角的一侧为安装合页一侧。开启线在建筑立面图中可不表示<br>3）图例中剖面图左为外、右为内，平面图下为外、上为内<br>4）平面图和剖面图上的虚线仅说明开关方式，在设计图中不需表示<br>5）窗的立面形式应按实际情况绘制<br>6）小比例绘图时平、剖面的窗线可用单粗实线表示 |

（续）

| 序号 | 名称 | 图例 | 说明 |
|------|------|------|------|
| 21 | 单层外开上悬窗 | 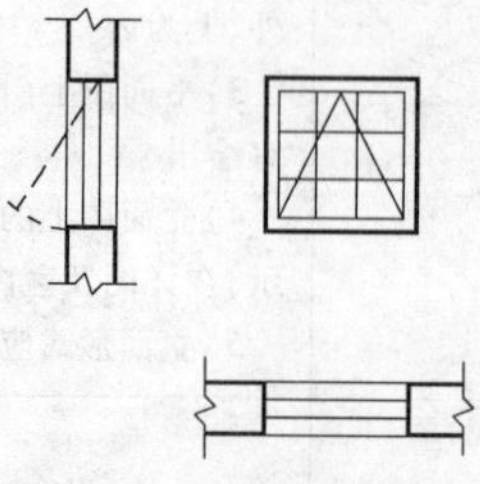 | 1）窗的名称代号用 C 表示<br>2）立面图中的斜线表示窗的开启方向，实线为外开，虚线为内开；开启方向线交角的一侧为安装合页一侧。开启线在建筑立面图中可不表示<br>3）图例中剖面图左为外、右为内，平面图下为外、上为内<br>4）平面图和剖面图上的虚线仅说明开关方式，在设计图中不需表示<br>5）窗的立面形式应按实际情况绘制<br>6）小比例绘图时平、剖面的窗线可用单粗实线表示 |
| 22 | 单层中悬窗 | 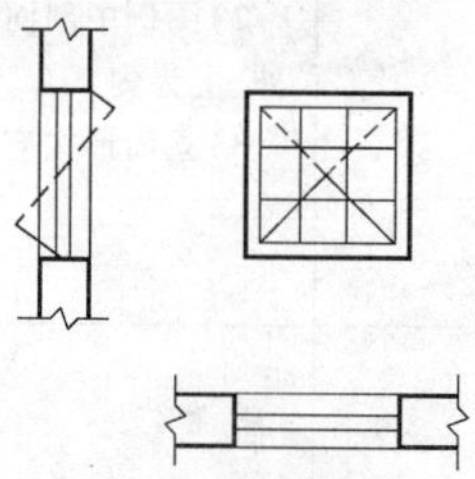 | |
| 23 | 单层内开下悬窗 | 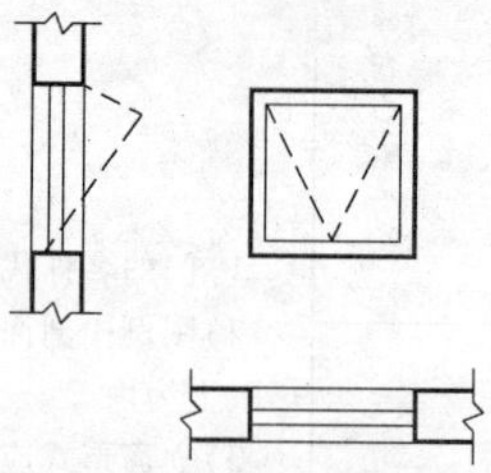 | 1）窗的名称代号用 C 表示<br>2）立面图中的斜线表示窗的开启方向，实线为外开，虚线为内开；开启方向线交角的一侧为安装合页的一侧，一般设计图中可不表示<br>3）图例中剖面图左为外、右为内，平面图下为外、上为内<br>4）平面图和剖面图上的虚线仅说明开关方式，在设计图中不需表示<br>5）窗的立面形式应按实际绘制 |
| 24 | 单层外开平开窗 | 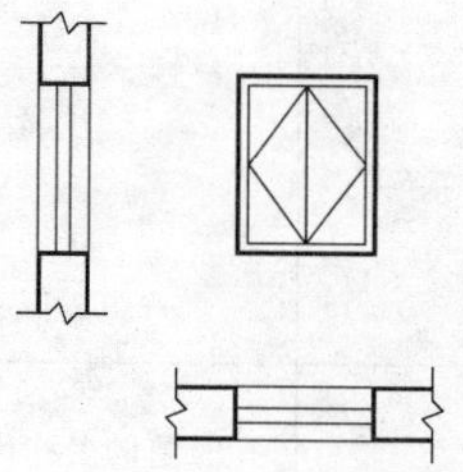 | |
| 25 | 百叶窗 | 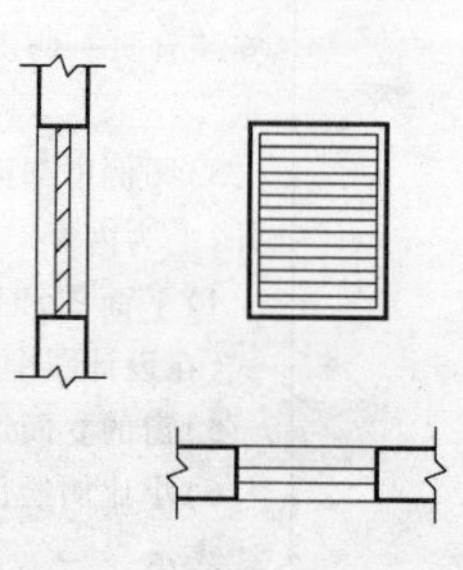 | 1）窗的名称代号用 C 表示<br>2）立面图中的斜线表示窗的开启方向，实线为外开，虚线为内开；开启方向线交角的一侧为安装合页的一侧，一般设计图中可不表示<br>3）图例中剖面图左为外、右为内，平面图下为外、上为内<br>4）平面图和剖面图上的虚线仅说明开关方式，在设计图中不需表示<br>5）窗的立面形式应按实际绘制<br>6）小比例绘图时平、剖面的窗线可用单粗实线表示 |

3）从平面图的形状与总长总宽尺寸，可计算出建筑物的规模和用地面积。

建筑面积是建筑物外包尺寸的乘积（即长×宽）；使用面积是建筑物内部长、宽净尺寸的乘积。

4）从图中墙的分隔情况和房间的名称，可了解到房屋内部各房间的配置、用途、数量及其相互间的联系情况。

5）从图中定位轴线的编号及其间距尺寸，可了解到各承重墙（或柱）的位置及房间大小，以便于施工时定位放线和查阅图纸。

6）了解建筑平面图上的各部分尺寸，平面图中的尺寸分为外部尺寸和内部尺寸。从各道尺寸的标注，可知各房间的开间、进深、门窗及室内设备的大小和位置。

一般在建筑平面图上的尺寸（详图除外）均为未装修的结构表面尺寸，如门窗洞口尺寸等。

① 外部尺寸，一般在图下方及左侧注写三道尺寸。

第一道尺寸是外包总尺寸，它表明建筑物的总长度和总宽度。

第二道尺寸是轴线间的尺寸，用以说明房间的开间及进深的尺寸。开间（柱距）是两条横向定位轴线之间的距离；进深是两条纵向定位轴线之间的距离。

第三道尺寸是门窗洞口、窗间墙及柱等的细部尺寸。

除此之外对室外的台阶、散水等处可另标注局部外部尺寸。

② 内部尺寸，包括建筑室内房间的净尺寸和门窗洞口、墙、柱垛的尺寸，固定设备的尺寸以及墙、柱与轴线的平面位置尺寸关系等。

7）了解建筑中各组成部分的标高情况。在平面图中，对于建筑物各组成部分，如楼地面、夹层、楼梯平台面、室外地面、室外台阶、卫生间地面和阳台面处，由于它们的竖向高度不同，一般都分别注明标高。平面图中的标高表明的是相对于标高零点的相对高度。如底层室内地面标高为 ±0.000，室外地面标高为 -0.600m，比室内地面低 0.60m。

8）了解门窗的位置及编号。门窗在建筑平面图中，只能反映出它们的位置、数量和宽度尺寸，而它们的高度尺寸、窗的开启形式和构造等情况是无法表达的，因此在图中采用专门的代号标注。门的代号是 M，窗的代号是 C，在代号后面写上编号，如 M—1、M—2 和 C—1、C—2 等。同一编号表示同一类型的门或窗，它们的构造尺寸和材料都一样，从所写的编号可知门窗共有多少种。一般每个工程的门窗规格、型号、数量以及所选标准图集的编号等内容，都有门窗表说明。

9）在底层平面图上看剖面的剖切符号，了解剖切部位及编号，以便与有关剖面图对照阅读。底层平面图中还表示出室外台阶、花池、散水和雨水管的大小和位置。

10）了解楼梯的位置、起步方向、梯宽、平台宽、栏杆位置、踏步级数、上下行方向等。

11）了解其他细部（如各种卫生设备等）的配置和位置情况。

**（三）屋顶平面图**

屋顶平面图就是屋顶外形的水平投影图。在屋顶平面图中，一般表明屋顶形状、屋顶水箱、屋面排水方向（用箭头表示）及坡度、天沟或檐沟的位置、女儿墙和屋脊线、烟囱、通风道、屋面检查人孔、雨水管及避雷针的位置等。因屋顶平面图比较简单，故所用的比例一般比其他平面图小。

---

⚙ **工程实践经验介绍：某医院办公楼建筑平面图的识读**

图 5-4～图 5-8（见书后插页）为某医院办公楼建筑平面图，比例 1∶100，框架结构。从图中指北针可知房屋主要入口朝向南偏东。

办公室的多数房间设在楼内东侧。房屋平面外轮廓总长为 44700mm，总宽 20700mm。在正门外有三步台阶，东侧有坡道，楼房四周有明沟和雨水管。走廊南侧有办公室、库房；走廊北侧有楼梯、办公室、储藏室、解剖室和卫生间。横向编号的轴线有①～⑪，竖向编号的轴线有Ⓐ～Ⓖ，位于墙中心线，通过轴线表明各房间的开间和进深，柱截面尺寸为 450mm×450mm。地面标高为 ±0.000。门、窗分别用 M、C 表示，由最里面一道外部尺寸可知其宽度。图中有三个剖面剖切符号（3—3 在轴线②～④之间，通过库房及储藏室的阶梯剖）。台阶、明沟等细部做法根据索引符号查有关详图。图 5-5 和图 5-6 为某医院办公楼二、三层平面图，由于图示的分工，不再画底层平面图中的台阶、坡道、明沟、雨水管及剖面的剖切符号等。二层平面图画有雨篷，地面标高为 3.900m。三层平面图地面标高为 7.500m。二、三层平面图中房间布置基本相同，只是用途、名称不同。

---

# 课题 3 建筑立面图的识读

## 一、建筑立面图的产生

建筑立面图是平行于建筑物各方向外表立面的正投影图，简称立面图，如图 5-9 所示。

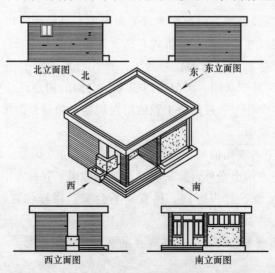

图 5-9 建筑立面图的形成

立面图的数量是根据建筑物各立面的形状和墙面的装修的要求决定的。当建筑物各立面造型及墙面装修不一样时，就需要画出所有立面图。如果通过平面图、主要立面图和墙身剖面详图就可以表明次要立面的形状，则该立面图亦可省略不画。当建筑物左右对称时，立面图可画一半，并在对称轴线处画对称符号。平面形状曲折的建筑物，可绘制展开立面图，圆形或多边形平面的建筑物，可分段展开绘制立面图，但均应在图名后加注"展开"二字。

为加强图面效果，立面图常采用不同的线型来画。如屋脊和外墙等最外轮廓线用粗实线；勒脚、窗台、门窗洞、檐口、阳台、雨篷、柱、台阶和花台等轮廓线用中粗实线；门窗扇、栏杆、雨水管和墙面分格线等均用细实线；地坪线用特粗实线。这样可使立面图的外形清晰、重点突出和层次分明。

**标准学习**

《建筑制图标准》（GB/T 50104—2010）对房屋建筑立面图的绘制做了相关规定：

1）建筑立面图应包括投影方向可见的建筑外轮廓线和墙面线脚、构配件、墙面做法及必要的尺寸和标高等。

2）室内立面图应包括投影方向可见的室内轮廓线和装修构造、门窗、构配件、墙面做法、固定家具、灯具、必要的尺寸和标高及需要表达的非固定家具、灯具、装饰物件等。室内立面图的顶棚轮廓线，可根据具体情况只表达吊平顶或同时表达吊平顶及结构顶棚。

3）在建筑物立面图上，相同的门窗、阳台、外檐装修、构造做法等可在局部重点表示，并应绘出其完整图形，其余部分可只画轮廓线。

4）在建筑物立面图上，外墙表面分格线应表示清楚。应用文字说明各部位所用面材及色彩。

5）有定位轴线的建筑物，宜根据两端定位轴线号编注立面图名称。无定位轴线的建筑物可按平面图各面的朝向确定名称。

6）建筑物室内立面图的名称，应根据平面图中内视符号的编号或字母确定。

## 二、建筑立面图的作用

一座建筑物是否美观，很大程度上取决于它在主要立面上的艺术处理，包括造型与装修是否优美。在设计阶段中，立面图主要是用来研究这种艺术处理的。在施工图中，建筑立面图主要用来表达房屋的外部造型，门窗位置及形式，墙面装修，阳台、雨篷等部分的材料和做法。立面图是设计工程师表达立面设计效果的重要图纸，在施工中是外墙面造型、外墙面装修、工程量清单计算、备料等的依据。

## 三、建筑立面图的图示内容和识读要点

1）图名和比例，建筑立面图的图名称呼一般有三种情况：

① 按立面的主次来命名，把反映主要出入口或比较显著地反映出建筑物外貌特征的那

一面的立面图称为正立面图，其余的立面图相应地称为背立面图和侧立面图。

② 按建筑物的朝向来命名，如南立面图、北立面图、东立面图和西立面图。

③ 按轴线编号来命名，如①～⑪立面。

建筑立面图的比例与平面图要一致，以便对照阅读。常用比例为 1:100、1:50、1:200。

2）在建筑立面图中只画出两端的轴线并注出其编号，编号应与建筑平面图该立面两端的轴线编号一致，以便与建筑平面图对照阅读，从中确认立面的方位。

3）从图上可看出该建筑物的整个外貌形状，也可了解该建筑物的屋面、门窗、雨篷、阳台、雨水管、台阶、花台及勒脚等细部的形式和位置。

4）了解建筑物外部装饰如外墙面、阳台、雨篷、勒脚和引条线等的面层用料、色彩和装修做法，在建筑立面图中常用引出线作文字说明。

5）了解建筑物外墙面上的门窗位置、高度尺寸、数量及立面形式等情况，有的图中还直接在门窗处画出开启方向和注上它们的编号。如立面图中部分窗画有斜的细线，是窗开启方向符号，细实线表示向外开，细虚线表示向内开。因为门的开启方式和方向已用图例表明在平面图中，所以除了联门窗外，一般在立面图中可不表示门窗的开启方向。由于比例较小，立面图上的门窗等构件也用图例表示。相同类型的门窗只画出一两个完整图形，其余的只画出单线图形。相同的门窗、阳台、外檐装修、构造做法等可在局部重点表示，绘出其完整图形，其余部分可只画轮廓线。如立面图中不能表达清楚，则可另用详图表达。这部分内容可与建筑平面图及门窗表核对。

6）尺寸标注及文字说明。

① 竖直方向尺寸，在竖直方向标注室内外地面高差、防潮层位置、窗下墙高度、门窗洞口高度、洞口顶面到上一层楼面的高度、上下相邻两层楼地面之间的距离。

② 水平方向尺寸，立面图水平方向一般不注尺寸，但需要标注出立面图最外两端墙的轴线及编号。

③ 其他标注，立面图上可在适当位置用文字标出其装修，也可以在建筑设计总说明中列出外墙面的装修。

标高：标注房屋主要部位的相对标高，如室外地坪、室内地面、檐口、女儿墙压顶等。

说明：索引符号及必要的文字说明。

---

 工程实践经验介绍：某医院办公楼建筑立面图的识读

图 5-10、图 5-11（见书后插页）、图 5-12、图 5-13 为某医院办公楼建筑立面图。通览全图可知这是房屋四个立面的投影，比例均为 1:100，图中表明该房屋是三层楼，坡屋顶。南立面图是办公楼主要出入口一侧的正立面图，与东立面图对照可看到入口大门、台阶和雨篷等的式样。通过四个立面图可知整幢房屋各立面门窗的分布（尺寸可与平面图对照阅读）和式样、勒脚、墙面的分格，装修的材料和颜色。由图两侧标高和尺寸可知房屋室外地坪为 -0.450m，底层窗台标高为 1.000m，底层窗高 2300mm 等。

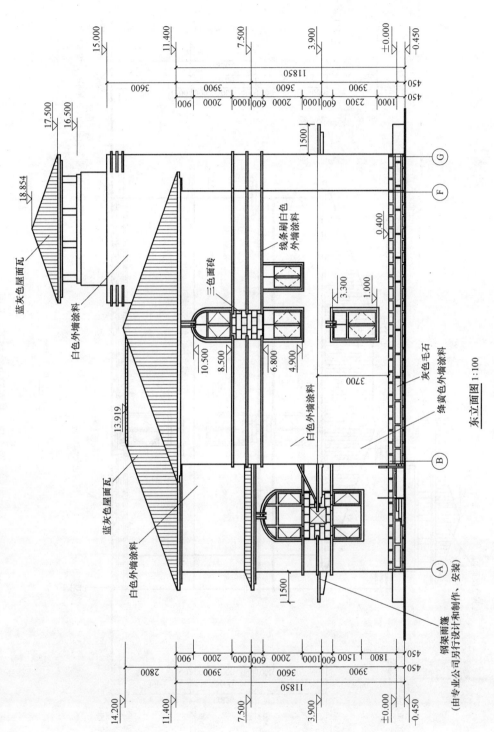

东立面图 1:100

图 5-12　某医院办公楼东立面图

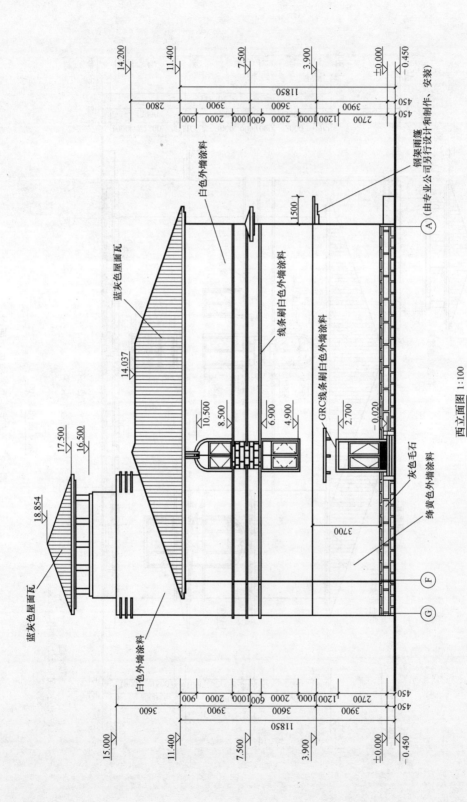

西立面图 1:100

图 5-13　某医院办公楼西立面图

# 课题4　建筑剖面图的识读

## 一、建筑剖面图的形成

建筑剖面图是用一假想的垂直于外墙轴线的铅垂剖切平面将建筑物剖开，移去剖切平面与观察者之间的部分，作出剩下部分的正投影图，简称剖面图，如图5-14所示。

剖面图的数量是根据建筑物的实际情况和施工的需要而定的，剖面图有横剖面图（沿建筑物宽度方向剖切）和纵剖面图（沿建筑物长度方向剖切），一般只需做横剖面图。剖切面选择在能反映建筑物内部结构和构造比较复杂，有变化，有代表性的部位，并应通过门窗洞口的位置。若为多层房屋应选择在楼梯间和主要入口处。如果用一个剖切面不能满足施工要求，则剖切线允许转折一次，也可画两个或更多个剖面。剖切符号绘注在底层平面图中。

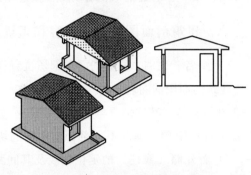

图5-14　建筑剖面图的形成

通常基础部分由结构施工图中的基础图来表达，所以建筑剖面图中一般不画室内外地面以下部分，而只把室内外地面以下的基础画上折断线。在1:100的剖面图中，室内外地面的层次和做法一般将由剖面节点详图或施工说明来表达（常套用标准图或通用图），所以在剖面图中只画一条加粗线来表达室内外地面线，并标注各部分不同高度的标高。截面上的材料图例和图中的线型选择，均与平面图相同。剖切到的房间即墙身轮廓线、柱子、走廊、楼梯、楼梯平台、楼面层和屋顶层画粗实线，在1:100的剖面图中可只画两条粗实线作为结构层和面层的总厚度；在1:50的剖面图中，则应在两条粗实线的上面加画一条细实线以表示面层。板底的粉刷层厚度，在1:50的剖面图中应加绘细实线来表示粉刷层的厚度。其他可见的轮廓线如门窗洞、楼梯梯段及栏杆扶手、可见的女儿墙压顶、内外墙轮廓板、踢脚板、勒脚线等均画中粗实线。门、窗扇及其分格线、水斗及雨水管、外墙分格线（包括引条线）、剖面图中的断面，其材料图例与粉刷面层线和楼地面面层线等画细实线，尺寸线、尺寸界线和标高符号均画细实线。

---

🔖 **标准学习**

《建筑制图标准》（GB/T 50104—2010）对房屋建筑剖面图的绘制做了相关规定：

1）剖面图的剖切部位，应根据图纸的用途或设计深度，在平面图上选择能反映全貌、构造特征以及有代表性的部位剖切。

2）各种剖面图应按正投影法绘制。

3）建筑剖面图内应包括剖切面和投影方向可见的建筑构造、构配件以及必要的尺寸、标高等。

4）画室内立面时，相应部位的墙体、楼地面的剖切面宜绘出。必要时，占空间较大的设备管线、灯具等的剖切面，亦应在图纸上绘出。

## 二、建筑剖面图的作用

剖面图是用以表示建筑物内部的楼层分层、垂直方向的高度、垂直空间的利用，沿高度方向分层情况、各层构造做法、层高及各部位的相互关系，门窗洞口高、层高及建筑总高等，以及简要的结构形式和构造方式等情况的图样。如屋顶形式、屋顶坡度、檐口形式、楼板搁置方式、楼梯的形式及其简要的结构、构造等，是与平、立面图相互配合的不可缺少的重要图样之一，也是施工、编制工程量清单及备料的重要依据。

## 三、建筑剖面图的图示内容和识读要点

1）图名、比例，找到剖面图剖切位置在平面图的哪个位置。

建筑剖面图的图名必须与底层平面图中的剖切位置和轴线编号一致，如 1—1 剖面图、2—2 剖面图等。其比例应与平、立面图一致，通常为 1:100、1:50、1:200 等。如用较大的比例（如 1:50 等）画出时，剖面图中被剖切到的构件或配件的截面，一般都画上材料图例。

2）看外墙（或柱）的定位轴线及其间距尺寸。

在剖面图中应画出两端墙或柱的定位轴线及其编号，以明确剖切位置及剖视方向，以便与平面图对照。

3）看剖切到的室内外地面（包括台阶、明沟及散水等）、楼面层（包括顶棚）、屋顶层（包括隔热通风防水层及顶棚）、剖切到的内外墙及其门窗（包括过梁、圈梁、防潮层、女儿墙及压顶）、剖切到的各种承重梁和连系梁、楼梯梯段及楼梯平台、雨篷、阳台以及剖切到的孔道、水箱等的位置、形状及其图例。

4）房屋的楼地面、屋面等是用多层材料构成的，通常用一引出线指着需说明的部位，并按其构造层次顺序地列出材料等说明。这些内容也可以在详图中注明或在设计说明中说明。

5）看未剖切到的可见部分，如看到的墙面及其凹凸轮廓、梁、柱、阳台、雨篷、门、窗、踢脚、勒脚、台阶（包括平台踏步）、水斗和雨水管，以及看到的楼梯段（包括栏杆扶手）和各种装饰等的位置和形状。

6）了解建筑物的各部位的尺寸和标高情况。

层高为本层地面到上一层地面之间的高差；净高为本层地面到本层结构最低点的底标高。层高－结构层＝净高。

外墙的竖向尺寸一般也标注三道：第一道尺寸为门、窗洞及洞间墙的高度尺寸；第二道尺寸为层高尺寸；第三道尺寸为室外地面以上的总高尺寸。同时还需注出室内外地面的高差尺寸以及檐口至女儿墙压顶面等的尺寸。此外，还需注上某些局部尺寸（内墙上的门、窗洞高度，窗台的高度，以及有些不另画详图的尺寸（栏杆扶手的高度尺寸、屋檐和雨篷等的挑出尺寸以及剖面图上两轴线间的尺寸等）。

建筑剖面图中的标高一般注在室外地坪、各层楼地面、屋架或顶棚底、楼梯休息平台、

外墙门窗口和雨篷以及建筑轮廓变化的部位。注意剖面图上的标高与立面图一样，有建筑标高和结构标高之分（各层楼面标高为建筑标高，各梁底标高为结构标高，但门窗洞的上顶面和下底面标高均为结构标高。

7）房屋倾斜的地方（屋面、散水、排水沟与坡道等处），需标有坡度符号。

8）剖面图尚不能表示清楚的地方，还注有详图索引，说明另有详图表示。

> **工程实践经验介绍：某医院办公楼建筑剖面图的识读**
>
> 图 5-15～图 5-17 为某医院办公楼的三个剖面图，比例 1:100。如 3—3 剖面图从底层平面图中 3—3 剖切线的位置可知，是在轴线②～④之间，通过库房及储藏室的阶梯剖，移去右半部分所作的左视剖面图。图中表明该房屋是三层楼，坡屋顶。室外地坪为 −0.450m，室内地坪为 ±0.000，二、三层楼地面标高为 3.900m、7.500m。屋顶标高 14.200m。库房门高 2100mm，办公室门高 2700mm，窗台高 1000mm，窗高 2300mm 等。檐口、窗台等细部做法可根据索引符号查有关详图。

# 课题 5　建筑详图的识读

## 一、建筑详图的形成

建筑详图是建筑细部的施工图。因为平、立、剖面图的比例较小，建筑物上许多细部构造无法表示清楚，根据施工需要，必须对房屋的细部或构配件用较大的比例（1:20、1:10、1:5、1:2、1:1 等）将其形状、大小、材料和做法，按正投影图的画法详细地表示出来，这样的图样称为建筑详图，简称详图。

对于套用标准图或通用详图的建筑构配件和剖面节点，只要注明所套用图集的名称、编号或页次，则可不必再画详图。建筑详图所画的节点部位，除应在有关的建筑平、立、剖面图中绘注出索引符号外，还需在所画建筑详图上绘制详图符号和写明详图名称，以便查阅，并在详图符号的右下侧注写比例。

## 二、建筑详图的作用

建筑详图一般应表达出构配件的详细构造、所用的各种材料及其规格、各部分的连接方法和相对位置关系；各部位、各细部的详细尺寸，包括需要标注的标高、有关施工要求和做法的说明等。其特点为比例大；尺寸标注齐全，准确；文字说明详尽。因此，建筑详图是建筑平、立、剖面图的补充，是建筑施工图的重要组成部分，是施工的重要依据。

## 三、建筑详图的内容

建筑详图包括：外墙身详图，楼梯详图，门窗详图以及卫生间、厨房详图等。

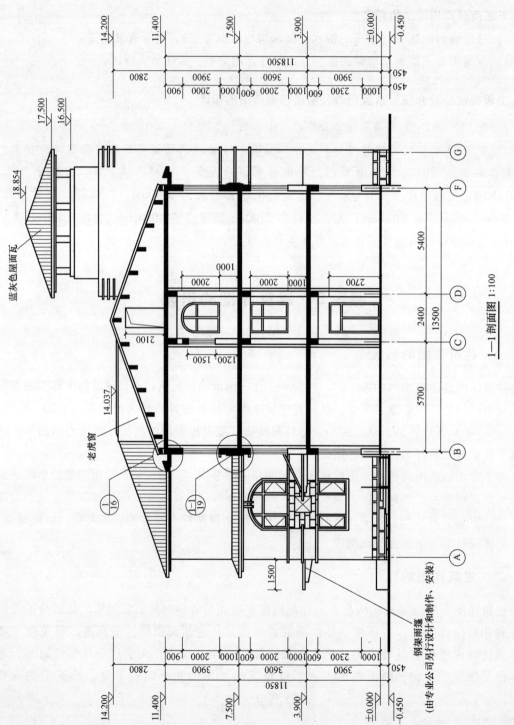

图 5-15　某医院办公楼 1—1 剖面图

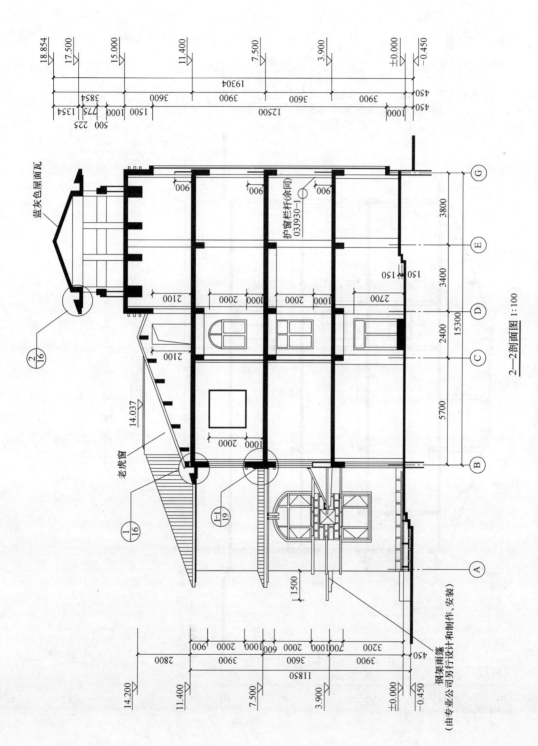

图 5-16　某医院办公楼 2—2 剖面图

2—2剖面图 1:100

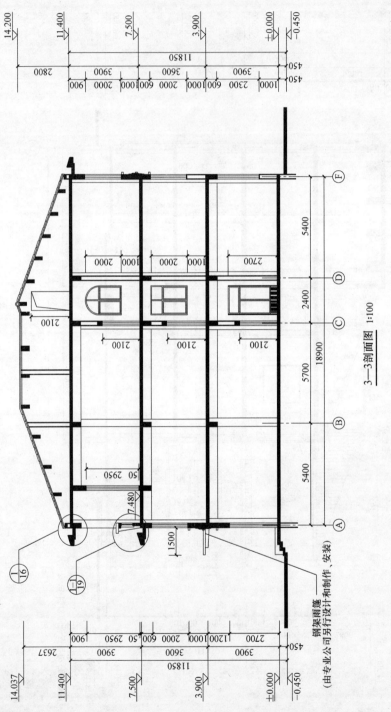

3—3剖面图 1:100

图 5-17 某医院办公楼 3—3 剖面图

**标准学习**

《住宅设计规范》（GB/T 50096—2011）对房屋楼梯的设计做了相关规定：

1）楼梯梯段净宽不应小于 1.10m，不超过六层的住宅，一边设有栏杆的梯段净宽不应小于 1.00m。

2）楼梯踏步宽度不应小于 0.26m，踏步高度不应大于 0.175m。扶手高度不应小于 0.90m。楼梯水平段栏杆长度大于 0.50m 时，其扶手高度不应小于 1.05m。楼梯栏杆垂直杆件间净空不应大于 0.11m。

3）套内楼梯当一边临空时，梯段净宽不应小于 0.75m；当两侧有墙时，墙面之间净宽不应小于 0.9m，并应在其中一侧墙面设置扶手。

4）套内楼梯的踏步宽度不应小于 0.22m；高度不应大于 0.20m，扇形踏步转角距扶手中心 0.25m 处，宽度不应小于 0.22m。

## 四、外墙身详图

外墙身详图实际上是建筑剖面图的局部详图，常用比例为 1:20，它表达房屋的屋面、楼层、地面和檐口、楼板与墙的连接、门窗顶、窗台和勒脚、散水等处构造的情况，是施工的重要依据。

多层房屋中，若各层的情况一样时，可只画底层或加一个中间层来表示。画图时，往往在窗洞中间处断开，成为几个节点详图的组合（图 5-18）。有时，也可不画整个墙身的详图，而是把各个节点的详图分别单独绘制。详图的线型要求与剖面图一样。

## 五、楼梯详图

建筑物中的楼梯多采用钢筋混凝土楼梯，通常由楼梯段（简称梯段）、平台、栏杆（板）和扶手组成。楼梯详图主要表示楼梯的类型、结构形式、各部位的尺寸及装修做法，是楼梯施工放样的主要依据。

楼梯详图一般包括楼梯平面图、楼梯剖面图及节点详图（如踏步、栏板详图等），并尽可能放在同一张图纸内，其中平面图、剖面图比例要一致，以便对照阅读，节点详图比例要大些，以便能清楚表达构造情况。楼梯详图包括建筑详图和结构详图，应分别绘制并编入建筑施工图与结构施工图中。但对一些较简单的楼梯，可将建筑详图和结构详图合并绘制，列入建筑施工图或结构施工图中均可。

1）**楼梯平面图**：楼梯平面图是用水平剖切面作出的楼梯间水平全剖图。

通常底层和顶层平面图是不可少的。中间层如果楼梯构造都一样，只画一个平面图，并标明"×~×层平面图"，否则要分别画出。水平剖切面规定设在上楼的第一梯段（即平台下）剖切。断开线用 45°斜线表示。

2）**楼梯剖面图**：楼梯剖面图同房屋剖面图的形成一样，用一假想的铅垂剖切平面，沿着各层楼梯段、平台及窗（门）洞口的位置剖切，向未被剖切梯段方向所作的正投影图为

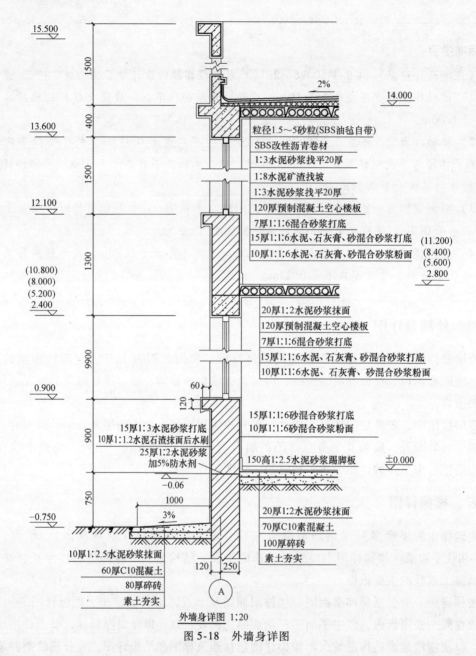

15.500

1500

2%

14.000

400

13.600

1500

粒径1.5～5砂粒(SBS油毡自带)
SBS改性沥青卷材
1:3水泥砂浆找平20厚
1:8水泥矿渣找坡
1:3水泥砂浆找平20厚
120厚预制混凝土空心楼板
7厚1:1:6混合砂浆打底
15厚1:1:6水泥、石灰膏、砂混合砂浆打底
10厚1:1:6水泥、石灰膏、砂混合砂浆粉面

12.100

(11.200)
(8.400)
(5.600)
2.800

1300

(10.800)
(8.000)
(5.200)
2.400

20厚1:2水泥砂浆抹面
120厚预制混凝土空心楼板
7厚1:1:6混合砂浆打底
15厚1:1:6水泥、石灰膏、砂混合砂浆打底
10厚1:1:6水泥、石灰膏、砂混合砂浆粉面

9900

0.900

60

120

15厚1:1:6砂混合砂浆打底
10厚1:1:6砂混合砂浆粉面

15厚1:3水泥砂浆打底
10厚1:1.2水泥石渣抹面后水刷
25厚1:2水泥砂浆
加5%防水剂

900

150高1:2.5水泥砂浆踢脚板

±0.000

-0.06

20厚1:2水泥砂浆抹面
70厚C10素混凝土
100厚碎砖
素土夯实

750

-0.750

1000

3%

10厚1:2.5水泥砂浆抹面
60厚C10混凝土
80厚碎砖
素土夯实

120   250

A

外墙身详图 1:20

图 5-18　外墙身详图

楼梯剖面图。它能完整地表示出各层梯段、栏杆与地面、平台和楼板、它们的构造及相互组合关系等。

3）楼梯节点详图：楼梯节点详图主要表达楼梯栏杆、踏步、扶手的做法。

> 🔧 工程实践经验介绍：某建筑楼梯详图的识读
>
> 图 5-19～图 5-21（见书后插页）为某建筑室内楼梯的详图。
>
> 1）楼梯平面图（图 5-19）：底层（一层）平面，上楼梯段断开线一端露出的是该梯段下面小间的投影；二层平面，上楼梯段断开线一端露出的是底层上楼第一梯段连接平台

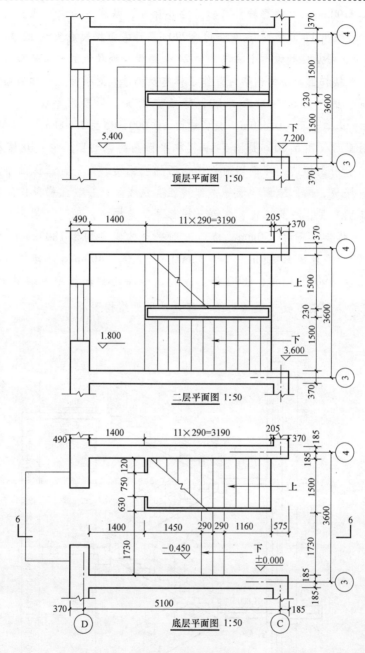

图 5-19　楼梯平面图

一端的投影。另一侧则是底层到二层第二梯段的完整投影，所示平台是一二层之间的平台；顶层（三层）没有上楼梯段，所以从顶层往下看，是顶层到下一层的两个梯段的完整投影，平台是二三层之间平台的投影。

　　该楼梯位于Ⓒ、Ⓓ轴与③、④轴内，从图中可见一到二层、二到三层都是两个梯段，每个梯段的标注同是 11×290＝3190。说明，每个梯段是 12 个踏步，踏面宽 290mm，梯段的水平投影长 3190mm。从投影特性可知，12 个踏步，从梯段的起步地面到梯段的顶端地面，其投影只能反映出 11 个踏面宽（即 11×290），而踢面积聚成直线 12 条（即踏步的分格线）。由此看出，每层楼都设两个梯段，共 24 个踏步。梯段上的箭头是指示上下楼的。

该平面图还对楼梯剖面图的剖切位置作了标志及编号，对平面尺寸和地面标高也作了详细标注，如开间、进深尺寸 3600 和 5100，梯段宽 1500，梯段水平投影长 3190，平台宽 1400。标高尺寸，入口地面 −0.450m，底层地面 ±0.000，楼面 3.600m，平台 1.800m 等。

2）6—6 剖面图（图 5-20）是图 5-19 楼梯平面图的剖切图。它是从楼梯间的外门经过入室内的三步台阶剖切的，即剖切面将二、四梯段剖切，向一、三梯段作投影。被剖切的二、四梯段，楼板，梁，地面和墙等，都用粗实线表示，一、三梯段作外形投影，用中实线表示。从剖面可见，一到二楼、二到三楼都是两跑楼梯，每跑（梯段）都是 12×150 =1800，即 12 个踏步，高为 150mm。楼地面到平台的距离均为 1800mm。所以，标高为一楼地面 ±0.000，平台面 1.800m，二楼 3.600m，平台 5.400m 等。楼梯间的门、窗、墙标注了净尺寸，如 1900、1250、1800 等。除此，楼梯的细部构造及装修还作了索引号 $\frac{1}{16}$、$\frac{2}{16}$。有关该钢筋混凝土楼梯的结构部分，详见结构图。

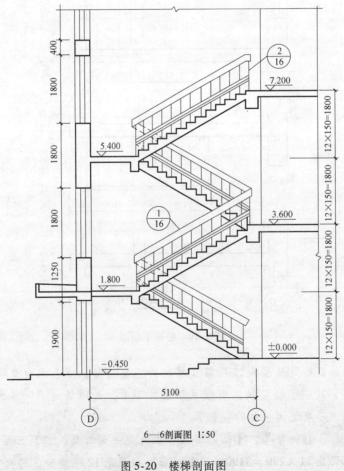

6—6剖面图 1:50

图 5-20　楼梯剖面图

3）楼梯栏杆、踏步详图：图5-21中的详图 $\frac{1}{9}$（9表示被索引图纸的图纸号是"建施9"）是楼梯局部立面详图，图中表示栏杆的立柱用18mm×18mm断面的方钢制作，方钢两面贴-50×5断面扁钢。立柱的下端埋入踏步板内100mm深，立柱上端与木制扶手相连。扶手见本图纸内详图①，详图①表明扶手是木制枣核状六边形断面，扶手与立柱上的通长扁钢用自攻螺钉连接，图中各部尺寸及做法如图。

详图①是顶层楼地面上楼梯栏杆的正立面投影图。图中表明立柱、扶手与地面墙体连接的做法。扶手与墙连接如详图②所示。

详图③是楼梯踏步详图，表示踏步面层装修做法。

# 单元六

## 结构施工图的识读

**单元概述**

本单元主要介绍结构施工图识读的基本知识以及钢筋混凝土的基本知识。

**学习目标**

**能力目标**

1. 能看懂常见的建筑结构施工图。

2. 会利用平法制图规则识读典型工程平法施工图。

**知识目标**

1. 了解结构施工图的图示内容和图示方法。

2. 学习常见建筑结构施工图的识读方法。

**情感目标**

通过对结构施工图图示方法和图示内容的学习和了解，培养对结构施工图的学习兴趣。

## 课题1 结构施工图的基本知识

在房屋设计中，除进行建筑设计，画出建筑施工图外，还要进行结构设计。即根据建筑各方面的要求，进行结构选型和构件布置，再通过力学计算，决定房屋各承重构件（图6-1中的梁、墙、柱及基础等）的材料、形状、大小，以及内部构造等，并将设计结果绘成图样，以指导施工，这种图样称为结构施工图，简称"结施"。

### 一、结构施工图的组成及作用

结构施工图主要表达结构设计的内容，它是表示建筑物各承重构件（如基础、承重墙、柱、梁、板、屋架等）的布置、形状、大小、材料、构造及其相互关系的图样。它还要反映出其他专业（如建筑、给水排水、暖通、电气等）对结构的要求。

结构施工图通常包括以下内容：

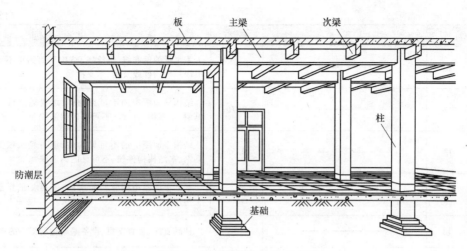

图 6-1  钢筋混凝土结构示意图

**1. 结构设计说明**

结构设计说明包括：结构设计的依据；建筑结构的抗震设计要求、荷载取值；地基情况；结构所用材料、强度等级；施工要求；选用的标准图集等内容。

**2. 结构平面图**

主要包括：基础平面图、楼层结构平面图、屋面结构平面图等。

**3. 结构详图**

主要包括：基础详图；梁、板、柱结构详图；楼梯结构详图；屋架结构详图。

结构施工图主要用于基础施工、钢筋混凝土等各种构件制作和安装，同时也是编制工程量清单和施工组织设计的重要依据。

## 二、结构施工图制图的线型和比例

### （一）图线

根据《建筑结构制图标准》（GB/T 50105—2010）规定，结构施工图的图线宽度及线型应按表 6-1 的规定选用。每个图样应根据复杂程度与比例大小，先选用适当基本线宽度 $b$，再选用相应的线宽。在同一张图纸中，相同比例的各图样，应选用相同的线宽组。

表 6-1  图线

| 名称 | | 线型 | 线宽 | 一般用途 |
|---|---|---|---|---|
| 实线 | 粗 | ———— | $b$ | 螺栓、钢筋线、结构平面图中的单线结构构件线，钢木支撑及系杆线，图名下横线、剖切线 |
| | 中粗 | ———— | $0.7b$ | 结构平面图及详图中剖到或可见的墙身轮廓线、基础轮廓线、钢、木结构轮廓线、钢筋线 |
| | 中 | ———— | $0.5b$ | 结构平面图及详图中剖到或可见的墙身轮廓线、基础轮廓线、可见的钢筋混凝土构件轮廓线、钢筋线 |
| | 细 | ———— | $0.25b$ | 标注引出线、标高符号线、索引符号线、尺寸线 |

（续）

| 名称 | | 线　　型 | 线宽 | 一　般　用　途 |
|---|---|---|---|---|
| 虚线 | 粗 | — — — — — | $b$ | 不可见的钢筋线、螺栓线、结构平面图中不可见的单线结构构件线及钢、木支撑线 |
| | 中粗 | — — — — — | $0.7b$ | 结构平面图中的不可见构件、墙身轮廓线及不可见钢、木结构构件线、不可见的钢筋线 |
| | 中 | — — — — — | $0.5b$ | 结构平面图中的不可见构件、墙身轮廓线及不可见钢、木结构构件线、不可见的钢筋线 |
| | 细 | — — — — — | $0.25b$ | 基础平面图中的管沟轮廓线、不可见的钢筋混凝土构件轮廓线 |
| 单点长画线 | 粗 | — · — · — | $b$ | 柱间支撑、垂直支撑、设备基础轴线图中的中心线 |
| | 细 | — · — · — | $0.25b$ | 定位轴线、对称线、中心线、重心线 |
| 双点长画线 | 粗 | — ·· — ·· — | $b$ | 预应力钢筋线 |
| | 细 | — ·· — ·· — | $0.25b$ | 原有结构轮廓线 |
| 折断线 | | —————⋀————— | $0.25b$ | 断开界线 |
| 波浪线 | | ∿∿∿∿ | $0.25b$ | 断开界线 |

## （二）比例

《建筑结构制图标准》（GB/T 50105—2010）根据结构施工图图样的用途，被绘物体的复杂程度，规定了常用比例，特殊情况下也可选用可用比例，见表6-2。

表 6-2　比例

| 图　　名 | 常　用　比　例 | 可　用　比　例 |
|---|---|---|
| 结构平面图、基础平面图 | 1:50、1:100、1:150 | 1:60、1:200 |
| 圈梁平面图，总图中管沟、地下设施等 | 1:200、1:500 | 1:300 |
| 详图 | 1:10、1:20、1:50 | 1:5、1:30、1:25 |

## 三、常用构件代号

为了图示简便，结构施工图中构件的名称一般用代号来表示，代号后应用阿拉伯数字标注该构件的型号或编号，也可为构件的顺序号。构件的顺序号采用不带角标的阿拉伯数字连续编排。常用构件代号是用各构件名称的汉语拼音第一个字母表示的。常用构件代号见表6-3。

## 四、钢筋混凝土基本知识

混凝土由水泥、砂子、石子和水按一定比例配合搅拌而成，把它灌入由模板构成的模型内，经振捣密实和养护，凝固后就形成坚硬如石的混凝土构件。混凝土的抗压强度高，但抗

表 6-3　常用构件代号

| 序号 | 名称 | 代号 | 序号 | 名称 | 代号 | 序号 | 名称 | 代号 |
|---|---|---|---|---|---|---|---|---|
| 1 | 板 | B | 19 | 圈梁 | QL | 37 | 承台 | CT |
| 2 | 屋面板 | WB | 20 | 过梁 | GL | 38 | 设备基础 | SJ |
| 3 | 空心板 | KB | 21 | 连系梁 | LL | 39 | 桩 | ZH |
| 4 | 槽形板 | CB | 22 | 基础梁 | JL | 40 | 挡土墙 | DQ |
| 5 | 折板 | ZB | 23 | 楼梯梁 | TL | 41 | 地沟 | DG |
| 6 | 密肋板 | MB | 24 | 框架梁 | KL | 42 | 柱间支撑 | ZC |
| 7 | 楼梯板 | TB | 25 | 框支梁 | KZL | 43 | 垂直支撑 | CC |
| 8 | 盖板或沟盖板 | GB | 26 | 屋面框架梁 | WKL | 44 | 水平支撑 | SC |
| 9 | 挡雨板或檐口板 | YB | 27 | 檩条 | LT | 45 | 梯 | T |
| 10 | 吊车安全走道板 | DB | 28 | 屋架 | WJ | 46 | 雨篷 | YP |
| 11 | 墙板 | QB | 29 | 托架 | TJ | 47 | 阳台 | YT |
| 12 | 天沟板 | TGB | 30 | 天窗架 | CJ | 48 | 梁垫 | LD |
| 13 | 梁 | L | 31 | 框架 | KJ | 49 | 预埋件 | M— |
| 14 | 屋面梁 | WL | 32 | 刚架 | GJ | 50 | 天窗端壁 | TD |
| 15 | 吊车梁 | DL | 33 | 支架 | ZJ | 51 | 钢筋网 | W |
| 16 | 单轨吊车梁 | DDL | 34 | 柱 | Z | 52 | 钢筋骨架 | G |
| 17 | 轨道连接 | DGL | 35 | 框架柱 | KZ | 53 | 基础 | J |
| 18 | 车挡 | CD | 36 | 构造柱 | GZ | 54 | 暗柱 | AZ |

注：1. 预制混凝土构件、现浇混凝土构件、钢构件和木构件，一般可以采用本表中的构件代号。在绘图中，除混凝土构件可以不注明材料代号外，其他材料的构件可在构件代号前加注材料代号，并在图纸中加以说明。
　　2. 预应力混凝土构件的代号，应在构件代号前加注 "Y"，如 Y-DL 表示预应力混凝土吊车梁。

拉强度较低，容易因受拉而断裂，如图 6-2 所示。为了提高混凝土构件的抗拉能力，常在混凝土构件的受拉区内配置一定数量的钢筋，因为钢筋不但具有良好的抗拉强度，而且与混凝土有良好的粘结力，其热膨胀系数与混凝土相近。这种配有钢筋的混凝土，叫作钢筋混凝土。

　　用钢筋混凝土捣制成的梁、板、柱、基础等构件，称为钢筋混凝土构件。钢筋混凝土构件有在工地现场浇制的，称为现浇钢筋混凝土构件。也有在工厂（或工地）预先把构件制作好，然后运到工地安装的，这种构件称为预制钢筋混凝土构件。此外，有的构件在制作时通过张拉钢筋对混凝土施加一定的压力，以提高构件的抗拉和抗裂性能，叫作预应力钢筋混凝土构件。

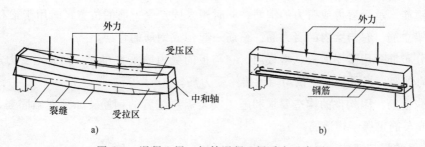

图 6-2　混凝土梁、钢筋混凝土梁受力示意图

a）混凝土梁　b）钢筋混凝土梁

**（一）混凝土的强度等级和常用钢筋种类**

**1. 混凝土的强度等级**

混凝土按其立方体抗压强度标准值划分为 C15、C20、C25、C30、C35、C40、C45、C50、C55、C60、C65、C70、C75、C80 等强度等级，数字越大，表明混凝土的抗压强度越高。不同工程或用于不同部位的混凝土，对其强度等级的要求也不一样。

> 📖 **标准学习**
>
> 《混凝土结构设计规范》（GB 50010—2010）对混凝土的使用做了如下规定：
>
> 素混凝土结构的混凝土强度等级不应低于 C15；钢筋混凝土结构的混凝土强度等级不应低于 C20；采用强度等级 400MPa 及以上的钢筋时，混凝土强度等级不应低于 C25。
>
> 承受重复荷载的钢筋混凝土构件，混凝土强度等级不应低于 C30。预应力混凝土结构的混凝土强度等级不宜低于 C40，且不应低于 C30。

**2. 常用钢筋的种类与符号**

在《混凝土结构设计规范》（GB 50010—2010）中，对钢筋的标注按其产品种类不同分别给予不同的符号，见表 6-4。

表 6-4　热轧钢筋的技术指标

| 牌　号 | 符　号 | 公称直径 $d$/mm |
|---|---|---|
| HPB300 | Φ | 6 ~ 22 |
| HRB335<br>HRBF335 | $\underline{\Phi}$<br>$\underline{\Phi}^F$ | 6 ~ 50 |
| HRB400<br>HRBF400<br>RRB400 | $\underline{\underline{\Phi}}$<br>$\underline{\underline{\Phi}}^F$<br>$\underline{\underline{\Phi}}^R$ | 6 ~ 50 |
| HRB500<br>HRBF500 | $\overline{\underline{\Phi}}$<br>$\overline{\underline{\Phi}}^F$ | 6 ~ 50 |

**（二）钢筋的名称与作用**

配置在钢筋混凝土结构中的钢筋，如图 6-3 所示，按其所起作用的不同，分别称为：

（1）受力筋　承受拉、压应力的钢筋。用于梁、板、柱等各种钢筋混凝土构件。承受构件中的拉力叫作受拉筋。在梁、柱构件中有时还要配置承受压力的钢筋，叫作受压筋。

（2）箍筋　承受剪力或扭力的钢筋，同时用来固定受力筋的位置，多用于梁和柱内。

（3）架立筋　它与梁内的受力筋、箍筋一起构成钢筋的骨架。

（4）分布筋　用于屋面板、楼板内，它与板的受力筋垂直布置，并固定受力筋的位置，构成钢筋的骨架，将承受的重量均匀地传给受力筋。

（5）构造筋　因构件的构造要求和施工安装需要配置的钢筋，如预埋锚固筋、吊环等，架立筋和分布筋也属于构造筋。

**（三）保护层与弯钩**

钢筋混凝土构件的钢筋不能外露，为了保护钢筋防锈、防火、防腐蚀，在钢筋的外边缘

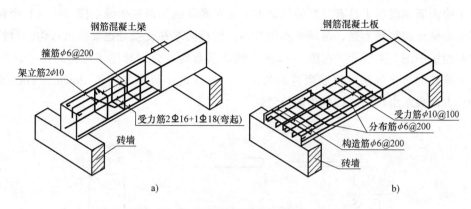

图 6-3 钢筋混凝土构件中钢筋的分类
a) 钢筋混凝土梁 b) 钢筋混凝土板

与构件表面之间应留有一定厚度的保护层。结构图上一般不标注保护层的厚度，但《混凝土结构设计规范》（GB 50010—2010）中规定受力的普通钢筋及预应力钢筋，其混凝土保护层厚度不应小于钢筋的公称直径 $d$；设计使用年限为 50 年的混凝土结构，最外层钢筋的保护层厚度应符合表 6-5 的规定；设计使用年限为 100 年的混凝土结构，最外层钢筋的保护层厚度不应小于表 6-5 中数值的 1.4 倍。

表 6-5 混凝土保护层的最小厚度 $c$  （单位：mm）

| 环 境 类 别 | 板、墙、壳 | 梁、柱、杆 |
|---|---|---|
| 一 | 15 | 20 |
| 二 a | 20 | 25 |
| 二 b | 25 | 35 |
| 三 a | 30 | 40 |
| 三 b | 40 | 50 |

注：1. 混凝土强度等级不大于 C25 时，表中保护层厚度数值应增加 5mm。
2. 钢筋混凝土基础宜设置混凝土垫层，基础中钢筋的混凝土保护层厚度应从垫层顶面算起，且不应小于 40mm。

**🔧 工程实践经验介绍：钢筋保护层的常见做法**

根据规范规定，在实际工程中，当有充分依据并采取下列有效措施时，可适当减小混凝土保护层的厚度。

1）构件表面有可靠的防护层。

2）采用工厂化生产的预制构件，并能保证预制构件混凝土的质量。

3）在混凝土中掺加阻锈剂或采用阴极保护处理等防锈措施。

4）当对地下室墙体采取可靠的建筑防水做法或防腐措施时，与土壤接触一侧钢筋的保护层厚度可适当减少，但不应小于 25mm。

5）当梁、柱、墙中纵向受力钢筋的保护层厚度大于 50mm 时，宜对保护层采取有效的构造措施。可在保护层内配置防裂、防剥落的焊接钢筋网片，网片钢筋的保护层厚度不应小于 25mm，并应采取有效的绝缘、定位措施。

为了使钢筋和混凝土具有良好的粘结力，应在光圆钢筋两端做成半圆弯钩或直弯钩；带肋钢筋与混凝土的粘结力强，两端可不做弯钩。钢箍两端在交接处也要做出弯钩。弯钩的常见形式和画法如图 6-4 所示。在图 6-4a 的光圆钢筋弯钩，分别标注了弯钩的尺寸；图 6-4b 仅画出了箍筋的简化画法，箍筋弯钩的长度，一般分别在两端各伸长 50mm 左右；图 6-4c 用弯钩的方向表示出钢筋在构件中的位置。

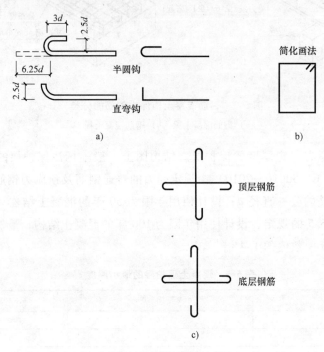

图 6-4　钢筋和箍筋的弯钩

a）钢筋的弯钩　b）箍筋的弯钩　c）顶层（底层）钢筋的画法

### （四）钢筋混凝土构件的图示方法

#### 1. 图示方法

从钢筋混凝土结构的外观只能看到混凝土的表面及其外形，而看不到内部的钢筋及其布置。为了突出表达钢筋在构件内部的配置情况，可假定混凝土为透明体，并对此投影，绘制出构件的配筋图。配筋图由立面图和断面图组成。在立面图中，构件的轮廓线用中粗实线画出，钢筋则用粗实线（单线）表示。在断面图中，剖到的钢筋圆截面画成黑圆点，其余未剖到的钢筋仍画成粗实线，并规定不画材料图例。图中应标注出钢筋的类别、数量、直径及间距等。钢筋的一般表示方法应符合表 6-6 的规定。

表 6-6　钢筋的一般表示方法

| 序号 | 名　称 | 图　例 | 说　明 |
|---|---|---|---|
| 1 | 钢筋横断面 | ● | — |
| 2 | 无弯钩的钢筋端部 |  | 下图表示长、短钢筋投影重叠时,短钢筋的端部用45°斜画线表示 |
| 3 | 带半圆形弯钩的钢筋端部 |  |  |

（续）

| 序号 | 名　称 | 图　例 | 说　明 |
|---|---|---|---|
| 4 | 带直钩的钢筋端部 |  | — |
| 5 | 带螺扣的钢筋端部 |  | — |
| 6 | 无弯钩的钢筋搭接 | | — |
| 7 | 带半圆弯钩的钢筋搭接 | | — |
| 8 | 带直钩的钢筋搭接 | | — |
| 9 | 机械连接的钢筋接头 | 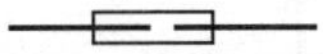 | 用文字说明机械连接的方式（如冷挤压或直螺纹等） |
| 10 | 预应力钢筋或钢绞线 |  | — |
| 11 | 单根预应力钢筋断面 |  | — |
| 12 | 一片钢筋网平面图 | 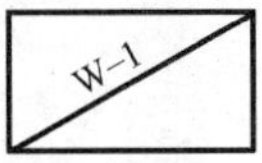 W-1 | — |
| 13 | 一行相同的钢筋网平面图 | 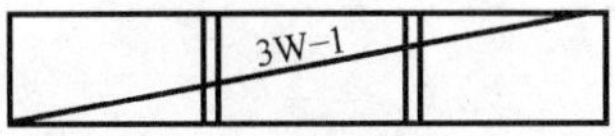 3W-1 | — |

对外形比较复杂的或设有预埋件的构件，还需另画出模板图。模板图是表示构件外形和预埋件位置的图样，图中标注出构件的外形尺寸（也称模板尺寸）和预埋件型号及其定位尺寸，它是制作构件模板和安放预埋件的依据。对于外形比较简单又无预埋件的构件，因在配筋图中已标注出构件的外形尺寸，则不需画出模板图。

《建筑结构制图标准》（GB/T 50105—2010）要求钢筋的画法应符合表6-7的规定。

表6-7  钢筋的画法

| 序号 | 说　明 | 图　例 |
|---|---|---|
| 1 | 在结构楼板中配置双层钢筋时，底层钢筋的弯钩应向上或向左，顶层钢筋的弯钩则向下或向右 | 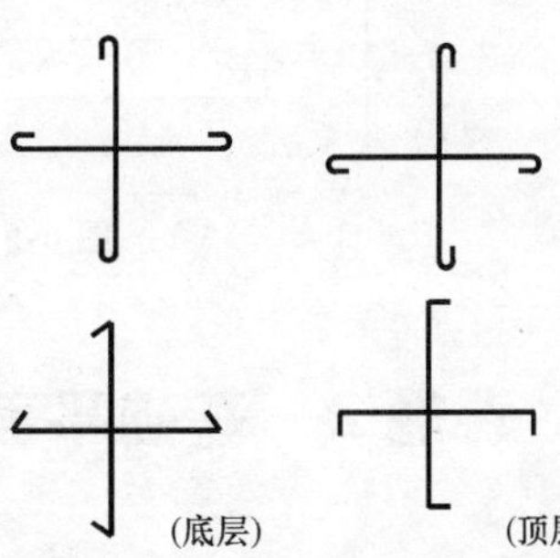 （底层）　　（顶层） |
| 2 | 钢筋混凝土墙体配双层钢筋时，在配筋立面图中，远面钢筋的弯钩应向上或向左，而近面钢筋的弯钩向下或向右（近面:JM；远面:YM） | 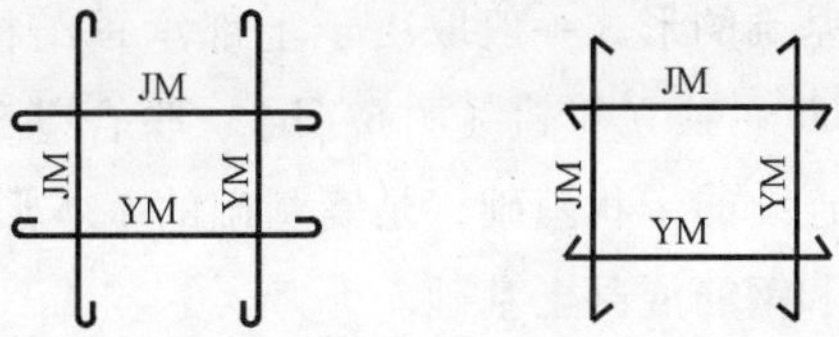 JM　YM |

(续)

| 序号 | 说　　明 | 图　　例 |
|------|---------|----------|
| 3 | 若在断面图中不能表达清楚的钢筋布置，应在断面图外增加钢筋大样图（如：钢筋混凝土墙、楼梯等） | |
| 4 | 图中所表示的箍筋、环筋等若布置复杂时，可加画钢筋大样及说明 | |
| 5 | 每组相同的钢筋、箍筋或环筋，可用一根粗实线表示，同时用一两端带斜短画线的细线，表示其余钢筋及起止范围 | |

**2. 钢筋的标注**

　　钢筋的直径、根数或相邻钢筋中心距一般采用引出线方式标注，其标注形式及含义如图6-5所示。

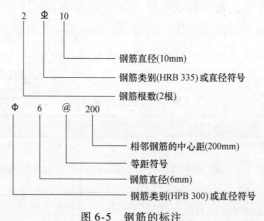

图 6-5　钢筋的标注

# 课题 2　基础平面图和基础详图的识读

　　基础是位于建筑物室内地面以下的承重构件，它承受房屋的全部荷载，并传给基础下的地基，基础的形式一般取决于上部承重结构的形式和地基等情况，常用的形式有条形基础（图 6-6a）、独立基础（图 6-6b）、联合基础、箱形基础和桩基础等。条形基础一般用于墙下，是连续的带状基础，是墙基础的基本形式；独立基础常用作柱的基础。工程中常用的是砖基础和钢筋混凝土基础。

　　基础图是表示建筑物室内地面以下（即相对标高 ±0.000 以下）基础部分的平面布置和

详细构造的图样，是建筑施工过程中确定基坑边线，进行基础的砌筑或浇筑的依据，通常包括基础平面图和基础详图。

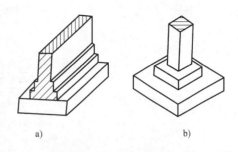

图 6-6　常见的基础

a）条形基础　b）独立基础

## 一、基础平面图

基础平面图是假想用一个水平剖切面在建筑物的地面与地基之间把整幢建筑物剖开后，移去地面以上的建筑物及基础周围的泥土所作出的基础平面图（图 6-7）。

在基础平面图中，只需画出基础墙、柱的轮廓线以及基础底面的轮廓线。至于基础细部的轮廓线则可省略不画，这些细部形状可反映在基础详图中。基础墙和柱的轮廓由于是直接剖到的，因此应画成粗实线，钢筋混凝土柱涂成黑色，基础底面的轮廓线是可见轮廓线，则画成中实线，并用粗点画线表示基础梁或基础圈梁的中心线位置。

基础平面图的图示内容及识读要点：

1）图名、比例。基础平面图的比例一般采用 1:100 或 1:200、1:50。

2）基础平面图的定位轴线及其编号，必须与建筑平面图完全一致。

3）基础的平面布置。

4）基础梁（圈梁）的位置和代号，从中可知哪些部位有梁，根据代号可以统计梁的种类、数量和查看梁的详图。

5）断面图的剖切线及其编号（或注写基础代号）。在基础平面图中凡基础的宽度、墙厚、大放脚形式、基底标高及尺寸等做法有不同时，常分别采用不同的剖面详图和剖面编号予以表示。

6）基础平面图中须注明基础的大小尺寸和定位尺寸。基础的大小尺寸即基础墙的宽度，柱外形尺寸以及它们的基础底面尺寸，这些尺寸可直接标注在基础平面图上，也可以用文字加以说明和用基础代号等形式标注。基础代号注写在基础剖切线的一侧，以便在相应的基础详图中查到基础底面的宽度。基础的定位尺寸也就是基础墙（或柱）的轴线尺寸。

7）通过施工说明可了解到基础的用料和施工注意事项以及基础的埋置深度，室外地面的绝对标高等情况。

## 二、基础详图

基础平面图仅表明了基础的平面布置，而基础各部分的形状、大小、材料、构造以及基础的埋置深度等均未表示，所以需要画出基础详图，作为砌筑基础的依据。

基础详图一般采用基础垂直剖切的断面图来表示。

基础详图的图示内容及识读要点：

1）图名和比例。图名常用 1—1 断面、2—2 断面……或用基础代号表示，根据图名可与基础平面图对照，确定该基础详图表示的是哪一条基础上的断面。基础详图常用 1:20 或 1:50 的比例绘制。

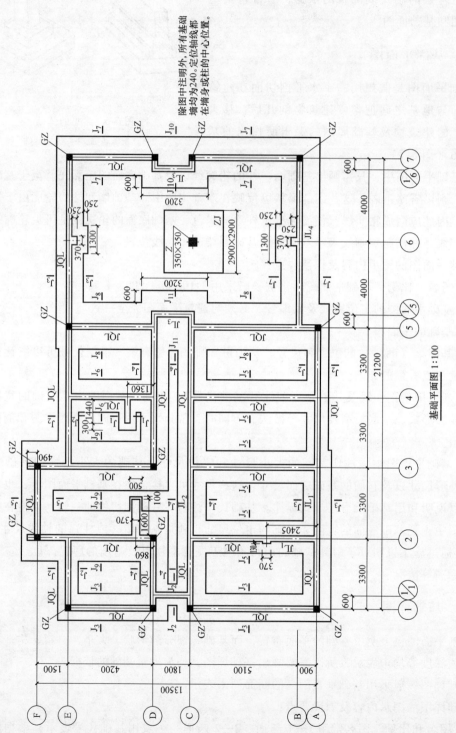

基础平面图 1:100

图 6-7 基础平面图

2）基础详图轴线及其编号。

3）基础断面形状、大小、材料以及配筋等。

4）防潮层的位置和做法。

5）基础断面的详细尺寸和室内外地面、基础底面的标高。

6）基础梁和基础圈梁的截面尺寸及配筋。

7）施工说明。通过阅读施工说明，可了解对基础施工的要求。

**工程实践经验介绍：某工程基础详图的识读**

图6-8为承重墙的基础（包括基础梁）详图，其具体数据见表6-8。该承重墙基础是钢筋混凝土条形基础。由于各条形基础的断面形状和配筋形式是类似的，因此只要画出一个通用断面图，再附上表6-8中列出的基础底面宽度 $B$ 和基础受力筋①（基础梁受力筋②），就能把各个条形基础的形状、大小、构造和配筋表达清楚了。

表6-8  基础与基础梁

| J | | |
|---|---|---|
| 基础 | 宽度 $B$/mm | 受力筋① |
| J₁ | 800 | 素混凝土 |
| J₂ | 1000 | @200 |
| J₃ | 1300 | @150 |
| J₄ | 1400 | @200 |
| J₅ | 1500 | @170 |
| J₆ | 1600 | @200 |
| J₇ | 1800 | @180 |
| J₈ | 2200 | @150 |
| J₉ | 2300 | @180 |
| J₁₀ | 2400 | @170 |
| J₁₁ | 2800 | @180 |
| JL | | |
| 基础梁 | 梁长 $L$/mm | 受力筋② |
| JL₁ | 2800 | 4φ18 |
| JL₂ | 3500 | 4φ22 |
| JL₃ | 2040 | 4φ14 |
| JL₄ | 8240 | 4φ25 |

如图6-8所示，钢筋混凝土条形基础底面下铺设70mm厚混凝土垫层。垫层的作用是使基础与地基有良好的接触，以便均匀地传布压力，并且使基础底面处的钢筋不与泥土直接接触，以防止钢筋的锈蚀。钢筋混凝土条形基础的高度由350 mm向两端减小到150mm。带半圆形弯钩的横向钢筋是基础的受力筋，受力筋上面均匀分布的黑圆点是纵向分布筋（Φ6@250）。基础墙底部两边各放出1/4砖长、高为二皮砖厚（包括灰缝厚度）的大放脚，以增大承压面积。基础墙、基础、垫层的材料规格和强度等级见施工总说明。为防止地下水的渗透，在接近室内地面的高度设有60mm厚C20防水混凝土的防潮层（JCL），并配置纵向钢筋3φ8和横向分布筋Φᵇ4@300。

基础梁（JL）的高度，若小于或等于条形基础的高度（本例高度相等），则基础梁的配筋可直接画在条形基础的通用详图中。各基础梁的高度均等于条形基础高度，即 350mm，宽度为 600mm。各基础梁的受力筋②和梁长 $L$（即受力筋和架立筋 4Φ12 的长度）在表 6-8 中列出。图中所注的四肢箍 Φ8@200 是由两个矩形箍筋组成的（图 6-9）。

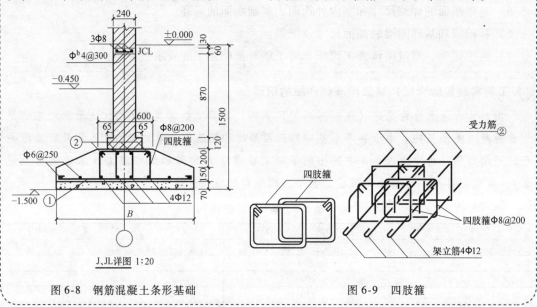

图 6-8　钢筋混凝土条形基础　　　　　图 6-9　四肢箍

💠 **工程实践经验介绍：柱基础详图的识读**

图 6-10 为柱下钢筋混凝土独立基础（ZJ）的详图。

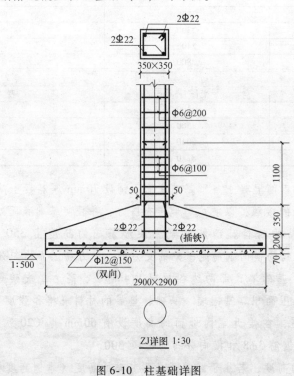

图 6-10　柱基础详图

由图示内容可知，基础底面是 2900mm×2900mm 的正方形，下面同样铺设 70mm 厚的混凝土垫层。柱基为 C20 混凝土，双向配置 Φ12@150 钢筋（纵、横两个方向配筋相同）。在柱基内预插 4Φ22 钢筋（俗称插铁），以便与柱子钢筋搭接，其搭接长度为 1100mm。在钢筋搭接区内的箍筋间距（Φ6@100）比柱子箍筋间距（Φ6@200）要适当加密。在基础高度范围内至少应布置两道箍筋。

# 课题3 结构平面图的识读

结构平面图是表示建筑物各层楼面及屋顶承重构件平面布置的图样，分为楼层结构平面布置图和屋顶结构平面布置图。

## 一、楼层结构平面布置图

楼层结构平面布置图（简称结构平面图）是假想将房屋沿楼面板水平剖切后所得到的水平剖面图，用来表示房屋中每一层楼面板及板下的梁、墙、柱等承重构件的布置情况，现浇楼板的构造和配筋情况。

楼层结构平面布置图中可见的钢筋混凝土楼板的轮廓线用细实线表示，剖切到的墙身轮廓线用中实线表示，被楼板挡住而看不见的梁、柱、墙用虚线表示，剖切到的钢筋混凝土柱涂黑表示，各种梁的中心线位置用粗点画线表示。

楼层结构平面图的图示内容及识读要点：
1）图名和比例。
2）定位轴线及其编号。
3）梁、柱的位置及其编号。
4）板的平面布置、钢筋配置及预留孔洞大小和位置。
5）楼面及各种梁底面（或顶面）结构标高。
6）施工说明。

**工程实践经验介绍：某武警营房楼三层结构平面布置图的识读**

从图 6-11 中可以看出，该楼为砖墙与钢筋混凝土梁板混合承重结构，其中有现浇和预制楼板两种板的形式。楼梯间、卫生间及阳台均采用现浇板。由于有较大空间的房间，故在②、③、⑤、⑥、⑧、⑩轴线处设有梁，编号如图。建筑物纵向位于⑤、⑥轴线间除了有梯梁与普通直线梁外，还设有曲线梁 L—12。在①轴线楼梯间处，设有过梁 GL—2，用细实线绘制。这些梁的具体配筋情况另有结构详图表示。图中涂黑的部分除了标注的 Z—1、Z—2 外，其余均为构造柱。

图中还绘出了各个房间的预制板的配置。预制板的标注一般按地方标准图集规定的表示方式标注，各地方的表示方式并不完全一致，实际作图时应根据相关要求进行标注（目前上海禁止使用预制板，只在做架空地层时少量使用）。

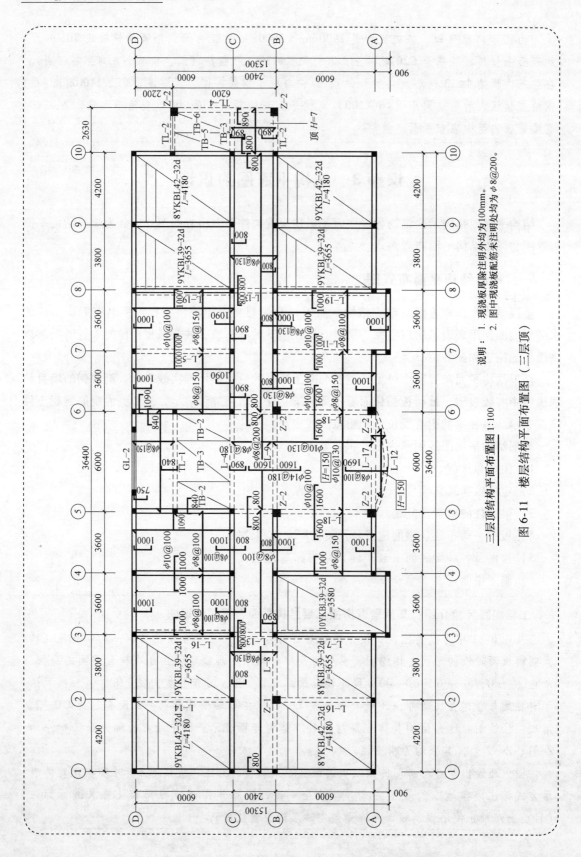

图 6-11　楼层结构平面布置图（三层顶）

## 二、屋顶结构平面布置图

屋顶结构平面布置图是表示屋面承重构件平面布置的图样，其图示内容与表达方法与楼层结构平面布置图基本相同，包括屋面板、天沟板、屋架、天窗架及支撑系统布置等。为了表示屋面的排水坡度及檐口形状，在平面图中，通常还画出屋面板和檐沟的断面图。

# 课题4　钢筋混凝土构件详图的识读

钢筋混凝土构件是建筑工程中的主要结构构件，如梁、板、柱、屋架等。钢筋混凝土构件详图，也称配筋图，表明结构内部的配筋情况，一般由立面图和断面图组成。在建筑结构平面图中，一般只表示出建筑物各承重构件的布置情况，至于其形状、大小、材料、构造和连接情况等则需要分别画出各承重构件的结构详图来表示。

## 一、钢筋混凝土梁

钢筋混凝土梁的常用截面有矩形、T形、工字形和花篮形等形式。梁的结构图，包括立面图、断面图、钢筋详图和钢筋表。

钢筋混凝土梁的立面图表达了梁的外形尺寸，各类钢筋的规格、根数和纵向位置，弯起筋的弯起部位，箍筋的排列和间距。

断面图表达了梁的截面形状、各钢筋的横向位置和箍筋的形状。

钢筋详图画在与立面图相对应的位置，从构件最上部的钢筋开始依次排列，并与立面图的同号钢筋对齐。同一编号钢筋只画一根，在钢筋线上标示了钢筋的编号、根数、种类、直径和单根长度（下料长度）。

为了便于钢筋用量的统计、下料和加工，通常在构件图中列出钢筋表。钢筋表中根据钢筋编号，画出钢筋简图，表明各钢筋的代号、直径、单根长、根数以及总长等内容，钢筋表的项目可以根据需要增减。简单的构件可不画钢筋详图和钢筋表。

> **工程实践经验介绍：某工程楼板配筋图的识读**
>
> 图6-12为钢筋混凝土梁的结构详图。该详图由立面图、断面图、钢筋简图和钢筋表组成。
>
> 由立面图可知，该梁共有五种钢筋：①号钢筋通长配置在梁的下部，端部有半圆形弯钩；②、③号钢筋是弯起筋，其中间段位于梁的下部，分别在离梁端670mm和1070mm处弯起至梁的上部，弯起部位尺寸见钢筋详图，又在梁端垂直弯下至梁底；④号钢筋为架立筋，通长配置在梁的上部，两端有半圆形弯钩；⑤号钢筋是箍筋，沿梁全长排列，由梁的两端向中间间距分别为200mm、300mm。
>
> 图中有A—A、B—B两个配筋断面图，其中B—B断面表达了梁中间段的配筋情况，在该部位梁的底部有五根受力钢筋，中间一根为③号钢筋，两侧自里向外分别为②号和①号钢筋各两根；A—A断面表达了梁两端的配筋情况，可以看出在该部位②、③号的三根钢筋已弯至梁上部，其他钢筋位置没有变化。②、③号钢筋详图，还分别标示了钢筋的水

平各段、弯起段、垂直段的长度，以便于钢筋的加工。钢筋表则给出了该梁中①、②、③、④、⑤号钢筋的数量、长度等。

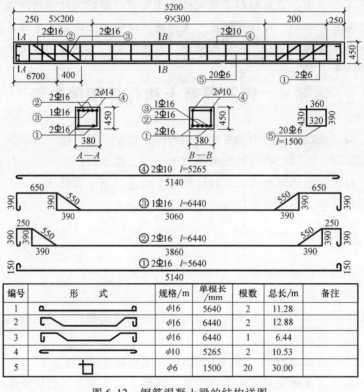

图 6-12    钢筋混凝土梁的结构详图

| 编号 | 形    式 | 规格/m | 单根长/mm | 根数 | 总长/m | 备注 |
|---|---|---|---|---|---|---|
| 1 | | φ16 | 5640 | 2 | 11.28 | |
| 2 | | φ16 | 6440 | 2 | 12.88 | |
| 3 | | φ16 | 6440 | 1 | 6.44 | |
| 4 | | φ10 | 5265 | 2 | 10.53 | |
| 5 | | φ6 | 1500 | 20 | 30.00 | |

## 二、钢筋混凝土板

钢筋混凝土板有预制板和现浇板两种。

预制板是混凝土制品厂生产的定型构件，一般不必绘制结构详图，只注出型号即可，目前上海禁止使用预制板，只在做架空地层时少量使用。

而现浇板的配筋常直接画在楼层结构平面图中，通常采用结构平面图或结构剖视图表示。在钢筋混凝土板结构平面图中能表示出轴线网、承重墙或承重梁的布置情况，表示出板支承在墙、梁上的长度及板内配筋情况。当板的断面变化大或板内配筋较复杂时，常采用板的结构剖视图表示。在结构剖视图中，除能反映板内配筋情况外，板的厚度变化，板底标高也能反映清楚。

> **工程实践经验介绍：某工程楼板配筋图的识读**
>
> 图 6-13 是现浇楼板 XSB—1 配筋图。通过图中标注的轴线与建筑平面图对照，可知该图在平面图中的位置，图中最外面的实线表示外墙面，最里面的虚线表示内墙面，距里面虚线 120 的实线是现浇板的边界线，可知现浇板在四周墙上搭接尺寸均为 120mm。楼板的配筋从图中可看到，在板的下面布置两种钢筋：①φ10@250 和②φ8@280，这两种钢筋都作成一端弯起，钢筋的直、弯部分尺寸都详细标在钢筋上。布筋时，①φ10mm 钢筋每

250mm 放一根，一颠一倒布置，弯起端朝上，②φ8@280 钢筋，也照此办理，在楼板底面由 φ10mm 和 φ8mm 两种钢筋构成方格网片。图中还有两种钢筋③φ10@250 和④φ8@280 都做成两端直弯钩分别布置在②、③轴和Ⓒ、Ⓓ轴四道墙的内侧，施工时将钢筋的钩朝下，直钢筋部分朝上，布置在板的端头压在墙里，承受板端的拉剪应力。在现浇板的配筋图上，通常是相同的钢筋只画出一根表示，其余省去不画。还有的现浇板，只画受力筋，而分布筋（构造筋）在说明里注释。

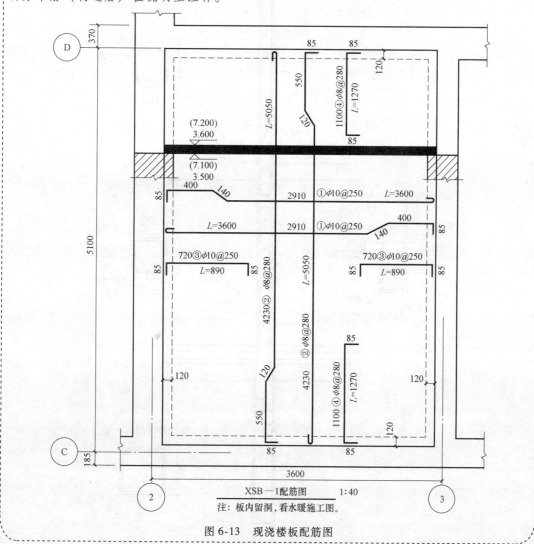

XSB—1配筋图　　　1:40
注：板内留洞，看水暖施工图。

图 6-13　现浇楼板配筋图

## 三、钢筋混凝土柱

钢筋混凝土柱结构详图的图示方法，基本上和梁的相同，但对于比较复杂的钢筋混凝土柱，除画出其配筋图外还要画出其模板图和预埋件详图。配筋图包括立面图、断面图和钢筋详图，主要表达主内钢筋的配置情况；模板图主要表示柱的外形、尺寸、标高，以及预埋件的位置等，作为制作、安装模板和预埋件的依据；预埋件详图表示预埋钢板的形状和尺寸。

**工程实践经验介绍：某工程楼钢筋混凝土柱结构详图的识读**

图 6-14 是现浇钢筋混凝土柱（Z）的立面图和断面图。该柱从柱基起直通四层楼面。底层柱为正方形断面 350mm × 350mm。受力筋为 4⏀22（见 3—3 断面），下端与柱基插铁

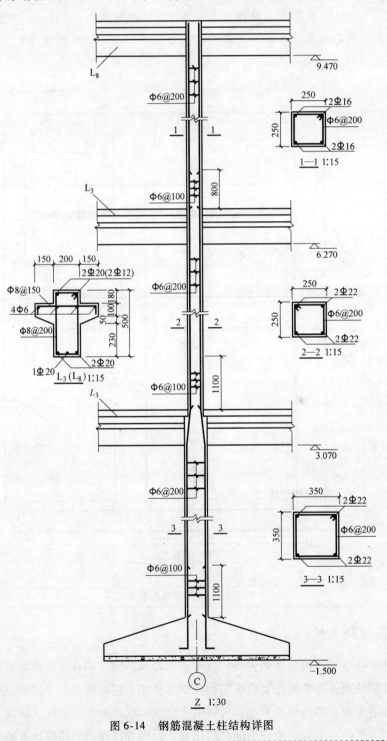

图 6-14 钢筋混凝土柱结构详图

搭接，搭接长度为 1100mm；上端伸出二层楼面 1100mm，以便与二层柱受力筋 4Φ22（见 2—2 断面）搭接。二、三层柱为正方形断面 250mm×250mm。二层柱的受力筋上端伸出三层楼面 800mm 与三层柱的受力筋 4Φ16（见 1—1 断面）搭接。受力筋搭接区的箍筋间距需适当加密为 Φ6@100；其余箍筋均为 Φ6@200。

　　在柱（Z）的立面图中还画出了柱连接的二、三层楼面梁 $L_3$ 和四层楼面梁 $L_8$ 的局部（外形）立面。其断面形状和配筋如图 6-14 左侧所示。

# 模块三

<<<<<<<<

# 建筑构造相关知识

# 单元七

## 民用建筑构造概述

**单元概述**

本单元主要介绍民用建筑的分类和分级，民用建筑的构造方式、影响构造方式的因素以及构造原则。

**学习目标**

**能力目标**

1. 学会民用建筑分类和分级的方法。

2. 能认识简单建筑的构造方式。

**知识目标**

1. 掌握民用建筑常见的构造方式。

2. 了解影响建筑构造方式的因素以及构造原则。

**情感目标**

通过对民用建筑构造基本知识的学习和了解，形成对建筑构造的整体认识。

## 课题1  民用建筑的分类和分级

### 一、民用建筑的分类

建筑物按照使用性质的不同，通常可以分为生产性建筑和非生产性建筑，生产性建筑是指工业建筑和农业建筑，非生产性建筑即民用建筑。

**1. 按建筑的使用功能分**

（1）居住建筑  是供人们居住、生活用的房屋，如住宅、宿舍等。

（2）公共建筑  是人们从事政治文化活动、行政办公、商业、生活服务等公共事业所需要的建筑物，如行政办公建筑、文教建筑、科研建筑、托幼建筑、医疗建筑、商业建筑、生活服务建筑、旅游建筑、观演建筑、体育建筑、展览建筑、交通建筑、通信建筑、园林建筑、纪念建筑、娱乐建筑等。

**2. 按主要承重结构的材料分**

（1）钢筋混凝土结构  是我国目前房屋建筑中应用最为广泛的一种结构形式，如钢筋混凝土的高层、大跨、大空间结构的建筑，以及装配式大板、大模板、滑模等工业化建筑等。

（2）砌体结构　是砖砌体、砌块砌体、石砌体建造的结构统称，一般用于多层建筑。

（3）钢结构　是一种强度高、塑性好、韧性好的结构，它适用于高层、大跨度或荷载较大的建筑。

（4）木结构　是大部分用木材建造或以木材作为主要受力构件的建筑物，它适用于层数少、规模较小的建筑物，如别墅、旅游性木质建筑等。

（5）其他结构建筑　如生土建筑、充气建筑、塑料建筑等。

**3. 按建筑结构承重方式分**

（1）墙承重式结构　用墙体结构承受楼板、屋顶传来的全部荷载（图7-1），多用于多层建筑。

（2）框架结构　用柱与梁组成框架结构承受房屋的全部荷载（图7-2），多用于多层和高层建筑。

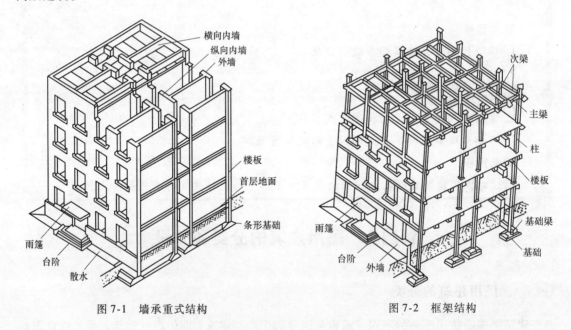

图 7-1　墙承重式结构　　　　　　　　图 7-2　框架结构

（3）半框架结构　外部结构采用墙体承重，内部结构用柱、梁等构件承重（图7-3）或者底层采用框架结构，上面采用墙承重式结构。

（4）空间结构　由空间结构承受全部荷载，包括悬索、网架、拱、壳体等结构形式（图7-4），多用于大跨度的公共建筑。大跨度空间结构为30m以上跨度的大型空间结构。

此外还有现浇剪力墙结构、框架-剪力墙结构、框架-筒体结构、筒中筒及成束筒结构等。

## 二、民用建筑的分级

民用建筑的等级一般按建筑物的重要性、耐久年限和耐火性能进行划分。

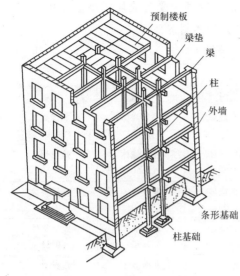

图 7-3 半框架结构

图 7-4 空间结构

### （一）按建筑物的耐久年限划分等级

建筑物的耐久年限主要根据建筑物的重要性和建筑物的质量标准而定，是建筑投资、建筑设计和选用材料的重要依据。

以主体结构确定的建筑物的耐久年限分为下列四级，见表 7-1。

表 7-1 建筑物的耐久年限等级划分

| 耐久等级 | 耐久年限 | 适 用 范 围 |
|---|---|---|
| 一级 | 100 年以上 | 适用于重要的建筑和高层建筑，如纪念馆、博物馆、会堂等 |
| 二级 | 50～100 年 | 适用于一般性建筑，如火车站、宾馆、大型体育馆、大剧院等 |
| 三级 | 25～50 年 | 适用于次要的建筑，如文教、交通、居住建筑及厂房等 |
| 四级 | 25 年以下 | 适用于简易建筑和临时性建筑 |

### （二）按耐火性能划分等级

建筑物的耐火等级是根据建筑物构件的燃烧性能和耐火极限确定的。共分为四级，各级建筑物所用构件的燃烧性能和耐火极限，不应低于规定的级别和限额，见表 7-2。

1）构件的耐火极限：对任一建筑构件按时间-温度标准曲线进行耐火试验，从受到火的作用时起，到失去支持能力（木结构），或完整性被破坏（砖混结构），或失去隔火作用（钢结构）时为止的这段时间，用小时数（h）表示。

2）构件的燃烧性能可分为三类，即非燃烧体、难燃烧体、燃烧体。

① 非燃烧体：用非燃烧材料做成的构件。非燃烧材料指在空气中受到火烧或高温作用时不起火、不微燃、不炭化的材料，如金属材料和无机矿物材料。

② 难燃烧体：用难燃烧材料做成的构件，或用燃烧材料做成而用非燃烧材料做保护层的构件。难燃烧材料指在空气中受到火烧或高温作用时难起火、难微燃、难炭化，当火源移走后燃烧或微燃立即停止的材料。如沥青混凝土、经过防火处理的木材等。

③ 燃烧体：用燃烧材料做成的构件。燃烧材料指在空气中受到火烧或高温作用时立即起火或燃烧，且火源移走后仍继续燃烧或微燃的材料，如木材等。

表7-2　建筑物的耐火等级　　　　　　　　（单位：h）

| 构件名称 | | 耐火等级 | | | |
|---|---|---|---|---|---|
| | | 一级 | 二级 | 三级 | 四级 |
| 墙 | 防火墙 | 非燃烧体 4.00 | 非燃烧体 4.00 | 非燃烧体 4.00 | 非燃烧体 4.00 |
| | 承重墙、楼梯间、电梯井的墙 | 非燃烧体 3.00 | 非燃烧体 2.50 | 非燃烧体 2.50 | 难燃烧体 0.50 |
| | 非承重墙、疏散走道两侧的隔墙 | 非燃烧体 1.00 | 非燃烧体 1.00 | 非燃烧体 0.50 | 难燃烧体 0.25 |
| | 房间隔墙 | 非燃烧体 0.75 | 非燃烧体 0.50 | 难燃烧体 0.50 | 难燃烧体 0.25 |
| 柱 | 支承多层的柱 | 非燃烧体 3.00 | 非燃烧体 2.50 | 非燃烧体 2.50 | 难燃烧体 0.50 |
| | 支承单层的柱 | 非燃烧体 2.50 | 非燃烧体 2.00 | 非燃烧体 2.00 | 燃烧体 |
| 梁 | | 非燃烧体 2.00 | 非燃烧体 1.50 | 非燃烧体 1.00 | 难燃烧体 0.50 |
| 楼板 | | 非燃烧体 1.50 | 非燃烧体 1.00 | 非燃烧体 0.50 | 难燃烧体 0.25 |
| 屋顶承重构件 | | 非燃烧体 1.50 | 非燃烧体 0.50 | 燃烧体 | 燃烧体 |
| 疏散楼梯 | | 非燃烧体 1.50 | 非燃烧体 1.00 | 非燃烧体 1.00 | 燃烧体 |

# 课题2　建筑的构成要素及影响建筑构造的因素

人类从最早的洞穴、巢居，直至后来用土石草木等天然材料建造的简易房屋，和当今的时代建筑，从建筑起源而成为文化，经历了千万年的变迁，建筑在形制、结构、施工技术、艺术形象等各方面也随着历史、政治、人文、自然条件以及科学技术的发展而发展。总结人类的建筑活动经验，构成建筑的主要因素有三个方面：建筑功能、建筑技术和建筑形象。

## 一、建筑功能

建筑功能是指建筑物在物质和精神方面必须满足的使用要求。

不同类别的建筑具有不同的使用要求。例如交通建筑要求人流、线路流畅，观演建筑要求有良好的视听环境，工业建筑必须符合生产工艺流程的要求等；同时，建筑必须满足人体尺度和人体活动所需的空间尺度，以及人的生理要求，如良好的朝向、保温、隔热、隔声、防潮、防水、采光、通风条件等。

📖 **标准学习**

《住宅设计规范》（GB 50096—2011）在建筑的功能方面进行了强调。"条文"的3.0.2规定，通过住宅设计，使"人、建筑、环境"三要素紧密联系在一起，共同形成一个良好的居住环境。同时因地制宜地创造可持续发展的生态环境，为居住区创造既便于邻里交往又赏心悦目的生活环境，满足人们的居住活动中生理、心理的双重需要。3.0.3规定"住宅是供人使用的，因此住宅设计处处要以人为本。"3.0.4考虑到居住者大部分时间是在住宅室内度过的，"因此使住宅室内具有良好的通风、充足的日照、明亮的采光和安静私密的声环境是住宅设计的重要任务。"

## 二、建筑技术

建筑技术是建造房屋的手段，包括建筑材料与制品技术、结构技术、施工技术、设备技术等，建筑不可能脱离技术而存在。其中材料是物质基础，结构是构成建筑空间的骨架，施工技术是实现建筑生产的过程和方法，设备是改善建筑环境的技术条件。

## 三、建筑形象

构成建筑形象的因素有建筑的体型、内外部空间的组合、立面构图、细部与重点装饰处理、材料的质感与色彩、光影变化等。建筑形象是功能和技术的综合反映，建筑形象处理得当，就能产生良好的艺术效果与空间氛围，给人以美的享受。

建筑的三要素是辩证的统一体，是不可分割的，但又有主次之分。建筑功能起主导作用；建筑技术是达到目的的手段，技术对功能又有约束和促进作用；建筑形象是功能和技术的反映，但如果充分发挥设计者的主观作用，在一定的功能和技术条件下，可以把建筑设计得更加美丽。

结合建筑的三个构成要素，为提高建筑物的使用质量和耐久年限，必须考虑建筑物在自然环境和人为环境中所受到的各种因素的影响。根据影响的程度，采取相应的构造方案和措施。

影响建筑构造的因素有以下几方面：

**1. 外载的影响**

作用在建筑物上的外载可分为恒载和活载两大类。恒载是指结构构件本身的自重。活载是指人和物体的重量、风和雨雪的作用力、机械设备和地震等所产生的振动荷载等。由于外载的大小和作用方式不同，在设计时可采用不同的构造方案，以保证建筑物的安全和正常使用。

🔵 **工程实践经验介绍：抗震的重要性**

震惊世界的汶川大地震毁坏了21万多间房屋，夺去了8万多条生命。房屋和基础设施的损失占到总损失的70%以上。通过考察，发现受损严重的多是在设防标准、结构体系、结构设计、施工质量等方面存在问题的建筑，其中以农民的自建房尤为严重。

同时，在地震区各个不同时期设计建造的各类房屋建筑和工程设施经受了考验。震害调查表明，经过抗震设防，特别是在 1990 年以后设计建造的建筑表现良好，即使在极震区实际烈度高出设防烈度 3~4 度（地震动强度超出预计的 10 倍）的情况下，除了个别建筑物外，大多数建筑受到中等至严重破坏，但不倒塌，达到了"小震不坏，中震可修，大震不倒"的三水准抗震设防目标。

这说明，要把不可抗拒的外载破坏降到最小，至少在工程建设中要做到三点：①严格按照施工图施工，以规范和行业标准指导实践。②严把材料的质量关，杜绝不合格材料在施工中使用。③严把施工质量关，重点控制直接影响工程质量及抗震设防的关键部位的施工质量。

**2. 自然环境的影响**

我国幅员辽阔，各地区地理环境不同，大自然的条件有很多差异。温度、湿度、太阳热辐射、风雨冰雪、地质条件和地下水位的高低，对建筑物的使用质量和耐久性年限具有很大的影响。因此，在选择构造方案时，应根据所在地区的自然条件采取防范措施。

**3. 人为环境的影响**

人们所从事的生产和生活等活动会对建筑物产生影响，如机械振动、化学腐蚀、爆炸、火灾、噪声、辐射等人为因素都会对建筑物产生威胁，所以，在构造设计时，必须针对性地采取防范措施，以保证建筑物的正常使用。

**4. 物质技术条件的影响**

建筑材料、结构、设备和施工技术等物质技术条件是构成建筑的基本要素，建筑构造受它们的影响和制约。

**5. 经济条件的影响**

在构造方案设计时，要考虑经济效益。在确保工程质量和建筑美观的前提下，既要在建造时降低造价，又要有利于降低使用过程中的维护和管理费用。

# 单元八

## 基础与地下室

**单元概述**

本单元主要介绍地基与基础的有关概念，影响基础埋置深度的因素；常用基础的类型、构造特点及其应用范围；地下工程常用防潮、防水构造做法等。

**学习目标**

**能力目标**

1. 能根据不同基础的构造特点识别其类型。
2. 能根据建筑的构造要求正确选择基础的类型。
3. 能初步判断地下室防潮、防水的构造方法。

**知识目标**

1. 掌握基础的概念，基础与地基的关系，常用基础的类型、特点及其应用范围。
2. 掌握基础的设计要求、构造特点。
3. 理解地下工程常用防潮、防水构造做法。

**情感目标**

在地基与基础等相关知识学习的基础上提升对基础构造重要性的认识。

## 课题1  基础与地基

### 一、基础与地基的关系

基础是建筑物地面以下的承重构件。基础承受建筑物的全部荷载，再把承受的全部荷载传递给地基。所以地基与基础是密切相关的。

承受由基础传来荷载的土层称为地基。地基承受荷载的能力是有一定限度的。地基每平方米所能承受的最大压力，称作地基的容许承载力（或叫地耐力）。地基容许承载力与基础的底面积及建筑物的上部荷载之间的关系必须满足下面的公式：容许承载力≥上部荷载/基础底面积（图8-1）。

## 二、地基的种类

### （一）天然地基

凡天然土层具有足够的承载能力，无需经人工改善或加固便可作为建筑物地基的称为天然地基。

### （二）人工地基

当建筑物上部荷载较大或地基的承载能力较弱时，为使地基具有足够的坚固性和稳定性，必须对土壤进行人工加固后，才能作为建筑物地基，这种地基称为人工地基。人工地基通常采用压实法、换土法和桩基进行处理。

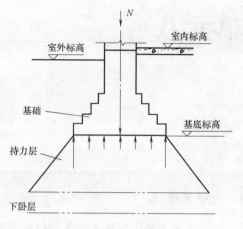

图 8-1　地基和基础的构成

#### 1. 压实法

压实法是利用重锤（夯）、碾压（压路机）和振动法挤压土壤，并将土壤中的空气排走，提高土层的密实性，以达到提高地基土承载能力的目的（图 8-2）。这种方法简单易行。

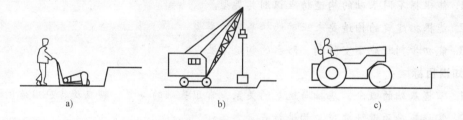

图 8-2　压实法加固地基

a）夯实法　b）重锤夯实法　c）机械碾压法

#### 2. 换土法

当基础下土层比较弱，或部分地基有一定厚度的软弱土层，如淤泥、淤泥质土、冲填土、杂填土等，不能满足上部荷载对地基的要求时，可将软弱土层全部或部分挖去，换成其他较坚硬的材料，这种方法叫换土法。换土法所采用的材料一般是压缩性低的无侵蚀性材料，如砂、碎石、矿渣、石屑等松散材料，在局部换土中也可采用黏性土。换土法通常称为垫层，如砂垫层、砂石垫层，垫层的厚度需经计算确定（图 8-3）。

#### 3. 桩基

当建筑物荷载很大、地基土层很弱，地基容许承载力不能满足要求时，建筑物可采用桩基。桩基常被称为桩基础，是地基加固的一种方式，也是人工地基。

按提高承载力的方式分为摩擦桩和端承桩两类。

（1）摩擦桩　当软弱土层很厚，坚实土层离基础底面远时采用。桩借助土的挤压，主要利用土与桩身表面的摩擦力支承上部的荷载，这种桩称摩擦桩（图 8-4a）。

（2）端承桩　如坚实土层与基础底面很近，桩通过软弱土层，直接支承在坚硬土层或

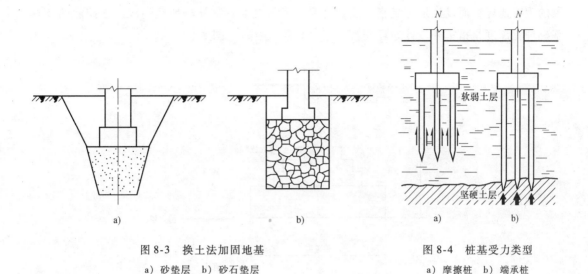

图 8-3 换土法加固地基　　　　　　图 8-4 桩基受力类型
a) 砂垫层　b) 砂石垫层　　　　　　a) 摩擦桩　b) 端承桩

岩层上，靠桩端的支承力承担荷载，这种桩称端承桩（图 8-4b）。

**工程实践经验介绍：地基处理的灌注桩后注浆技术**

　　灌注桩后注浆是指在灌注桩成桩后一定时间，通过预设在桩身内的注浆导管及与之相连的桩端、桩侧处的注浆阀注入水泥浆。注浆目的一是通过桩底和桩侧后注浆加固桩底沉渣（虚土）和桩身泥皮，二是对桩底和桩侧一定范围的土体通过渗入（粗颗粒土）、劈裂（细粒土）和压密（非饱和松散土）注浆起到加固作用，从而增大桩侧阻力和桩端阻力，提高单桩承载力，减少桩基沉降。

　　在优化注浆工艺参数的前提下，可使单桩承载力提高 40% ~120%，粗粒土增幅高于细粒土，桩侧、桩底复式注浆高于桩底注浆；桩基沉降减小 30% 左右。可利用预埋于桩身的后注浆钢导管进行桩身完整性超声检测，注浆用钢导管可取代等承载力桩身纵向钢筋。

　　灌注桩后注浆技术适用于除沉管灌注桩外的各类泥浆护壁和干作业的钻、挖、冲孔灌注桩。实际工程中，设计施工可依据 JGJ 94—2008《建筑桩基技术规范》进行。目前该技术已应用于北京、上海、天津、福州、汕头、武汉、宜春、杭州、济南、廊坊、龙海、西宁、西安、德州等地数百项高层、超高层建筑桩基工程中，经济效益显著。北京首都国际机场 T3 航站楼是该技术应用的典型工程。

## 课题 2　基础的构造和类型

### 一、基础的埋置深度

#### （一）基础埋置深度的定义

基础埋深是从室外地坪算起的。室外地坪分自然地坪和设计地坪，自然地坪是指施工地段的现有地坪，而设计地坪是指按设计要求，工程竣工后室外场地经垫起或干挖后的地坪。基础埋置深度是指室外设计地坪到基础底面的垂直距离（图 8-5）。

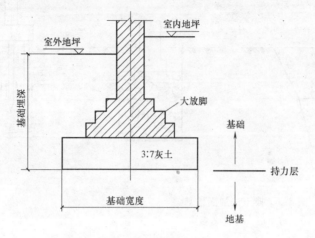

图 8-5　基础的埋深

　　基础按其埋深大小分为浅基础和深基础。基础埋深不超过 5m 时称为浅基础；基础埋深大于或等于 5m 时称为深基础。如果浅层土质不良，须采取一些特殊的施工手段和相应的基础形式来修建，如桩基、沉箱、沉井和地下连续墙等，这样的基础就属于深基础。从经济和施工的角度考虑，在保证结构稳定和安全使用的前提下，应优先选用浅基础，以降低工程造价，即将基础直接做在地表面上，这种基础称为不埋基础。但当基础埋深过小时，有可能在地基受压后会把地基四周的土挤出隆起，使基础产生滑移而失稳，导致基础破坏，因此，基础埋深在一般情况下不小于 500mm。

　　**（二）影响基础埋深的因素**

　　影响基础埋深的因素较多，应考虑以下几方面：

　　1）建筑物的用途，有无地下室，设备基础和地下设施，基础的形式与构造。

　　2）作用在地基上的荷载大小和性质。

　　3）工程地质条件（图 8-6）。

　　① 地基由均匀的、压缩性较小的良好的土层构成，承载力能满足建筑物的总荷载时，基础按最小埋置深度设计。

　　② 地基由两层土构成，上面软弱土层的厚度在 2m 以内，而下层为压缩性较小的好土时，一般应将建筑物基础埋置到下面的良好土层内。

　　③ 地基由两层土构成，上面软弱土层的厚度在 2～5m 之间。低层和轻型建筑物的基础尽量埋在表层的软弱土层内，可采取加宽基础的方法，也可用换土法、压实法处理地基；而高大的建筑物则应将基础埋到下面的良好土层内。

　　④ 地基上面软弱土层大于 5m，低层或轻型建筑应尽可能将基础埋在表层的软弱土层中，增大基础宽度，必要时对地基进行加固；高大建筑物应将基础埋到下面的良好土层内。基础埋深还应根据具体情况进行经济技术比较确定。

　　⑤ 地基上层是好土，下面是软土时，尽可能将基础埋在好土内，同时应验算下卧层软

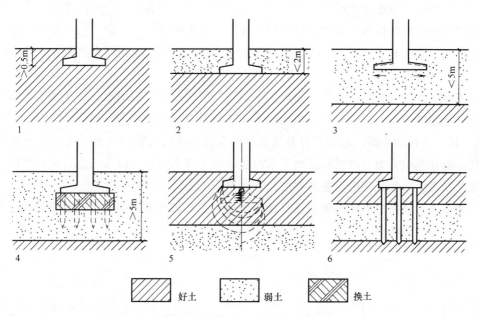

图 8-6 地质构造与基础埋深的关系

土的压缩对建筑的影响。

⑥ 地基由好土和软土交替构成时,低层或轻型建筑尽可能将基础埋在好土内;高大的建筑物应深埋,可采用打桩法,将桩尖落在下面的好土内。

**工程实践经验介绍:地基处理的真空预压法**

1. 主要技术内容

真空预压法是在需要加固的软黏土地基内设置砂井或塑料排水板,然后在地面铺设砂垫层,其上覆盖不透气的密封膜使软土与大气隔绝,然后通过埋设于砂垫层中的滤水管,用真空装置进行抽气,将膜内空气排出,因而在膜内外产生一个气压差,这部分气压差即变成作用于地基上的荷载。地基随着应力的增加而固结。

2. 适用范围

适用于软弱黏土地基的加固。在我国广泛存在着海相、湖相及河相沉积的软弱黏土层。这种土的特点是含水量大、压缩性高、强度低、透水性差。该类地基在建筑物荷载作用下会产生相当大的变形或变形差。对于该类地基,尤其需大面积处理时,譬如在该类地基上建造码头、机场等,真空预压法是处理这类软弱黏土地基的较有效方法之一。

3. 已应用的典型工程

日照港料场、黄骅港码头、深圳福田开发区、天津塘沽开发区、深圳宝安大道、广州港南沙港区、越南胡志明市电厂等。(参见《建筑业 10 项新技术(2010 年版)》)

4)冰冻线的因素。冻结土与非冻结土的分界线称冰冻线。各地区的气温不同,冻结深度也不同,如北京为 $0.8 \sim 1m$,辽宁为 $1 \sim 1.2m$,黑龙江为 $2 \sim 2.2m$,上海、南京一带仅为 $0.12 \sim 0.2m$。

土的冻结是否对建筑物产生不良影响，主要看土冻结后会不会产生严重的冻胀现象。

土的冻胀现象主要与地基土颗粒的粗细程度、土冻结前的含水量、地下水位高低有关。冻胀性土中含水量越大，冻胀现象越明显。当建筑物基础处在具有冻胀现象的土层范围内时，冬季土的冻胀会把房屋向上拱起，到春季气温回升，土层解冻，基础又下沉，使建筑物处于不稳定状态，就会产生严重变形，如墙身开裂、门窗开启困难，甚至使建筑物遭到破坏。所以，基础原则上应埋置在冰冻线以下 200mm（图 8-7）。

5）地下水位的影响。地下水对某些土层的承载力有很大影响。为了避免地下水位的变化直接影响地基承载力，同时防止地下水对基础施工带来麻烦，以及防止有侵蚀性的地下水对基础的腐蚀，一般基础应尽量埋置在地下水位以上。

当地下水位较高，基础不能埋置在地下水位以上时，宜将基础底面埋置在最低地下水位以下，且不少于 200mm 的深度（图 8-8）。

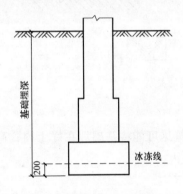

图 8-7　土的冻深和基础埋深

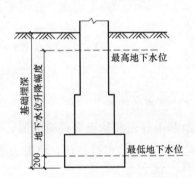

图 8-8　地下水位较高时的基础埋深

---

**⚙ 工程实践经验介绍：地基处理的长螺旋钻孔压灌桩技术**

1. 主要技术内容

长螺旋钻孔压灌桩技术是采用长螺旋钻机钻孔至设计标高，利用混凝土泵将混凝土从钻头底压出，边压灌混凝土边提升钻头直至成桩，然后利用专门振动装置将钢筋笼一次插入混凝土桩体，形成钢筋混凝土灌注桩。后插入钢筋笼的工序应在压灌混凝土工序后连续进行。与普通水下灌注桩施工工艺相比，长螺旋钻孔压灌桩施工，由于不需要泥浆护壁，所以无泥皮，无沉渣，无泥浆污染，施工速度快，造价较低。

2. 适用范围

适用于地下水位较高，易塌孔，且长螺旋钻孔机可以钻进的地层。

3. 已应用典型工程

在北京、天津、唐山等地 10 多项工程中应用，受到建设单位、设计单位和施工单位的欢迎，经济效益显著，具有良好的应用前景。

---

6）相邻建筑物的基础埋深。如果拟建的房屋附近有旧建筑物时，应考虑新建房屋对原有建筑物基础的影响。新建房屋的基础埋深最好小于或等于原有建筑物基础埋深，以免施工期间影响原有建筑物的安全，如果新建筑物基础必须在旧建筑物基础底面以下时，两基础应

保持一定距离，此距离大小与荷载大小和地基土的土质有关，一般情况下可取两基础底面高差的 2 倍，$l = 2\Delta H$（图 8-9）。

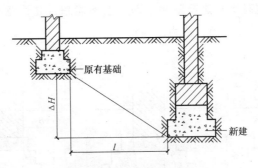

图 8-9 扩建基础的埋置深度

> **工程实践经验介绍：相邻施工影响而引发的工程事故**
>
> 事故实例：上海某两幢相邻高层建筑，在施工打桩前上级曾对两工程采取协调措施以利工程安全施工。在两工程相邻处设测斜管，地面位移、孔隙水等测点进行观测。桩分布处设置塑料排水板，并规定限速打桩，但施工时没有认真执行。打桩限速均在 5 根每天的范围内，但施工单位打桩越打越快，有一天打了 18 根。监测单位已发现相邻工地围护结构的沉降明显增大，并出现许多裂缝，工程桩向西移位，严重的有 7 排之多，坑底严重隆起。
>
> 原因分析：在饱和黏土地基中打大量密集的预制桩，会产生较高的超孔隙水压力，使施工打桩区在一定范围内的地表和深层土体发生较大的水平位移和垂直位移，可能导致已打入桩的偏位、弯曲和上浮，给邻近基坑和地下管线等带来危害。有毗邻工程施工时，必须认识到其相互影响的严重性，要设立一个强有力的指挥中心，采取切实可行的防范措施，必须明确沉桩对周围环境的影响和减少沉桩影响的有效措施

总之，影响基础埋置深度的因素较多，在设计和施工时这些影响因素要同时考虑，做到既坚固耐久，又经济节约。

## 二、基础的类型及构造

### （一）按所用材料及受力特点分

**1. 刚性基础**（无筋扩展基础）

无筋扩展基础指由砖、毛石、混凝土或毛石混凝土、灰土和三合土等材料组成的墙下条形基础或柱下独立基础。无筋扩展基础旧称刚性基础，根据国家标准《建筑地基基础设计规范》（GB 50007—2002）已定名为无筋扩展基础。

由于地基承载力在一般情况下低于墙或柱等上部结构的抗压强度，故基础底面宽度要大于墙或柱的宽度（图 8-10），即 $B > B_0$，地基承载力越小，基础底面宽度越大。当 $B$ 很大时，往往挑出部分也很大。从基础受力方面分析，挑出的基础相当于一个悬臂梁，它的底面将受拉。当拉应力超过材料的抗拉强度时，基础底面将出现裂缝以至破坏。有些材料如砖、

石、混凝土等，它的抗压强度高，但抗拉抗剪强度却很低，用这些材料建造基础时，为保证基础不被拉力或冲切破坏，基础就必须具有足够的高度。也就是说，对基础的挑出长度 $B_2$ 与高度 $H_0$ 之比（通称宽高比）进行限制，即一般不能超过允许宽高比，详见表 8-1。在此情况下，宽 $B_2$ 与高 $H_0$ 所夹的角，称为刚性角。

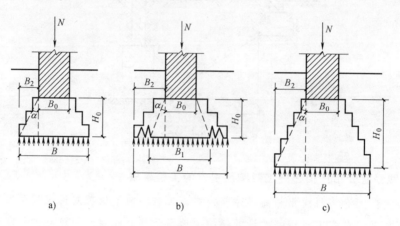

图 8-10 无筋扩展基础的受力特点

a）基础的 $B_2/H_0$ 值在允许范围内，基础底面不受拉

b）基础宽度加大，$B_2/H_0$ 大于允许范围，基础因受拉开裂而破坏

c）在基础宽度加大的同时，增加基础高度，使 $B_2/H_0$ 值在允许范围内

表 8-1 无筋扩展基础台阶宽高比的允许值

| 基础材料 | 质量要求 | 台阶宽高比的允许值 | | |
|---|---|---|---|---|
| | | $p_k \leqslant 100$ | $100 < p_k \leqslant 200$ | $200 < p_k \leqslant 300$ |
| 混凝土基础 | C15 混凝土 | 1:1.00 | 1:1.00 | 1:1.25 |
| 毛石混凝土基础 | C15 混凝土 | 1:1.00 | 1:1.25 | 1:1.50 |
| 砖基础 | 砖不低于 MU10、砂浆不低于 M5 | 1:1.50 | 1:1.50 | 1:1.50 |
| 毛石基础 | 砂浆不低于 M5 | 1:1.25 | 1:1.50 | — |
| 灰土基础 | 体积比为 3:7 或 2:8 的灰土，其最小干密度：<br>粉土 1.55t/m³<br>粉质黏土 1.50t/m³<br>黏土 1.45t/m³ | 1:1.25 | 1:1.50 | — |
| 三合土基础 | 体积比 1:2:4 ~ 1:3:6（石灰:砂:集料），每层约虚铺 220mm，夯至 150mm | 1:1.50 | 1:2.00 | — |

注：1. $p_k$ 为作用的标准组合时基础底面处的平均压力值（kPa）。
    2. 阶梯形毛石基础的每阶伸出宽度，不宜大于 200mm。
    3. 当基础由不同材料叠合组成时，应对接触部分作抗压验算。
    4. 混凝土基础单侧扩展范围内基础底面处的平均压力值超过 300kPa 时，尚应进行抗剪验算；对基底反力集中于立柱附近的岩石地基，应进行局部受压承载力验算。

　　无筋扩展基础常用于建筑物荷载较小、地基承载能力较好、压缩性较小的地基上，一般用于建造中小型民用建筑以及墙承重的轻型厂房等。

砖基础中的主要材料为普通砖，它具有取材容易、价格低廉、制作方便等特点。由于砖的强度、耐久性均较差，故砖基础多用于地基土质好、地下水位较低、5 层以下的砖混结构建筑中。砖基础常采用台阶式、逐级向下放大的做法，称之为大放脚。为了满足刚性角的限制，其台阶的宽高比应小于 1:1.50（表 8-1）。一般采用每 2 皮砖挑出 1/4 砖或每 2 皮砖挑出 1/4 砖与每 1 皮砖挑出 1/4 砖相间的砌筑方法，如图 8-11 所示。砌筑前基槽底面要铺 20mm 厚砂垫层。

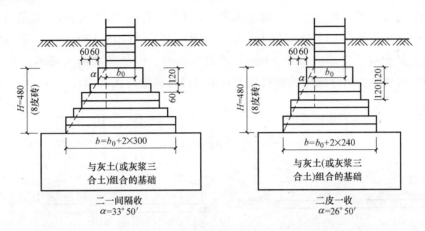

图 8-11 砖基础

混凝土基础具有坚固、耐久、耐腐蚀、耐水等特点，刚性角较大，可用于地下水位较高和有冰冻作用的地方。由于混凝土可塑性强，基础的断面形式可以做成矩形、阶梯形和锥形。为方便施工，当基础宽度小于 350mm 时，多做成矩形；大于 350mm 时，多作成阶梯形。当底面宽度大于 2000mm 时，还可以做成锥形，锥形断面能节省混凝土，从而减轻基础自重，如图 8-12 所示。为了节约混凝土，常在混凝土中加入粒径不超过 300mm 的毛石，这种做法称为毛石混凝土。毛石混凝土基础所用毛石的尺寸，不得大于基础宽度的 1/3。毛石的体积一般为总体积的 20% ~ 30%。毛石在混凝土中应均匀分布。

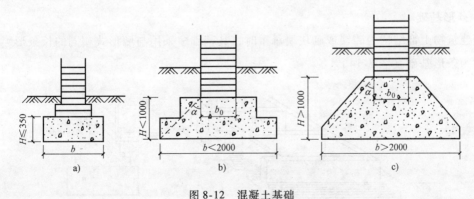

图 8-12 混凝土基础

a）矩形 b）阶梯形 c）锥形

## 2. 柔性基础（扩展基础）

用钢筋混凝土建造的基础抗弯能力强，不受刚性角限制，称扩展基础。钢筋混凝土既能承受压力，又能承受拉力，断面没有太大限制。当建筑物荷载较大，或地基的承载能力较差时，如果用无筋扩展基础，底面很宽，因刚性角所限，基础两边挑出很长时就必须增加它的高度，土石方、工程量及材料用量等都很不经济。在这种情况下如采用钢筋混凝土基础，由钢筋来承受较大的弯矩，基础就不受刚性角的限制可以做得宽而薄（图 8-13）。为了节约材料，钢筋混凝土基础常做成锥形，但最薄处不应小于 200mm；如做成阶梯形，每步高宜为 300～500mm。基础中受力钢筋的数量应通过计算确定，但钢筋直径不宜小于 10mm，间距不大于 200mm，混凝土的强度等级不宜低于 C20。为了使基础底面均匀传递对地基的压力，常在基础下部用强度等级为 C15 的混凝土做垫层，其厚度宜为 70～100mm。有垫层时，钢筋距基础底面的保护层厚度不宜小于 35mm；不设垫层时，钢筋距基础底面不宜小于 70mm，以保护钢筋免遭锈蚀。当建筑物的荷载较大时还可以作成梁板式基础。

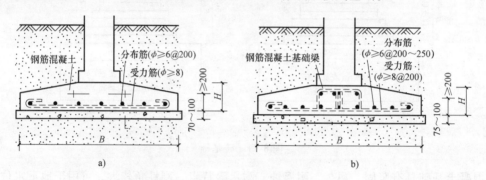

图 8-13　钢筋混凝土基础

a）板式基础　b）梁板式基础

## （二）按基础的构造形式分

基础的构造形式随建筑物上部结构形式、荷载大小、地基情况而定。在一般情况下，上部结构形式直接决定了基础的形式，但当上部荷载增大、地基承载力等因素有变化时，基础形式也随之变化。

### 1. 条形基础

当建筑物上部结构为砖墙或砌块墙承重时，其基础多采用与墙形式相同的长条形，这种基础称为条形基础（图 8-14）。

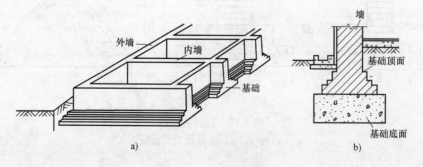

图 8-14　条形基础

a）基础布置　b）基础截面形式

**2. 单独基础**

　　单独基础也叫独立式基础或柱式基础。当建筑物上部结构用框架结构、排架结构承重时，基础常采用方形或矩形的单独基础，其形式有阶梯形、锥形（图8-15a、b）。当柱采用预制钢筋混凝土构件时，则基础做成杯口形，然后将柱子插入，并嵌固在杯口内，故称杯形基础（图8-15c）。有时考虑到建筑场地起伏、局部工程地质条件变化以及避开设备基础等原因，可降低个别柱基础底面，做成高杯口基础，或称长颈基础（图8-15d）。

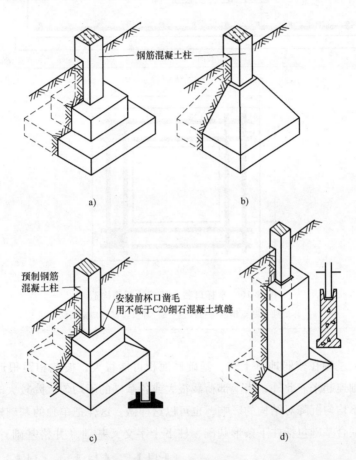

图 8-15　单独基础

a）阶梯形基础　b）锥形基础　c）普通杯形基础　d）高杯口基础

**图集点拨：杯口独立基础的构造**

　　图8-16所示为《混凝土结构施工图平面整体表示方法制图规则和构造详图（独立基础、条形基础、筏形基础及桩基承台）》（11G101-3）（凡是涉及G101标号的图集，以下均简称为G101图集）中某杯口独立基础的配筋构造。其中，$X$为长向，$Y$为短向。根据图集规定，当底板短柱以外一侧的长度大于1250mm时，除外侧钢筋外，底板配筋长度可按减短10%配置。

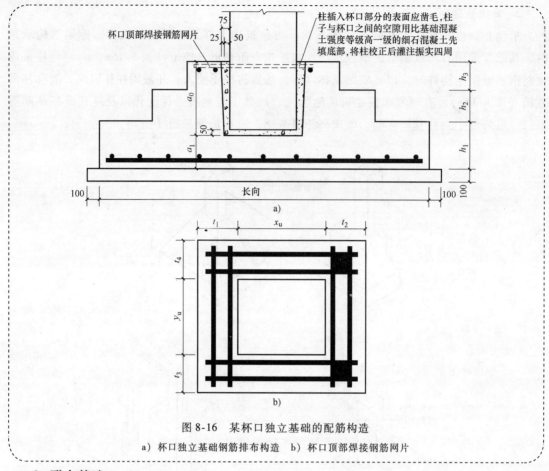

图 8-16 某杯口独立基础的配筋构造

a）杯口独立基础钢筋排布构造 b）杯口顶部焊接钢筋网片

### 3. 联合基础

当柱子的独立基础在较弱地基上时，基础底面积可能很大，彼此相距很近甚至会碰到一起，这时可把基础连起来。此外，当上部荷载很大或各基础的不均匀沉降较大时，为增加建筑物的刚度以减轻不均匀沉降对结构的影响，也可以这样做。这样把单独的基础连在一起的基础称为联合基础。联合基础包括柱下条形基础、柱下十字交叉基础（井格基础）（图 8-17）、筏

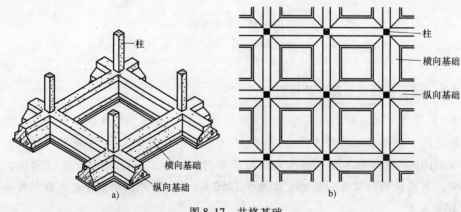

图 8-17 井格基础

a）示意图 b）平面图

形基础（图 8-18）。

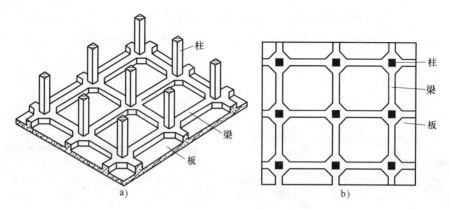

图 8-18　筏形基础

a）示意图　b）平面图

当地基条件特别弱而上部荷载又很大时，采用简单的条形基础或井格基础已不能满足地基变形的要求，可将墙或柱下基础连成一块钢筋混凝土的整板，称为筏形基础。应用于地基承载力较差或上部荷载较大的建筑中。分板式结构：厚度大，构造简单；梁式结构：厚度小，增加双向梁，构造较复杂。

 **图集点拨：关于筏形基础柱插筋设置的有关规定**

《混凝土结构施工钢筋排布规则与构造详图（独立基础、条形基础、筏形基础及桩基承台）》（12G901—3）中规定，当筏形基础设置构造网片时，柱插筋可仅将柱的四角钢筋伸至筏板底部的钢筋网片上，其余钢筋在筏板内要满足锚固长度 $l_{aE} < l_a$（$l_a$ 为最小锚固长度，可参见抗震相关规范），如图 8-19 所示。

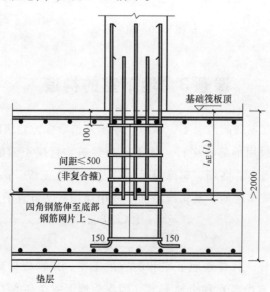

图 8-19　筏形基础柱插筋的设置

**4. 箱形基础**

箱形基础是由钢筋混凝土的底板、顶板和若干纵横墙组成的，形成空心箱体的整体结构，共同承受上部结构荷载，如图 8-20 所示。箱形基础整体空间刚度大，对抵抗地基不均匀沉降有利，一般适用于高层建筑或在较弱地基上建造的重型建筑物。基础中的中空部位一般作为地下室。

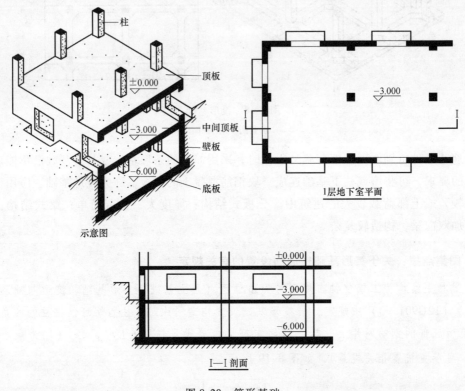

图 8-20　箱形基础

# 课题3　地下室的构造

在当今城市建设迅猛发展的情况下，城市土地越来越紧张，建筑向空间发展又有限，于是利用地下空间节约建设用地势在必行。地下室是建筑物首层下面的房间，它可用作设备间、储藏房间、旅馆、餐厅、商场、车库以及用作战备人防工程。高层建筑常利用深基础，如箱形基础，建造一层或多层地下室，既增加了使用面积，又节省了室内填土的费用。

## 一、地下室分类

地下室按使用功能分，有普通地下室和防空地下室；按顶板标高分，有半地下室（埋深为1/3～1/2 倍的地下室净高）和全地下室（埋深为地下室净高的1/2 以上）；按结构材料分，有砖混结构地下室和钢筋混凝土结构地下室（图 8-21）。

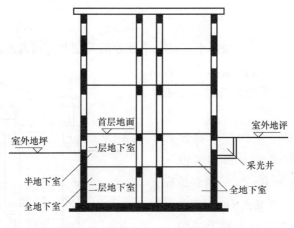

图 8-21　地下室示意图

## 二、地下室的构造组成

地下室一般由墙体、顶板、底板、门窗、楼梯、采光井等部分组成。

**1. 墙体**

地下室的外墙不仅承受垂直荷载，还承受土、地下水和土壤冻胀的侧压力，因此地下室的外墙应按挡土墙设计。如果采用钢筋混凝土或素混凝土墙，应按计算确定其厚度，其最小厚度除应满足结构要求外，还应满足抗渗厚度的要求，其最小厚度不低于 300mm，同时外墙还应做防潮或防水处理。如果采用砖墙（现在采用很少），其厚度不小于 490mm。

**2. 顶板**

可用现浇板或者预制板上做现浇层（装配整体式楼板）。如果为防空地下室，必须采用现浇板，并按防空设计的有关规定决定其厚度和混凝土强度等级，在无采暖的地下室顶板上，即首层地板处应设置保温层，以利于首层房间的使用舒适。

**3. 底板**

底板处于最高地下水位以上，并且无压力作用时，可按一般地面工程处理，即垫层上现浇混凝土 60～80mm 厚，再做面层；如果底板处于最高地下水位以下时，底板不仅承受上部垂直荷载，还承受地下水的浮力荷载，因此应采用钢筋混凝土底板，并配双层筋，底板下垫层上还应设置防水层，以防渗漏水。

**4. 门窗**

普通地下室的门窗与地上房间门窗相同，地下室外墙窗如果在室外地坪以下时，应设置采光井，以利室内采光、通风。防空地下室一般不允许设置窗，如果确需开窗，应设置战时封堵措施。防空地下室的外门应按防空等级要求，设置相应的防护构造。

**5. 楼梯**

可与地面上房间的楼梯结合设置，层高小或用作辅助房间的地下室，可只设置单跑楼梯。防空要求的地下室至少要设置两部楼梯通向地面的安全出口，并且必须有一个是独立的安全出口，这个安全出口周围不得有较高建筑物，以防空袭时建筑物倒塌，堵塞出口，影响疏散。

**6. 采光井**

地下室窗外应设采光井。一般每个窗设一个独立的采光井，当窗的距离很近时，也可将采光井连在一起。采光井由侧墙和底板构成。侧墙一般用砖砌筑，井底板则用混凝土浇筑。

采光井的深度视地下室的窗台高度而定。一般采光井底面应低于窗台 250 ~ 300mm，采光井的深度为 1 ~ 2m，其宽度在 1m 左右，其长度则应比窗宽大 1m 左右。采光井侧墙顶面应比室外设计地面高 250 ~ 300mm，以防地面水流入（图 8-22）。

为了排除落入采光井的雨水，井底面要做 1% ~ 3% 的坡度，将雨水引入地下排水管网。并在井口上设遮雨设施，以防止雨雪落入井内。有些建筑还在采光井口上设防护箅，以保证室外行人安全。

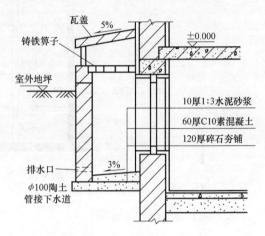

图 8-22　采光井构造

（图中标注：瓦盖　5%　铸铁箅子　室外地坪　±0.000　10厚1:3水泥砂浆　60厚C10素混凝土　120厚碎石夯铺　排水口　3%　φ100陶土管接下水道）

> **标准学习：《住宅设计规范》（GB 50096—2011）中关于地下室的规定**
>
> 1）住宅的地下车库和设备用房，其净高至少应与公共走廊净高相等，所以不能低于 2.00m。
>
> 2）当住宅地上架空层及半地下室做机动车停车位时，应符合行业标准《汽车库建筑设计规范》（JGJ 100—1998）的相关规定。考虑到住宅的空间特性，以及住宅周围以停放的小型汽车为主，本条规定参照了《汽车库建筑设计规范》中对小型汽车的净空的规定。
>
> 3）地下车库在通风、采光方面条件差，且集中存放的汽车中储存有大量汽油，本身易燃、易爆，故规定要设置防火门。且汽车库中存在的汽车尾气等有害气体可能超标，如果利用楼、电梯间为地下车库自然通风，将严重污染住宅室内环境，必须加以限制。
>
> 4）住宅地下室包括车库，储存间，一般含有污水和采暖系统的干管，采取防水措施必不可少。采光井、采光天窗处，都要做好防水排水措施，防止雨水倒流进入地下室。

## 三、地下室的防潮与防水构造

### （一）地下室防潮

当设计最高地下水位低于地下室地层标高，上层又无形成滞水可能时，地下水不会直接浸入室内，外墙和地层仅受土壤中潮气的影响（如毛细水和地表水下渗而造成的无压水），只需做防潮处理，墙体防潮构造如图 8-23 所示。

对于砌体结构，其构造要求是应采用水泥砂浆砌筑，灰缝必须饱满，在与土壤接触的外侧墙面设置垂直防潮层，做法如图 8-23 所示。垂直防潮层须做到室外散水以上，然后在其

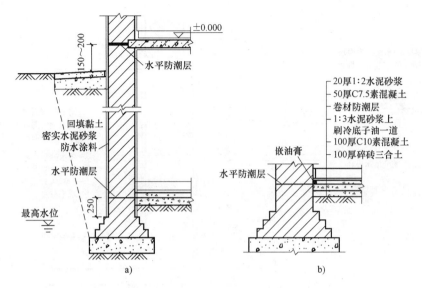

图 8-23　地下室的防潮构造

a）墙身防潮　b）地下室地坪防潮

外侧回填低渗透性土壤，如黏土、灰土等，宽约 500mm，并分层夯实，以防止地表水下渗影响地下室。

　　另外，地下室墙体须设两道水平防潮层，一道设在墙体与地下室地坪交接处；另一道设在距室外地面散水上表面 150～200mm 的墙体中，以防止土层中的水分因毛细作用而沿基础和墙体上升，导致墙体潮湿和地下室及首层室内湿度过大。

　　此外，对防潮要求较高的地下室，地层也应做防潮处理，一般在垫层与地面之间设防潮层，与墙身水平防潮层处于同一水平面上。

**（二）地下室防水**

　　当设计最高地下水位高于地下室地坪时，地下室的外墙和地坪都浸泡在水中，这时地下室的外墙受到地下水的侧压力的影响，地坪受到地下水的浮力的影响。地下水的侧压力的大小以水头的大小为标准，所谓水头是指最高地下水位至地下室地面的垂直高度，以米为单位。水头越高，侧压力越大。因此必须对地下室外墙和地坪做防水处理。

　　地下室防水一般采用隔水法，即利用材料本身的不透水性来隔绝各种地下水、地表水（如毛细管水、上层滞水以及各种有压力和无压力水）对地下室围护结构的浸透，以起到对地下室的隔水、防潮作用。通常隔水法按防水材料分为刚性防水、柔性防水、涂膜防水和钢板防水等；以结构形式分，混凝土防水称为本体防水，卷材、涂膜防水统称为辅助防水。

**1. 刚性防水**

　　刚性防水是指以水泥、砂、石为原料或掺入少量外加剂、高分子聚合物等材料，配制而成的具有一定抗渗能力的水泥砂浆或混凝土防水材料。它是隔水法中较为简单，施工方便的一种。常见的刚性防水材料有：普通防水混凝土、外加剂防水混凝土、膨胀剂防水混凝土、防水水泥砂浆等，如图 8-24 所示。

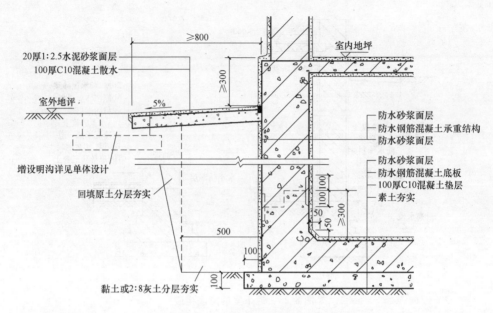

图 8-24  防水混凝土构造

## 2. 柔性防水

柔性防水是地下室防水隔水法中构造、施工均较为复杂的一种。主要用于砌体结构或普通钢筋混凝土的地下室防水处理。所说的柔性防水一般是对防水卷材而言，防水卷材具有一定的强度和延伸率，韧性及不透水性较好，能适应结构微量变形，抵抗一般地下水化学侵蚀，因此在防水工程中被广泛采用，如图 8-25 所示。

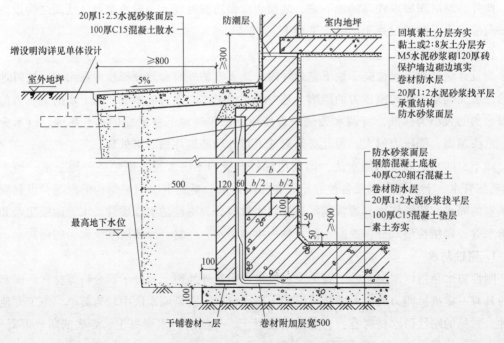

图 8-25  地下室柔性防水构造

按防水材料的铺贴位置不同，分外包防水和内包防水两类。外包防水是将防水材料贴在迎水面，即外墙的外侧和底板的下面，防水效果好，采用较多，但维修困难，缺陷处难于查找。内包防水是将防水材料贴于背水一面，其优点是施工简便，便于维修，但防水效果较差，多用于修缮工程。

---

**工程实践经验介绍：广东省东莞市某塔式住宅地下室防水措施**

工程概况：工程建筑高度小于100m，为一类高层住宅小区，建筑物耐火等级为一级，地下室的耐火等级为一级，防火等级为二级，人防地下室设防等级为甲类核六级人防，基础为人工挖孔桩，地下室层高为4.60m，建筑面积为12326m²。结合工程总体情况，地下室防渗漏采取以下措施：

1）地下调节池等蓄水物的防水措施：水池采用以结构防水混凝土为主的设防，结构防水混凝土采用补偿收缩混凝土，其抗渗等级不低于S6。所有穿过水池壁的管道均预埋防水套管。

2）地下出外墙管防水：所有地下出外墙管（包括电缆穿墙等）安装之前，均配合土建预埋防水环套管，并按照《建筑防水工程技术规程》要求做好防水防渗措施。

3）若管道穿墙之处受振动或有严密防水要求时，必须采用柔性防水套管，填充柔性材料。

4）按照设计位置及要求，将套管一次浇筑于墙体内。

5）套管内的填充材料必须振捣密实，其中钢制内挡圈焊于穿墙钢管上，翼环、挡圈等加工完成后必须防腐。

---

**3. 涂膜防水**

涂膜防水泛指在施工现场（混凝土墙体或砖砌体的找平层表面），以刷涂、刮涂、辊涂等方法将液态涂料在适宜温度下涂刷于地下室主体结构外侧或内侧的一种防水方法。涂料固化后形成一层无缝薄膜，能防止地下有压水及无压水的侵入。

防水涂料按其液态类型可分为水乳型、溶剂型及反应型。由于涂膜防水材料施工固化前是一种无定型的黏稠状液态物质，对于任何形状的复杂管道的纵横交叉部位都易于施工，特别在阴阳角、管道根部以及端部收头处便于封闭严密，形成一个无缝整体防水层，而且施工工艺简单，对环境污染较小。防水层有一定的弹性和延伸能力，对基层伸缩或开裂等有一定的适应性。

涂膜防水层要求基层平整，涂膜厚度均匀，宜设在迎水面，如果设在背水面必须做抗压层。涂膜防水层一般由底涂层、多层涂料防水层及保护层组成。底涂层是做与涂料相适应的基层涂料一道，使涂层与基层粘结良好。多层涂料防水层一般分2～3层进行涂敷，使防水涂料形成多层封闭的整体涂膜。为保证涂料防水层在工序进行中或涂膜完成后不受破坏，应采取相应的临时或永久性保护措施，如水泥砂浆保护层、120mm厚砖墙保护层、聚苯板保护层等，如图8-26所示。

**4. 钢板防水**

钢板防水也分为内防水和外防水两种做法，一般适用于工业厂房地下烟道、热风道等高

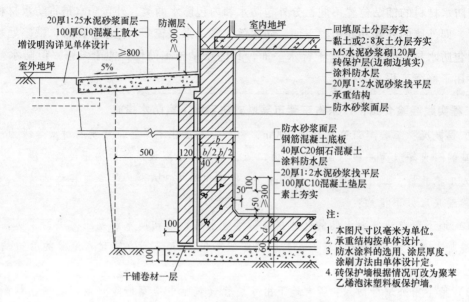

图 8-26 涂膜防水构造

温高热的地下防水工程以及振动较大、防水要求严格的地下防水工程。

# 单元九

## 墙体构造

**单元概述**

本单元主要介绍墙体的类型，包括砖墙、砌块墙、剪力墙、隔墙的构造，并针对大量民用建筑中常用的墙面装修方法加以介绍。

**学习目标**

**能力目标**

1. 能说出墙体的细部构造要求及做法，墙面装修等构造要求。

2. 能看懂常见的构造柱、圈梁的构造详图。

3. 知道常见的外墙保温措施。

**知识目标**

1. 了解墙体类型、材料、墙面装修作用、分类。

2. 了解墙体的设计要求。

3. 掌握墙体的细部构造、装修构造。

**情感目标**

在对墙体类型、材料，墙面装修作用、分类及其细部构造了解的基础上，培养对墙体的感性认知。

## 课题1 墙体的分类和作用

墙既是建筑物的垂直承重构件，承受着楼板、屋顶等传来的荷载；同时又是建筑物的围护构件，具有分隔空间和保护房间的功能。因此墙体除要求有足够的强度和刚度外，还必须具有保温、隔热、防水、隔声、防火等能力。

### 一、墙体的类型

墙体的类型如图9-1所示。依据墙体在建筑中的位置不同，有外墙和内墙之分。外墙位于建筑物的四周，起分隔室内、室外空间和挡风、阻雨、保温、隔热等作用。内墙是指建筑物内部的墙体，起分隔空间的作用。

墙还有纵墙、横墙之分。沿建筑物长轴方向布置的墙体称为纵墙，沿短轴方向布置的墙体称为横墙。外横墙又称为山墙。另外，窗与窗、窗与门之间的墙称为窗间墙；窗洞口下部的墙称为窗下墙；屋顶上部的墙称为女儿墙等。

根据墙的受力情况不同，有承重墙和非承重墙之分。凡直接承受楼板、屋顶等传来荷载的墙为承重墙；不承受这些外来荷载的墙称为非承重墙。

在非承重墙中，虽不承受外来荷载，但承受自身重量，下部有基础的墙称为

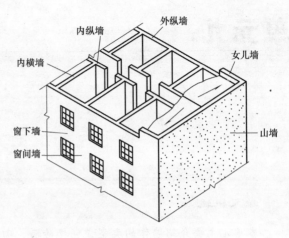

图 9-1 墙的位置和名称

自承重墙，仅起建筑底部分隔空间作用。自身重量由楼板或梁来承担的墙称为隔墙。框架结构中，填充在柱子之间的墙又称为填充墙。悬挂在建筑物结构外部的轻质外墙称为幕墙，有金属幕、玻璃幕等。幕墙和外填充墙，虽不承受楼板和屋顶的荷载，但承受着风荷载，并把风荷载传递给骨架结构。

按墙体采用的材料不同，有砖墙、石墙、土墙、混凝土墙，以及利用工业废料的各种砌块墙等。砖是传统的建筑材料，应用很广；石墙在产石地区应用，有很好的经济效益，但有一定的局限性；土墙是就地取材、造价低廉的地方性做法，有夯土墙和土坯墙等，目前已较少应用；利用工业废料发展各种墙体材料，是对传统墙体改革的新课题，正进一步研究、推广和应用。

> **⚙ 工程实践经验介绍：磷石膏砖和粉煤灰小型空心砌块的应用**
>
> 工业废渣的应用日益受到重视。工业废渣应用于建设工程的种类较多，磷石膏砖和粉煤灰小型空心砌块是比较常见的两种。
>
> 磷石膏砖技术指标参照《蒸压灰砂多孔砖》（JC/T 637—2009）的技术性能要求；粉煤灰小型空心砌块的性能应满足《粉煤灰混凝土小型空心砌块》（JC/T 862—2008）的技术要求；粉煤灰砖的性能应满足《粉煤灰砖》（JC 239—2001）的技术要求。
>
> 磷石膏砖可适用于砌块结构的所有建筑的非承重墙外墙和内填充墙；粉煤灰小型空心砌块适用于一般工业与民用建筑，尤其是多层建筑的承重墙体及框架结构填充墙（参见《建筑业 10 项新技术（2010）应用指南》）。

按墙体构造方式的不同，有实体墙、空体墙和复合墙三种。实体墙和空体墙都是由单一材料组砌而成的，空体墙内部的空腔可以靠组砌形成，如空斗墙。也可用本身带孔的材料组合而成，如空心砌块墙等。复合墙是由两种或两种以上材料组成的，目的是在满足基本要求的情况下，提高墙体的保温、隔声或其他功能方面的要求。

根据施工方式的不同，墙体分为块材墙、板筑墙和板材墙三种。块材墙是用砂浆等胶结

材料将砖、石、混凝土砌块等组砌而成，如实砌砖墙。板筑墙是在施工现场立模板，现浇而成的墙体，如现浇钢筋混凝土墙。板材墙是预先制成墙板，在施工现场安装、拼接而成的墙体，如预制混凝土大板墙。

## 二、墙体的承重方案

以砖墙和钢筋混凝土梁板承重并组成房屋的主体结构，称为砖混结构或墙承重结构体系。这种结构按承重墙的布置方式不同可分为三种类型。

（1）横墙承重　横墙一般是指建筑物短轴方向的墙，横墙承重就是将楼板压在横墙上，纵墙仅承受自身的荷载和起到分隔、围护作用。这种布置方式，由于横墙较多，建筑物整体刚度和抗震性能较好，外墙不承重，使开窗较灵活。缺点是房间开间受到楼板跨度的影响，使房间布局灵活性上受到了一定的限制。这种布置方式适用于开间较小，规律性较强的房间，如住宅、宿舍、普通办公楼、一般性的旅馆等。

（2）纵墙承重　纵墙是建筑物长轴方向的墙。楼板压在纵墙上的结构布置方式，为纵墙承重。由于横墙不承重，平面布局比较灵活，在保证隔声的前提下，横墙可用较薄砌体和其他轻质隔墙，以节约面积，但建筑物整体刚度和抗震效果比横墙承重差。由于受板长的影响，房间进深不可能太大，外墙开窗也受到一定的限制。这种布置方式常用于教室、会议室等房间。

（3）混合承重　在一幢建筑中根据房间的使用和结构要求，既采用了横墙承重方式，又采用了纵墙承重方式，这种结构形式称之为混合承重。它具有平面布置灵活、整体刚度好的优点。缺点是增加了板型，梁的高度影响了建筑的净高。这种承重方式在民用建筑中应用较广。

图 9-2 是几种墙体承重的结构布置示意图。

在混合结构布置时要尽量使房间开间、进深统一，减少板型；上下承重墙体要对

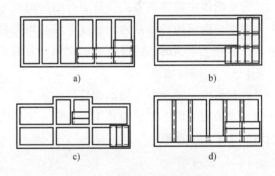

图 9-2　墙体承重结构布置
a）横墙承重　b）纵墙承重
c）混合承重　d）混合承重（梁板式）

齐，如果有大房间可设在顶层或单独设置；要考虑到建筑物整体刚度均匀，门窗洞口的大小要满足墙体的受力特征。

# 课题2　砖墙的构造要求

## 一、砖墙材料

砖墙是用砂浆将砖按一定规律砌筑而成的砌体。其主要材料是砖和砂浆。

**1. 砖**

砖按构成材料不同分为普通砖、炉渣砖、灰砂砖等；按形式不同可分为实心砖、多孔砖、空心砖等。

我国标准普通砖的规格是 240mm × 115mm × 53mm。为适应模数制的要求，近年来开发了多种符合模数的砖型，其尺寸为 90mm × 90mm × 190mm、90mm × 190mm × 190mm、190mm × 190mm × 190mm 等。

砖的强度有 MU7.5、MU10、MU15、MU20、MU25、MU30 六个等级。

**2. 砂浆**

砂浆将砌体内的砖块连接成一个整体。砂浆按其成分可分为水泥砂浆、混合砂浆、石灰砂浆三种。水泥砂浆由水泥、砂加水拌和而成，属于水硬性材料，强度高，适合砌筑处于潮湿环境下的砌体。混合砂浆由水泥、石灰膏、砂加水拌和而成，这种砂浆强度较高，和易性和保水性较好，适合砌筑一般建筑地面以上的砌体。石灰砂浆由石灰膏、砂加水拌和而成，属于气硬性材料，强度不高，多用于砌筑次要建筑地面以上的砌体。

砂浆的强度有 M0.4、M1、M2.5、M5、M7.5、M10、M15 七个等级。常用的砌筑砂浆为 M1 ~ M5。

## 二、墙体的组砌方式

砖在墙体中的排列方式，称为砖墙的砌筑方式。为保证砌体的承载能力，以及保温、隔声等要求，砌筑用砖的品种和强度等级必须符合设计要求，并在砌筑前浇水湿润，砂浆要饱满，并遵守上下错缝，内外搭砌的原则。普通砖依其砌式的不同，可组合成多种墙体。

### （一）实砌砖墙

在砌筑中，把垂直于墙面砌筑的砖叫丁砖，把砖的长度沿墙面砌筑的砖叫作顺砖。实体砖墙通常采用一顺一丁、梅花丁或三顺一丁的砌筑方式（图 9-3a、b、c）。多层砖混结构中的墙面常采用实体墙。

### （二）空斗墙

空斗墙是用普通砖组砌成的空体墙。墙厚为一砖，砌筑方式常用一眠一斗、一眠二斗或一眠多斗，每隔一块斗砖必须砌 1 ~ 2 块丁砖。这里所讲的眠砖是指垂直于墙面的平砌砖，斗砖是平行于墙面的侧砌砖，丁砖是垂直于墙面的侧砌砖（图 9-3d）。

## 三、砖墙的厚度

砖砌体用作内外承重墙、围护墙或隔墙。承重墙的厚度根据强度和稳定性的要求确定，围护墙则需要考虑保温、防热、隔声等要求来确定其厚度。此外，砖墙厚度应与砖的规格相适应。

实砌标准砖墙的厚度有 120mm（半砖）、240mm（一砖）、370mm（一砖半）、490mm（两砖）、620mm（两砖半）等，如图 9-4 所示。有时为节约材料，墙厚可不按半砖，而按 1/4 砖进位。这时砌体中有些砖需侧砌，构成 180mm、300mm、420mm 等厚度。模数砖可砌成 90mm、190mm、290mm、390mm 等厚度的墙体。

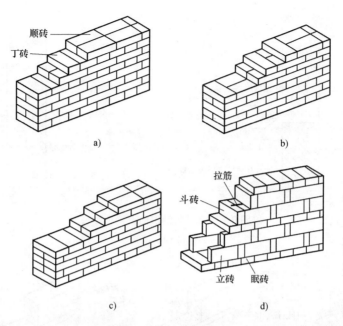

图 9-3 砖墙的砌筑方式

a) 一顺一丁 b) 梅花丁 c) 三顺一丁 d) 一眠二斗

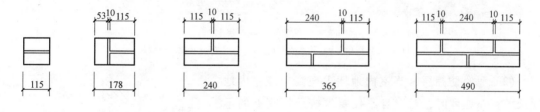

图 9-4 墙厚与砖规格的关系

## 四、砖墙的细部构造

### （一）墙体的防潮措施

#### 1. 防潮层

为了防止雨水和地下水的侵袭以及地下潮气对墙体的影响（图 9-5），以保持室内干燥卫生、提高建筑物的耐久性，必须设置防潮层。

（1）水平防潮 水平防潮层的位置应在底层室内地坪的混凝土上下表面之间，即 ±0.000 以下约 60mm 的地方，如图 9-6 所示。

水平防潮层的做法有三种：油毡防潮层、防水砂浆防潮层（厚 20mm）、细石混凝土防潮层（厚 60mm），如图 9-7 所示。目前比较常用的做法是细石混凝土防潮层。

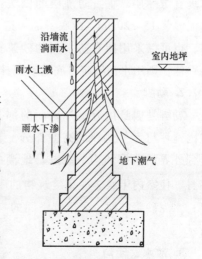

图 9-5 地下潮气对墙体的影响

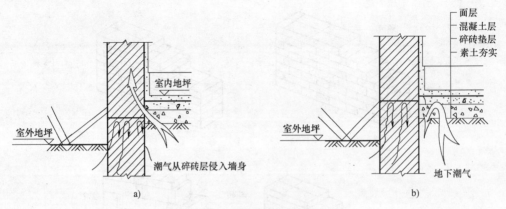

图 9-6　水平防潮层的设置位置

a）错误　b）正确

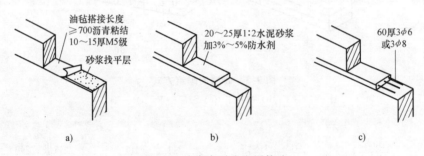

图 9-7　墙身水平防潮层构造

a）油毡防潮层　b）防水砂浆防潮层　c）细石混凝土防潮层

（2）垂直防潮层　当室内地坪出现高差或室内地坪低于室外地坪时，对墙身不仅要求按地坪高差的不同设置两道水平防潮层，而且对高差部分的垂直墙面作垂直防潮层。垂直防潮层的做法：在垂直墙上先抹水泥砂浆 15～20mm、冷底子油一道，然后涂热沥青二道；也可以采用掺有防水剂的砂浆抹面做法。墙体的另一侧，则用水泥砂浆打底的墙面抹灰（图 9-8）。

**2. 勒脚**

勒脚是墙身接近室外地面的部分，高度一般位于室内地坪与室外地坪的高差部分。勒脚的作用是防止受到外界的碰撞和雨、雪以及地潮的侵蚀，起着保护

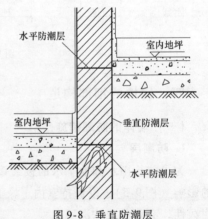

图 9-8　垂直防潮层

墙身、使室内干燥、提高建筑物的耐久性、增加建筑物立面美观的作用。勒脚的构造做法有：水泥砂浆抹面、采用较坚固的材料砌筑、采用石板（天然或人造的）贴面，如图 9-9 所示。

**3. 散水、明沟**

为保护墙基不受雨水的侵蚀，常在外墙四周将地面做成向外倾斜的坡面，以便将屋面雨

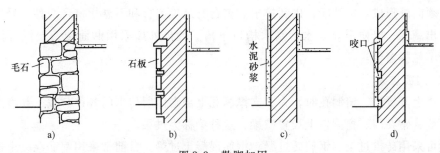

图 9-9　勒脚加固

a）石砌勒脚　b）石板贴面　c）、d）勒脚抹灰

水排至远处，这一坡面称散水或护坡。散水所用材料主要是混凝土，坡度约 5%，宽一般为 600~1000mm，并应稍大于屋檐的出挑宽度，如图 9-10 所示。明沟是设置在外墙四周的将屋面落水有组织地导向地下排水井的排水沟。明沟一般用混凝土现浇，外抹水泥砂浆，如图 9-11 所示。

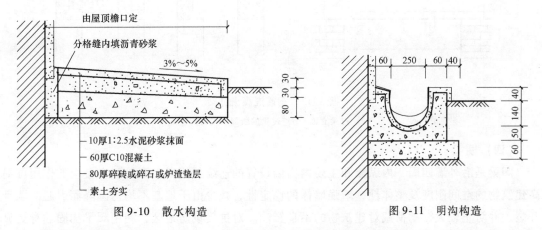

图 9-10　散水构造　　　　　　　　图 9-11　明沟构造

为防止由于建筑物的沉陷或由于明沟散水处发生意外的受力不均，而导致墙基与散水明沟交接处开裂，在构造上要求散水、明沟与勒脚交接处设分格缝，缝内填沥青砂浆，以防渗水。

**（二）窗台**

当室外雨水沿窗扇下淌时，为避免雨水聚积窗下并侵入墙身且沿窗下槛向室内渗透，常在窗下靠室外一侧设置一泄水构件——窗台，窗台构造如图 9-12 所示。

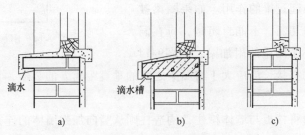

图 9-12　窗台构造

a）平砌挑砖窗台　b）钢筋混凝土窗台　c）不悬挑窗台

窗台须向外形成一定坡度，以利排水。窗台有悬挑窗台和不悬挑窗台两种。悬挑窗台外沿下部粉出滴水，以便引导雨水沿滴水槽口下落。如果外墙采用贴面砖、天然石材等材料时，可做不悬挑窗台。

**（三）门窗过梁**

当墙体上开设门、窗洞孔时，为了支撑洞孔上部砌体所传来的各种荷载，并将这些荷载传给窗间墙，常在门、窗洞口上设置横梁，这种梁称为过梁。

过梁可采用砖拱过梁、钢筋砖过梁、钢筋混凝土过梁。目前常采用钢筋混凝土过梁。钢筋混凝土过梁有现浇和预制两种。过梁的宽度一般与墙厚相同，过梁的高度应与砖的块数相适应，常为 120mm、180mm、240mm 等。过梁伸入两侧墙内不少于 240mm，过梁截面形式如图 9-13 所示。

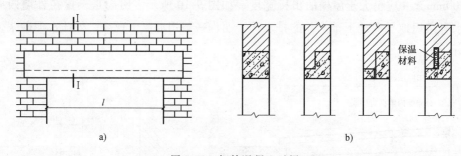

图 9-13 钢筋混凝土过梁

a）过梁立面　b）过梁的断面形式与构造

**（四）圈梁**

圈梁是沿外墙四周、内纵墙和主要内横墙设置的连续封闭梁。圈梁配合楼板的作用可提高建筑物的空间刚度及整体性，增强墙体的稳定性，减少由于地基不均匀沉降而引起的墙身开裂，并防止较大振动荷载对建筑物的不良影响。对抗震设防地区，利用圈梁加固墙身更显得必要。

圈梁有钢筋砖圈梁和钢筋混凝土圈梁两种。钢筋砖圈梁多用于非抗震地区。钢筋混凝土圈梁其宽度与墙厚相同，高度一般不小于 120mm，常见的为 180mm、240mm。圈梁的位置宜设在楼板标高处，尽量与楼板结构连成整体。也可设置在门窗洞口上部，兼起过梁的作用。如果圈梁被门窗洞口或其他洞口切断，不能封闭时，应在洞口上部设置截面不小于圈梁的附加梁，如图9-14

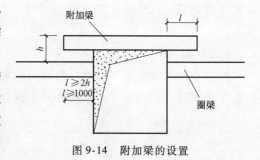

图 9-14 附加梁的设置

所示。附加梁与墙的搭接长度应大于与圈梁之间的垂直距离 $h$ 的 2 倍，且不小于 1m。

**（五）构造柱**

圈梁在水平方向将楼板与墙体箍住，构造柱则从竖向加强墙体的连接，与圈梁一起构成空间骨架，提高了建筑物的整体刚度和墙体抗变形能力，做到即使开裂也不倒塌。构造柱一般设在建筑物的四角、内外墙交接处、楼梯间、电梯间以及较长墙体中部、较大洞口两侧。

构造柱必须与圈梁、墙体紧密连结，如图 9-15 所示。构造柱下端应锚固于钢筋混凝土基础或基础梁内。柱截面应不小于 180mm×240mm。施工时必须先砌砖墙，随着墙体的上升而逐段现浇钢筋混凝土柱身。

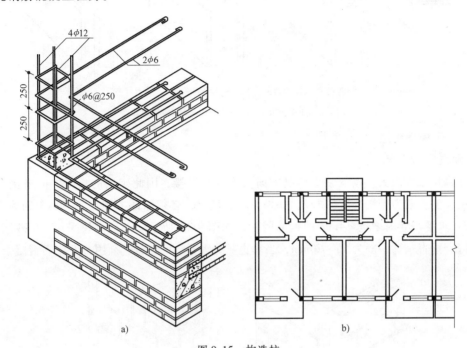

图 9-15 构造柱

a) 外墙转角构造柱 b) 构造柱在平面中的位置

## 课题 3 砌块墙和剪力墙

### 一、砌块墙

#### （一）砌块的材料及类型

预制砌块采用混凝土或工业废料制成。砌块按单块质量和外形尺寸大小分为小型砌块、中型砌块、大型砌块。小型砌块的质量小于 20kg，中型砌块的质量为 20～350kg，大型砌块的质量大于 350kg。

按砌块的形式分为实心砌块和空心砌块。空心砌块又有方孔、圆孔和扁孔等数种，如图 9-16 所示。

#### （二）砌块组合

砌块的组合是件复杂而重要的工作。为使砌块墙合理组合并搭接牢固，必须按建筑物的平面尺寸、层高，对墙体进行合理的分块和搭接，以便正确选定砌块的规格、尺寸，要考虑大面积墙面的错缝、搭接，避免通缝，同时还要考虑内外墙的交接、咬砌。此外，应尽量多使用主砌块，并使其占砌块总数的 70% 以上。

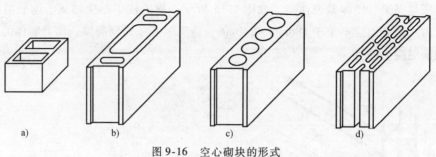

图 9-16　空心砌块的形式

a)、b) 单排方孔　c) 单排圆孔　d) 多排扁孔

### （三）砌块墙构造

#### 1. 砌块墙的拼接

由于砌块尺寸较大，砌块墙在厚度方向大多没有搭接，因此砌块的长度方向搭接非常重要。搭接长度一般为砌块长度的 1/2，如果不能满足时，必须保证搭接长度不小于砌块高度的 1/3，或在水平灰缝内增设 $\phi4mm$ 的钢筋网片，如图 9-17 所示。一般砌块采用 M5 砂浆砌筑，水平灰缝、垂直灰缝一般为 15~20mm，当垂直灰缝大于 30mm 时，须用 C20 细石混凝土灌实。

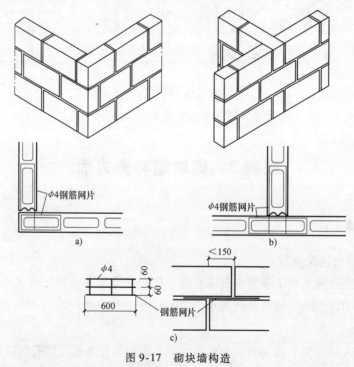

图 9-17　砌块墙构造

a) 转角搭砌　b) 内外墙搭砌　c) 上下皮垂直缝 <150mm 时的处理

#### 2. 设圈梁、构造柱

为加强砌块墙的整体性，多层砌块建筑应设圈梁。圈梁有现浇和预制两种。现浇圈梁整体性强。还可采用 U 形预制构件，在槽中配置钢筋，现浇混凝土形成圈梁。墙体的竖向加强措施是在外墙转角以及内外墙相接处增设构造柱。构造柱是将砌块上下孔对齐，于孔中配置 $2\phi10~2\phi12$ 的钢筋，然后用细石混凝土分层灌实，如图 9-18 所示。

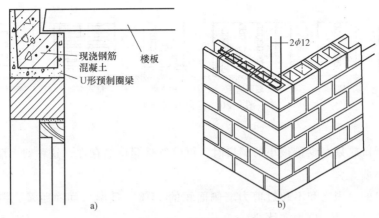

图 9-18 圈梁和构造柱

a）U 形预制圈梁 b）墙转角处的构造柱

为了简化砌块生产和减少砌块的规格类型，砌块中不宜设木砖和铁件，此外有些砌块强度低，直接用圆钉固定门窗容易松动。在实践中，门窗樘与砌块墙的连接方式，可利用砌块凹槽固定，或在砌块灰缝内窝木榫或铁件固定，或利用膨胀木块及膨胀螺栓固定等。常见的连接方式如图 9-19 所示。

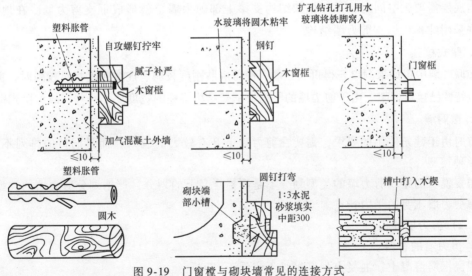

图 9-19 门窗樘与砌块墙常见的连接方式

## 二、剪力墙构造

由钢筋混凝土浇成的墙体称为剪力墙。利用建筑物墙体作为承受竖向荷载、抵抗水平荷载的结构，称为剪力墙结构。

### （一）剪力墙的分类

一般按照剪力墙上洞口的大小、多少及排列方式，将剪力墙分为以下几种类型，如图

9-20所示。

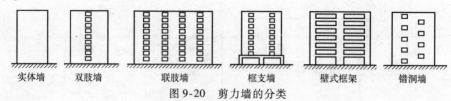

实体墙　　双肢墙　　　联肢墙　　　框支墙　　　壁式框架　　错洞墙

图 9-20　剪力墙的分类

### 1. 实体墙

没有门窗洞口或只有少量很小的洞口时，可以忽略洞口的存在，这种剪力墙即为整体剪力墙，简称实体墙。

当门窗洞口的面积之和不超过剪力墙侧面积的15%，且洞口间净距及孔洞至墙边的净距大于洞口长边尺寸时，也为实体墙。

### 2. 双肢墙

剪力墙面上开有一排洞口的墙称双肢墙。双肢墙由于连系梁的连结，而使双肢墙结构在内力分析时成为一个高次超静定的问题。

### 3. 联肢墙

剪力墙上开有一列或多列洞口，且洞口尺寸相对较大，此时剪力墙的受力相当于通过洞口之间的连梁连在一起的一系列墙肢，故称联肢墙。

### 4. 框支剪力墙

当底层需要大空间时，采用框架结构支撑上部剪力墙，就形成框支剪力墙。在地震区，不容许采用纯粹的框支剪力墙结构。

### 5. 壁式框架

在联肢墙中，如果洞口开得再大一些，使得墙肢刚度较弱、连梁刚度相对较强时，剪力墙的受力特性已接近框架。由于剪力墙的厚度较框架结构梁柱的宽度要小一些，故称壁式框架。

### 6. 错洞墙

有时由于建筑使用的要求，需要在剪力墙上开有较大的洞口，而且洞口的排列不规则，即为此种类型。

需要说明的是，剪力墙的类型划分不是严格意义上的划分，严格划分剪力墙的类型还需要考虑剪力墙本身的受力特点。

### （二）剪力墙的构造

**1. 剪力墙的材料**

现浇钢筋混凝土，混凝土强度等级不应低于C20。

**2. 剪力墙的厚度**

按一级抗震等级设计时不应小于楼层高度的1/20，且不应小于160mm。

按二、三、四级抗震等级和非抗震设计时不应小于楼层高度的1/25，且不应小于140mm。

有边框时，剪力墙的厚度不应小于墙体净高的1/30，且不应小于120mm。

无边框时，剪力墙的厚度不应小于楼层高度的1/25，且不应小于140mm。

**3. 剪力墙的配筋**

剪力墙厚度<200mm时，可单层配筋；剪力墙厚度≥200mm时，应双层配筋。山墙及

相邻第一道内横墙，楼梯间或电梯间墙及内纵墙等都应双层配筋。剪力墙截面配筋形式如图9-21 所示。

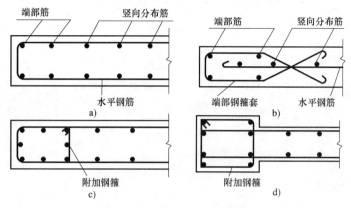

图 9-21 剪力墙截面配筋形式

 **图集点拨：剪力墙竖向分布筋绑扎搭接构造**

在《混凝土结构施工图平面整体表示方法制图规则和构造详图（现浇混凝土框架、剪力墙、梁、板）》（11G101-1）中，对剪力墙竖向分布筋绑扎搭接构造进行了规定，分为四种情况：

1）一、二级抗震等级剪力墙底部加强部位竖向分布钢筋搭接构造，如图9-22a 所示。

2）各级抗震等级或非抗震剪力墙竖向分布钢筋机械连接构造，如图9-22b 所示。

3）各级抗震等级或非抗震剪力墙竖向分布钢筋焊接构造，如图9-22c 所示。

4）一、二级抗震等级剪力墙非底部加强部位或三、四级抗震等级或非抗震剪力墙竖向分布钢筋可在同一部位搭接，如图9-22d 所示。

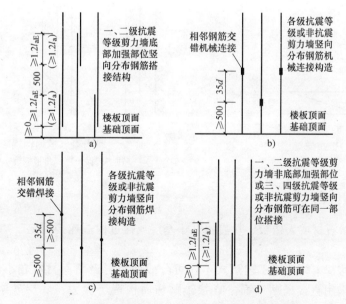

图 9-22 剪力墙竖向分布钢筋绑扎搭接构造的规定

# 课题 4 墙面的装饰装修

墙面装饰工程是指建筑外墙面和内墙面工程两大部分。建筑外墙面的主要功能是保护墙体、装饰立面和改善墙体的物理性能。建筑内墙面的主要功能是保护墙体、保证室内使用条件和装饰室内。不同的墙面有不同的使用和装饰要求，应根据要求选择不同的构造方法、材料和工艺。

墙面装饰按其所用的材料和施工方法的不同，可分为抹灰、贴面、涂料、裱糊、条板、幕墙及其他七类。

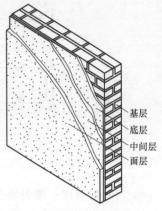

图 9-23 墙面抹灰分层构造

## 一、抹灰类饰面

墙面抹灰一般是指用混合砂浆、水泥砂浆等材料对墙面进行抹灰。一般饰面抹灰可分成高级、中级、普通三种。高级抹灰构造层次为：一层底层、数层中间层、一层面层。中级抹灰构造层次为：一层底层、一层中间层、一层面层（图 9-23）。普通抹灰构造层次为：二层底层、一层面层或不分层一遍成活。

底层的作用是与基层粘结和初步找平；中间层的作用是进一步找平及弥补底层砂浆的干缩裂缝；面层的作用是装饰。一般室外抹灰总厚度为 15 ~ 25mm，室内抹灰总厚度为 15 ~ 20mm，室内顶棚抹灰总厚度为 12 ~ 15mm。在室内墙面、柱面转角或门洞口两侧的墙角处理，一般要求做护角，高度不低于 2m，每侧宽度不小于 50mm，如图 9-24 所示。

在外墙抹灰中，当墙面抹灰面积较大时，为避免面层产生裂纹及方便施工，常将抹灰面层进行分格，分格缝（也称引条线）做法为：面层施工前设置不同形式的木行条，待面层抹后取出木行条，即形成线脚，如图 9-25 所示。

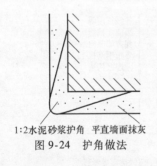

1:2水泥砂浆护角 平直墙面抹灰
图 9-24 护角做法

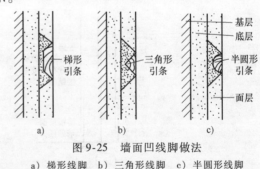

图 9-25 墙面凹线脚做法
a）梯形线脚 b）三角形线脚 c）半圆形线脚

## 二、贴面类饰面

利用各种天然石材或人造板、块直接贴于基层或通过构造连接固定于基层上的装修层称为贴面类饰面。

贴面类饰面的基本构造因工艺形式不同可分成两类。当贴面材料较小（如面砖、陶瓷锦砖等）时，可采用直接镶贴饰面。直接镶贴饰面构造层次为：底层砂浆、粘结层砂浆、块状贴面材料。当贴面材料较大、较厚时（如人造大理石板、天然石材饰面板），可采用构造连接，其构造方式为：通过各种铁件或配用钢筋网在板材与板材、板材与墙体之间连接固定，并采用水泥砂浆等胶结剂作灌注固定，如图 9-26 所示。

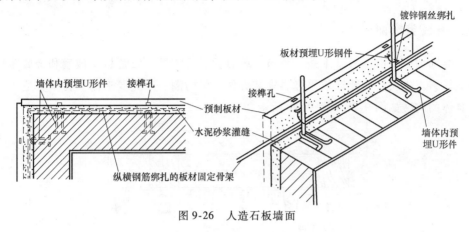

图 9-26  人造石板墙面

## 三、涂料类饰面

涂料是指涂敷于物体表面并能与基层有很好粘结，从而形成完整而牢固的保护膜的物质。这种物质对被涂物体起着保护、装饰作用。

涂料按其主要成膜物不同，可分为无机涂料和有机涂料两大类。无机涂料包括石灰浆涂料、大白浆涂料、高分子涂料。有机涂料包括溶剂型涂料、水溶性涂料和乳液涂料。

> **工程实践经验介绍：外墙硬泡聚氨酯喷涂保温施工技术的应用**
>
> 外墙硬泡聚氨酯喷涂施工技术是指将硬质发泡聚氨酯喷涂到外墙外表面，并达到设计要求的厚度，然后作界面处理，抹胶粉聚苯颗粒保温浆料找平，薄抹抗裂砂浆，铺设增强网，再做饰面层。基本构造如图 9-27 所示。
>
>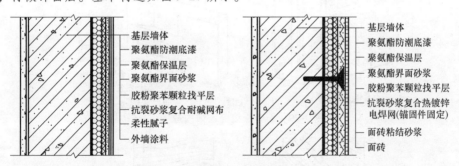
>
> 图 9-27  外墙硬泡聚氨酯喷涂系统基本构造
>
> 外墙硬泡聚氨酯喷涂保温施工技术适用于抗震设防烈度≤8 度的多层及中高层新建民用建筑和工业建筑，也适用于既有建筑的节能改造工程。该项施工技术已成功应用于北京西二旗居住区 S12 号工程——北京金都杭城（参见《建筑业 10 项新技术（2010 年版）》）。

## 四、裱糊类饰面

裱糊类饰面是指各种装饰性的墙纸、墙布、织锦等卷材类材料裱糊在墙面上的一种装饰饰面。裱糊类饰面的材料有塑料墙纸、塑料墙布、丝绒、锦缎、纤维纸、木屑壁纸、金属箔壁纸、皮革、人造革、微薄木等。

## 五、条板类饰面

条板类饰面主要由木板、木条、竹条、胶合板、纤维板、石膏板、玻璃和金属薄板作为墙面饰面材料。木质材料装饰效果好，安装方便，但防潮、防火要求高。竹条不适用于干燥气候。具体的构造如图 9-28 ~ 图 9-31 所示。

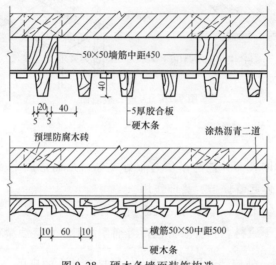

图 9-28　硬木条墙面装饰构造

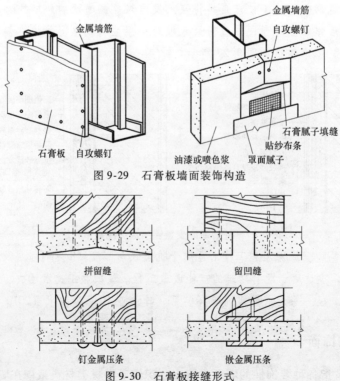

图 9-29　石膏板墙面装饰构造

图 9-30　石膏板接缝形式

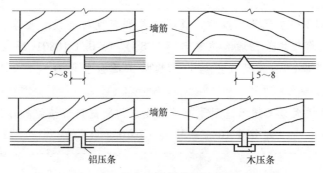

图 9-31  胶合板墙面装饰接缝处理

## 六、玻璃幕墙

"幕墙"通常是指悬挂在建筑物结构框架表面的非承重墙。玻璃幕墙主要由玻璃和固定它的骨架组成。

玻璃材料有热反射玻璃（镜面玻璃）、吸热玻璃（染色玻璃）、双层中空玻璃及夹层玻璃、夹丝玻璃、钢化玻璃等品种。前面三种称为节能玻璃，后三种称为安全玻璃。

玻璃幕墙的骨架主要由构成骨架的各种型材，以及各种连接件、紧固件组成。

## 七、其他类型墙体饰面

### 1. 清水砖墙

清水砖墙是指墙体砌成以后，不用其他饰面材料，在其表面仅做勾缝或涂透明色浆所形成的砖墙体。

### 2. 混凝土墙体饰面

当施工时采用滑升模板、大模板现浇混凝土时，墙体表面平整，不须抹灰找平，也不需做饰面保护，这种墙面称为混凝土墙体饰面。

---

**⚙ 工程实践经验介绍：TCC 建筑保温模板施工技术**

TCC 建筑保温模板体系是一种保温与模板一体化保温模板体系。该技术将保温板辅以特制支架形成保温模板，在需要保温的一侧代替传统模板，并同另一侧的传统模板配合使用，共同组成模板体系。模板拆除后结构层和保温层即成型。TCC 体系构造如图 9-32 所示。

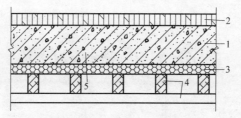

图 9-32  建筑保温模板体系构造

1—混凝土墙体  2—无需保温一侧普通模板及支撑  3—保温板  4—TCC 保温模板支架  5—锚栓

保温材料为 XPS 挤塑聚苯乙烯板，保温性能和厚度符合设计要求，燃烧性能等技术性能符合《绝热用挤塑聚苯乙烯泡沫塑料（XPS）》（GB/T 10801.2—2002）要求；安装精度要求同普通模板，见《混凝土结构工程施工质量验收规范（2010 年版）》（GB 50204—2002）。

TCC 建筑保温模板施工技术适用于有节能要求的新建剪力墙结构建筑工程。如上海锦绣满堂住宅小区（参见《建筑业 10 项新技术（2010 年版）》）。

# 单元十

## 楼地层构造

**单元概述**

主要介绍楼板层、地坪层、地面的基本概念；楼板层与地层的构造组成和设计要求；地面、顶棚、阳台和雨篷的构造。

**学习目标**

**能力目标**

1. 能正确识读钢筋混凝土楼板结构布置方案和构造详图。
2. 能识别楼地层构造层次和构造要求。
3. 能说出阳台和雨篷的基本构造要求。

**知识目标**

1. 掌握钢筋混凝土楼板层的构造原理和结构布置特点。
2. 熟悉各种常用地面及顶棚的构造做法。
3. 了解阳台和雨篷的构造原理和做法。

**情感目标**

在学习楼板层、地坪层、地面的构造特点和要求的基础上加深对楼地层相关构造的理解和认识。

## 课题1  楼地层的组成和分类

楼地层构造包括楼板层构造和地层构造。楼板层是指楼层与楼层之间的水平构件；地层是指最底层与土壤相接或接近土壤的那部分水平构件。地面是指楼板层和地层的面层部分。

### 一、楼板层与地层的组成

**1. 楼板层的组成**

楼板层主要由面层、结构层和顶棚层三个基本层次组成。为了满足不同的使用要求，必要时还应设附加层，如图10-1所示。

（1）面层  面层是楼板层上表面的铺筑层，也是室内空间下部的装修层，又称楼面或地面。面层是楼板层中与人和家具设备直接接触的部分，对结构层起着保护作用，使结构层免受损坏，同时，也起装饰室内的作用。

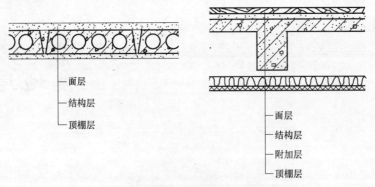

图 10-1　楼板层的组成

（2）结构层　结构层位于面层和顶棚层之间，是楼板层的承重部分，称为楼板。结构层承受整个楼板层的全部荷载，并对楼板层的隔声、防火等起主要作用。

楼板按其材料不同有木楼板、砖拱小梁楼板和钢筋混凝土楼板等。其中，钢筋混凝土楼板的强度高，刚度大，耐久性和耐火性好，并具有良好的可塑性，便于工业化生产和施工，是目前在我国应用最广泛的楼板形式。

（3）顶棚层　顶棚层是楼板层下表面的构造层，也是室内空间上部的装修层，又称平顶。顶棚的主要功能是保护楼板、装饰室内以及保证室内的使用条件。

（4）附加层　附加层通常设置在面层和结构层之间，或结构层和顶棚之间，主要有管线敷设层、隔声层、防水层、保温或隔热层等。管线敷设层是用来敷设水平设备暗管线的构造层；隔声层是为隔绝撞击声而设的构造层；防水层是用来防止水渗透的构造层；保温或隔热层是改善热工性能的构造层。

**2. 地层的组成**

地层主要由面层、垫层和基层三个基本构造层组成，为满足使用和构造要求，必要时可在面层和垫层之间增设附加层，如防潮层、防水层、管线敷设层、保温隔热层等，如图10-2所示。

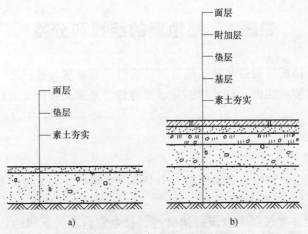

a)　　　　　　　　　b)

图 10-2　地层的组成

a）基本构造层次　b）具有附加层的构造层次

（1）面层　面层是地层上表面的铺筑层，也是室内空间下部的装修层，又称地面。它起着保证室内使用条件和装饰室内的作用。

（2）垫层　垫层是位于面层之下用来承受并传递地面荷载的部分。通常采用 C10 混凝土来做垫层，其厚度一般为 60～100mm。混凝土垫层属于刚性垫层，有时也可采用灰土、三合土等非刚性垫层。

（3）基层　基层位于垫层之下，用以承受垫层传下来的荷载。通常是将土层夯实来做基层（即素土夯实），又称地基。当建筑标准较高或地面荷载较大以及室内有特殊使用要求时，应在素土夯实的基础上，再铺设灰土层、三合土层、碎砖石或卵石灌浆层等，以加强地基。

## 二、楼板层与地层的类型

### 1. 楼板层的类型

楼板层的分类一般是按主要承重结构材料来划分的。民用建筑中常见的有以下几种类型：

（1）钢筋混凝土楼板层　这种楼板层是我国目前使用量最大的一种，也是使用效果好和造价相对较低的一种。它具有强度大、刚度好、耐久、防火、防潮、施工方便、材料易获得等特点，如图 10-3a、b 所示。

（2）压型钢板式整浇楼板层　这种楼板层主要用于纯钢结构的建筑中，是采用压型钢板为底衬模，再在其上现浇钢筋混凝土形成楼板层，整体性非常好但造价相对要高些，如图 10-3c 所示。

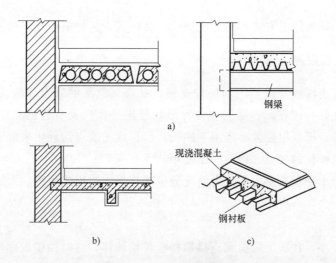

图 10-3　楼板层的类型

a）预制钢筋混凝土楼板层　b）现浇钢筋混凝土楼板层　c）压型钢板楼板层

（3）木楼板层　这种楼板层具有自重轻、构造及施工简单等特点，但其耐久性、防火、防腐等性能较差，且木材耗量过大，不利于环保，故除少量用于新建或维修改建的中国古典型建筑中外，一般极少采用。

（4）其他材料楼板层　除上述三种主要类型的楼板层外，尚有砖拱楼板层、钢筋混凝土与空心砖组合式楼板层、泰柏板楼板层等。

**2. 地层的类型**

（1）空铺类地层　这种类型的地层一般是先在夯实的地基上砌筑地垄墙，再在地垄墙上搭钢筋混凝土薄板或木地板，如图 10-4a 所示。详细做法将在地层构造中阐述。

（2）实铺类地层　这种类型的地层一般是在夯实的地基上直接做三合土或素混凝土一类的垫层，可做一层或二层，根据需要还可增加一些附加层次，如图 10-4b 所示。

无论是空铺类地层还是实铺类地层，其面层做法种类繁多。

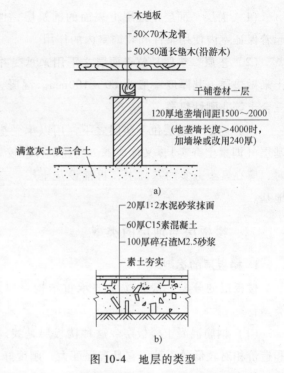

图 10-4　地层的类型

a）空铺类地层　b）实铺类地层

# 课题 2　钢筋混凝土楼板的构造

钢筋混凝土楼板按施工方式不同分现浇式、装配式、装配整体式三种类型。

## 一、现浇钢筋混凝土楼板

现浇钢筋混凝土楼板是在施工现场按支模、扎筋、浇灌混凝土等施工程序而成型的楼板。它具有整体性好、抗震、容易适应各种形状楼层平面以及有管道穿过楼板的房间等优点，但有工序繁多、模板用量大、施工工期长、湿作业的缺点。近年来由于工具式模板的发展，现场浇筑和机械化的加强，得到广泛使用。

现浇钢筋混凝土楼板按受力和传力情况分板式楼板、梁板式楼板、无梁楼板、压型钢板组合楼板等几种。

**1. 板式楼板**

当房间尺寸较小，楼板上的荷载直接靠楼板传给墙体，这时的楼板称板式楼板。它多用于跨度较小的房间或走廊，如居住建筑中的厨房、卫生间等。

对穿越楼板的各种设备立管，一般采取预留洞方式，待管子安装就位后用 C20 级细石混凝土灌缝，再以两布二油橡胶酸性沥青防水涂料作密封处理。当某些热水立管穿过楼板时，应在浇混凝土楼板时预埋比热水管直径稍大的套管，并高出地面 30mm 左右，以防由于热水管温度变化，出现胀缩变形而引起立管周围混凝土开裂，如图 10-5 所示。

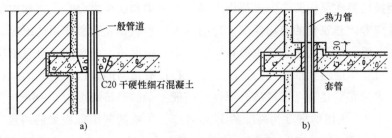

图 10-5 管道穿过楼板时的处理

a) 普通管道的处理 b) 热力管道的处理

---

**图集点拨：板中开洞情况下板中配筋的构造**

在 G101 图集中，对于板中开洞情况下板中配筋进行了规定，当矩形洞或圆形洞直径不大于 300mm 时，其配筋构造和洞口钢筋被断开时的做法如图 10-6 所示。

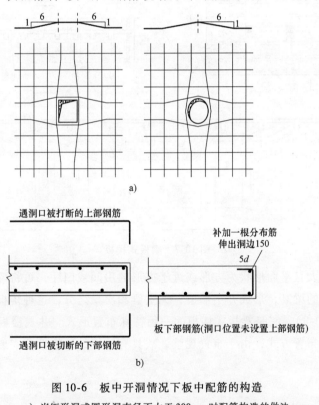

图 10-6 板中开洞情况下板中配筋的构造

a) 当矩形洞或圆形洞直径不大于 300mm 时配筋构造的做法

b) 当矩形洞或圆形洞直径不大于 300mm 时，洞口钢筋被断开时的做法

---

**2. 梁板式楼板**

当房间尺寸较大时，为使楼板结构受力和传力较为合理，常在楼板下设梁，减小板的跨度，使楼板上的荷载先由板传给梁，然后再传给墙或柱。这样的楼板结构称为梁板式楼板（图 10-7）。

梁板式楼板通常在纵横两个方向都设置梁，有主梁和次梁之分。主梁和次梁的布置应整齐有规律，并应考虑建筑物的使用要求、房间的大小形状以及荷载作用情况等。一般主梁沿房间短跨方向布置，次梁则垂直于主梁布置。对短向跨度不大的房间，可只沿房间短跨方向布置一种梁即可。梁应避免搁置在门窗洞口上。在设有重质隔墙或承重墙的楼板下部也应布置梁。另外，梁的布置还应考虑经济合理性。一般主梁的经济跨度为 5 ~ 8m，主梁的高度为跨度的 1/14 ~ 1/8，主梁的宽度为高度的 1/3 ~ 1/2。主梁的间距即次梁的跨度，一般为 4 ~ 6m，次梁的高度为跨度的 1/18 ~ 1/12，次梁的宽度为高度的 1/3 ~ 1/2。次梁的间距即板的跨度，一般为 1.7 ~ 2.7m，板的厚度一般为 60 ~ 80mm。

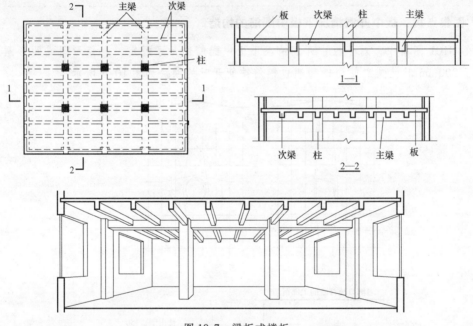

图 10-7　梁板式楼板

对平面尺寸较大且平面形状为方形或近于方形的房间或门厅，可将两个方向的梁等间距布置，并采用相同的梁高，形成井字形梁，无主梁和次梁之分，这种楼板称为井字梁式楼板或井式楼板（图 10-8），它是梁板式楼板的一种特殊布置形式。井式楼板的梁通常采用正交正放或正交斜放的布置方式，由于布置规整，故具有较好的装饰性，一般多用于公共建筑的门厅或大厅。

**3. 无梁楼板**

无梁楼板是框架结构中将楼板直接支承在柱子和墙上的楼板，如图 10-9 所示。为了减小板跨，增大柱子的支承面积，一般在柱顶设柱帽和托板。无梁楼板的柱应尽量按方形网格布置，间距 6m 左右较为经济。由于板跨较大，一般板厚应不小于 120mm。无梁楼板顶棚平整，室内净空高，采光、通风好，适用于荷载较大的商店、仓库及展览馆中。

**4. 压型钢板组合楼板**

压型钢板组合楼板实质上是一种压型钢板（简称钢衬板）与混凝土浇筑在一起的整体式楼板结构，如图 10-10 所示。钢衬板起到现浇混凝土的永久性模板作用，同时起着受拉钢筋的作用。有时根据使用功能和楼板受力情况，在板内配置钢筋，适用于大空间、大跨度建筑的平面灵活布置。

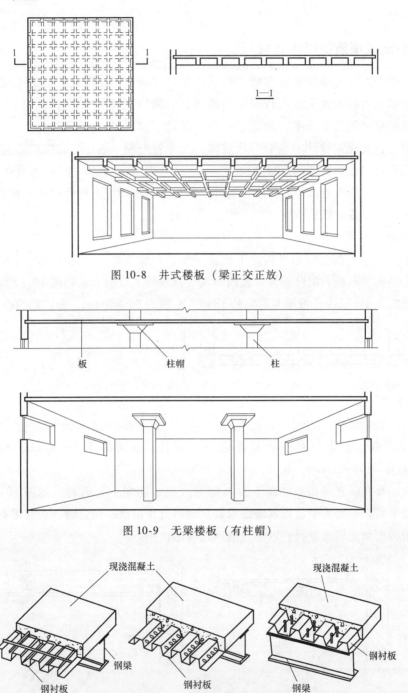

图 10-8　井式楼板（梁正交正放）

图 10-9　无梁楼板（有柱帽）

图 10-10　单层钢衬板组合楼板

钢衬板组合楼板主要由楼面层、组合板与钢梁等几部分组成，如图 10-11 所示。组合板的跨度为 1.5～4.0m，其经济跨度为 2.0～3.0m。

压型钢衬板有单层和双层之分。板宽 500 ~ 1000mm。钢衬板表面镀锌，板底涂一层塑料或油漆，起防腐保护作用。

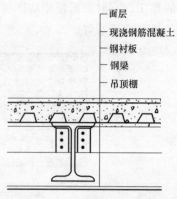

图 10-11　钢衬板组合楼板

## 二、装配式钢筋混凝土楼板

装配式钢筋混凝土楼板是指在构件预制加工厂或施工现场预先制作，然后运到工地进行安装的楼板，它的特点是提高了现场机械化施工水平，缩短了工期，促进了建筑工业化。因此，凡建筑设计中平面形状规则，尺寸符合模数要求的建筑物，应尽量采用预制楼板。

预制构件可分为预应力和非预应力两种。预应力与非预应力构件相比，具有节省钢材和混凝土、自重轻、造价低的特点。

### 1. 预制楼板构件的类型

（1）实心平板　预制实心平板上下板面平整，制作简单，适用于跨度小的走廊板、小开间房间、楼梯平台板、阳台板等。板的两端支承在墙上或梁上，如图 10-12 所示。实心平板板跨一般在 2.4m 以内，板厚为跨度的 1/30，一般为 50 ~ 80mm，板宽约 500 ~ 900mm。

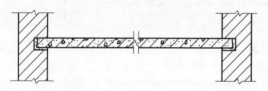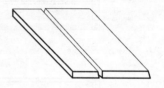

图 10-12　实心平板

（2）槽形板　槽形板是一种梁板合一的构件。板跨为 3.0 ~ 7.2m，板宽为 600 ~ 1200mm，板厚为 30 ~ 35mm，肋高为 150 ~ 300mm。

搁置时，板有正置（指板肋向下）与倒置（指板肋向上）两种，如图 10-13 所示。正置时，板面平整，板底不平，若观瞻要求较高时可另作吊顶。倒置时，板底平整，板面需另作面板，槽内可填充轻质材料，以作为隔声或保温之用。

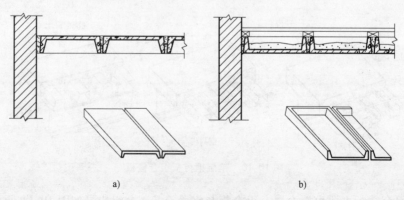

图 10-13　槽形板

a）正置槽形板　b）倒置槽形板

（3）空心板 空心板板腹抽孔，上下板面平整，便于做楼面和顶棚，较实心板刚度好。空心板孔洞形状有方孔、椭圆孔和圆孔之分，目前常用的多为圆孔，如图 10-14 所示。

图 10-14 空心板

空心板有中型和大型之分，中型空心板板跨多在 4.5m 以下，板宽有 500mm、600mm、900mm、1200mm，板厚 90~120mm，圆孔直径为 50~70mm，上表面板厚 20~30mm，下表面板厚 15~20mm。大型空心板板跨在 4.0~7.2m 之间。板宽多为 1.5~4.5m，板厚 110~250mm。

空心板安装后，应将板四周的缝隙用细石混凝土灌注，以增强楼板的整体性，增加房屋的整体刚度和避免缝隙漏水。为了便于灌注板缝中的混凝土，板缝应做成上大下小的楔形。用木模生产空心板时，板的侧边外形为直线，用钢模生产空心板时，板的侧边外形为折线（图 10-15），以增强板的抗剪能力。

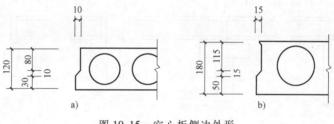

图 10-15 空心板侧边外形

a）$h \leqslant 120mm$ b）$h \geqslant 180mm$

**2. 装配式钢筋混凝土楼板的结构布置与细部处理**（以空心板为例）

在进行楼板布置时，应根据空间的开间、进深尺寸确定布置方案。通常板有搭于墙上和搭于梁上两种布置方法，前者多用于横墙间距较小的宿舍、住宅等建筑中，后者则多用于教学楼、办公楼等开间、进深都较大的建筑中，如图 10-16 所示。

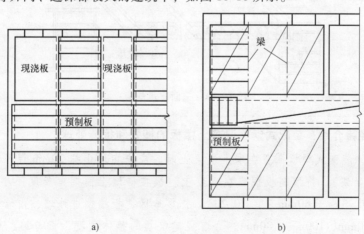

图 10-16 预制楼板的结构布置

a）板在墙上搁置 b）板在梁上搁置

具体布置楼板时，一般要求板的规格、类型越少越好，以简化板的制作与安装。同时应避免出现板三边支承的情况，即板的纵边不得伸入墙内，否则板易产生裂缝。在排板时，当不能排满整个房间，与房间平面尺寸出现差额时可采用以下办法解决：当缝差在 60mm 以内时，适当调整板缝宽度；当缝差在 60～200mm 时，用局部增加现浇板带的办法解决，如图 10-17 所示；当缝差超过 200mm 时，则应重新考虑选择板的规格。

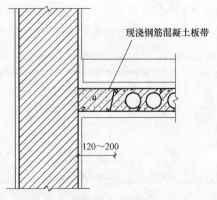

图 10-17　现浇钢筋混凝土板带

在梁板式结构布置中，梁的截面形式有矩形、T形、十字形和花篮形等，如图 10-18 所示。矩形梁外形简单，施工方便。为了提高房间净空高度，可采用十字形梁和花篮形梁。

在进行板的结构布置时，一般要求板的规格、类型越少越好，同时，板的布置应避免出现三边支承的情况，否则在荷载作用下，板会产生裂缝，如图 10-19 所示。

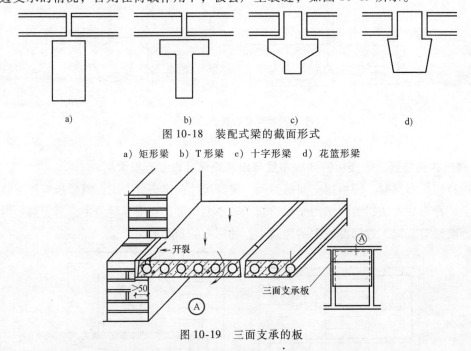

a)　　　　　　　　b)　　　　　　　　c)　　　　　　　　d)

图 10-18　装配式梁的截面形式

a）矩形梁　b）T 形梁　c）十字形梁　d）花篮形梁

图 10-19　三面支承的板

---

🔧 **工程实践经验介绍：装配式钢筋混凝土楼板的搁置和板缝处理**

在工程中，装配式楼板搁置在墙上或梁上时，应先在墙上抹 20mm 厚不低于 M5 的水泥砂浆（俗称坐浆），将预制板搁置在砂浆上。板在砖墙上面搁置长度不小于 80mm，在梁上的搁置长度不小于 60mm（图 10-20）。抗震地区，板端搁进外墙、内墙和梁上的长度分别不小于 120mm、100mm、80mm。为增强建筑物的整体刚度，板与墙、梁之间或板与板之间常用锚固钢筋予以锚固。

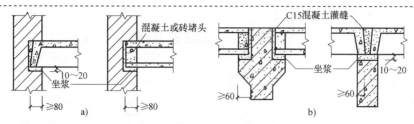

图 10-20  板的支承

a）板支承在砖墙上  b）板支承在钢筋混凝土梁上

　　板的接缝有端缝和侧缝两种。板的两端搁置在墙或梁上时，为了提高支承部分的抗压强度，在板两端支承部分内填以混凝土块。端缝一般需将板缝内灌以细石混凝土，使板相互连接。为了增强建筑物抗水平力的能力，可将板端露出钢筋交错搭接在一起，或加钢筋网片，然后用细石混凝土灌缝，以增强板的整体性和抗震能力。侧缝一般有三种形式：V形缝、U形缝和凹槽缝，如图 10-21 所示。

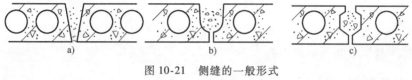

图 10-21  侧缝的一般形式

b）V形缝  b）U形缝  c）凹槽缝

## 三、装配整体式钢筋混凝土楼板

　　装配整体式楼板是在楼板中预制部分构件，然后在现场安装，再以整体浇筑的办法连接而成的楼板。图 10-22 所示的叠合楼板是在预制（预应力）薄板上，现浇混凝土面层叠合而成的装配整体式楼板，又称预制薄板叠合楼板。预制薄板具有结构、模板、装修三方面的功能。现浇层内只需配置少量支座负筋，预制薄板底面平整、不必抹灰。楼板层中的管线均可事先埋在叠合层中。叠合楼板具有良好的整体性和连续性，板跨大，厚度小，自重轻，目前广泛应用于住宅、宾馆、学校、办公楼、医院以及仓库等建筑中。

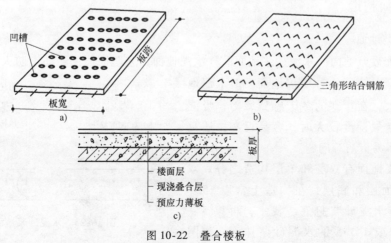

图 10-22  叠合楼板

a）板面刻槽  b）板面露出三角形结合钢筋  c）叠合组合楼板

# 课题3　楼地面构造

楼板层的面层和地坪的面层通称地面，属室内装修范畴。

## 一、对地面的要求

1）具有足够的坚固性：要求在各种外力作用下不易被磨损、破坏，且要求表面平整、光洁、易清洁和不起灰。

2）保温性能好：作为人们经常接触的地面，应给人以温暖舒适的感觉，所以要求面层的导热系数小，以便冬季在上面接触时不致感到寒冷。

3）具有一定的弹性：当人们行走时不致有过硬的感觉，同时，有弹性的地面对隔撞击声也有利。

4）某些特殊的要求：对有水作用的房间（浴室、厕所等），要求地层能抗潮湿，不透水；对有火源的房间（厨房、锅炉房等），要求地面能防火、耐燃烧；对有酸、碱腐蚀的房间，则要求地面具有防腐蚀的能力。

## 二、地面的类型

地面的名称是依据面层所用材料而命名的。按面层所用材料和施工方式不同，常见地面可分为以下几类：

1）整体类地面：包括水泥砂浆地面、细石混凝土地面及水磨石地面等。

2）块材类地面：包括普通砖、大阶砖、水泥花砖、缸砖、陶瓷地砖、陶瓷锦砖、人造石板、天然石板以及木地面等。

3）卷材类地面：包括橡胶地毡、塑料地面及铺设地毯的地面等。

4）涂料类地面：包括各种高分子合成涂料层等。

## 三、地面构造

### 1. 整体类地面

（1）水泥砂浆地面　水泥砂浆地面简称水泥地面，它坚固耐磨，防潮防火，造价低廉，是目前使用最普遍的一种低档地面。但水泥地面导热系数大，在严寒的冬天感到寒冷；吸湿能力差，在空气湿度较大时，容易返潮；还具有易起灰、不易清洁等问题。

水泥砂浆地面有双层和单层构造之分。双层做法分为面层和底层，在构造上常以 15～20mm 厚1:3 水泥砂浆打底、找平，再以 5～10mm 厚1:2 或 1:1.5 的水泥砂浆抹面，如图10-23 所示。单层构造是先在结构层上抹水泥浆结合层一道，再抹 15～20mm 厚1:2 或1:2.5

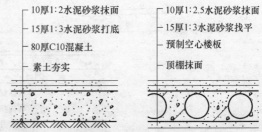

10厚1:2水泥砂浆抹面
15厚1:3水泥砂浆打底
80厚C10混凝土
素土夯实

10厚1:2.5水泥砂浆抹面
15厚1:3水泥砂浆找平
预制空心楼板
顶棚抹面

图 10-23　水泥砂浆地面

的水泥砂浆一道。当前在地面构造中以双层水泥砂浆地面居多。

 **图集点拨：水泥砂浆楼地层的构造做法**

《楼地面建筑构造》（12J304）图集给出了水泥砂浆楼地层的五种构造做法，下面为前两种。楼层和地层在基层构造做法上也进行了规定，见表10-1。

**表10-1　水泥砂浆楼地层中的两种构造做法**

| 厚度 | 简　图 | 构　　造 | |
| --- | --- | --- | --- |
| | | 地面 | 楼面 |
| a100 b20 | 地面　楼面 | 1. 20mm 厚 1:2.5 水泥砂浆，表面撒适量水泥粉抹压平整 2. 刷水泥浆一道（内掺建筑胶） | |
| | | 3. 80mm 厚 C15 混凝土垫层 4. 夯实土 | 3. 现浇钢筋混凝土楼板或预制楼板上现浇叠合层 |
| a250 b80 | 地面　楼面 | 1. 20mm 厚 1:2.5 水泥砂浆，表面撒适量水泥粉抹压平整 2. 刷水泥浆一道（内掺建筑胶） | |
| | | 3. 80mm 厚 C15 混凝土垫层 4. 150mm 厚碎石夯入土中 | 3. 60mm 厚 LC7.5 轻集料混凝土 4. 现浇钢筋混凝土楼板或预制楼板上现浇叠合层 |

（2）细石混凝土地面　细石混凝土地面强度高，干缩值小，地面的整体性好，克服了水泥地面干缩较大、起灰的缺点。细石混凝土地面是在结构层上浇 30~40mm 厚、强度不低于 C20 的细石混凝土，浇好后随即用木板拍浆，待水泥浆液到表面时，再撒少量干水泥，最后用铁板抹光。

（3）水磨石地面　水磨石地面表面平整光洁、整体性好、不易起灰、防水、易清洁、美观。但其造价较水泥地面高，更易返潮。常作为公共建筑的大厅、走廊、楼梯以及卫生间的地面。

水磨石地面均为双层构造，底层用 10~15mm 厚的 1:3 水泥砂浆打底、找平，按设计图案用 1:1 水泥砂浆固定分格条（玻璃条、铜条或铝条），用以划分面层，以防止面层开裂，再用 1:2~1:2.5 水泥石碴浆抹面，浇水养护一周后用磨石机磨光，打蜡保护，如图 10-24 所示。水磨石按其面层的效果，可分为普通水磨石和美术水磨石。普通水磨石面层是用青水泥掺石子所制成的。美术水磨石是以白水泥或彩色水泥为胶结料，掺入不同粒径、形状和色彩的石子所制成的。美术水磨石采用铜分格条。

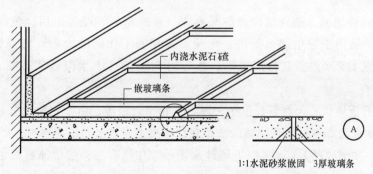

图 10-24　水磨石地面

**2. 块材类地面**

凡利用各种人造的或天然的预制块材、板材镶铺在基层上的地面称为块材地面。

（1）铺砖地面　主要利用普通砖或大阶砖铺砌的地面，多用于大量性民用建筑或临时性建筑中，对温度较大的返潮地区，可以有所改善。

 **图集点拨：地砖面层的构造做法**

地砖面层是目前地面所采用的比较常见的做法，面层材料即为我们常见的瓷砖。《楼地面建筑构造》（12J 304）图集关于地砖面层的部分构造做法见表10-2。

表10-2　地砖面层的部分构造做法

| 厚度 | 简　图 | 构　造 | | 备　注 |
|---|---|---|---|---|
| | | 地面 | 楼面 | |
| a115<br>b35 | 地面　楼面 | 1. 10mm 厚地砖，用聚合物水泥砂浆铺砌<br>2. 5mm 厚聚合物水泥砂浆结合层<br>3. 20mm 厚 1:3 水泥砂浆找平层<br>4. 聚合物水泥浆一道 | | 1. 薄型楼地面，即结合层和找平层厚度较薄，对施工平整度等要求较高，用以实现轻质高强的楼地面构造 |
| | | 5. 80mm 厚 C15 混凝土垫层<br>6. 夯实土 | 5. 现浇钢筋混凝土楼板或预制楼板上现浇叠合层 | 2. 聚合物有氯丁胶乳液、聚丙烯酸酯乳液、环氧乳液等品种，其参考配合比见本图集附录1 |
| a265<br>b95 | 地面　楼面 | 1. 10mm 厚地砖，用聚合物水泥砂浆铺砌<br>2. 5mm 厚聚合物水泥砂浆结合层<br>3. 20mm 厚 1:3 水泥砂浆找平层<br>4. 聚合物水泥浆一道 | | 3. 大规格地砖要加厚，见工程设计 |
| | | 5. 80mm 厚 C15 混凝土垫层<br>6. 150mm 厚碎石夯入土中 | 5. 60mm 厚 LC7.5 轻集料混凝土<br>6. 现浇钢筋混凝土楼板或预制楼板上现浇叠合层 | |

（2）缸砖地面　缸砖是由陶土烧制而成的，颜色呈红棕色。缸砖质地坚硬、耐磨、防水、耐腐蚀，易于清洁，适用于卫生间、实验室及有防腐蚀性要求的地面。铺贴用 5 ~ 10mm 厚 1:1 水泥砂浆粘结，砖块之间有 3mm 左右的灰缝，如图 10-25a 所示。彩釉地砖以及无釉地砖的质地与外观具有与天然花岗岩相同的效果，都是理想的地面装饰材料。其构造做法与缸砖相同。

（3）陶瓷锦砖地面　陶瓷锦砖原称马赛克，质地坚硬，经久耐用，色泽多样，耐磨、防水、耐腐蚀，适用于卫生间、厨房、化验室及精密工作间的地面。陶瓷锦砖的粘贴是在结构层上先以 1:3 水泥砂浆打底找平，然后用 5mm 厚 1:1 水泥砂浆粘贴，如图 10-25b 所示。

（4）天然石板地面　天然石板包括大理石、花岗岩板等，由于它质地坚硬，色泽艳丽，美观，属高档地面装饰材料。其构造做法是在结构层上先洒水润湿，再刷一层素水泥浆，紧接着铺一层 20 ~ 30mm 厚 1:(3 ~ 4) 干硬性水泥砂浆作结合层，最后铺石板材，如图 10-26 所示。

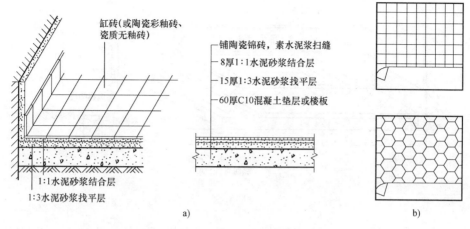

图 10-25  缸砖地面和陶瓷锦砖地面

a) 缸砖地面  b) 陶瓷锦砖地面

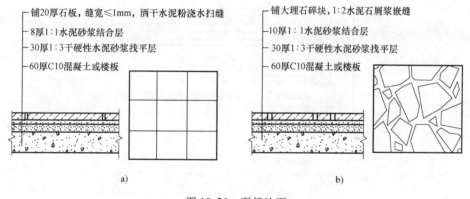

图 10-26  石板地面

a) 方整石板地面  b) 碎大理石板地面

（5）木地面  木地面具有弹性好、导热系数小、不起尘、易清洁等特点，是理想的地面材料。

木地面有架空式、实铺式、粘贴式三类。架空式木地板主要用于面层由于使用的要求，距基底距离较大的场合，通过地垄墙或砖墩的支撑，使木地面达到设计要求的标高。架空式木基层，包括地垄墙（或砖墩）、垫木、搁栅、剪刀撑及毛地板几个部分，实铺木地面是直接在实体基层上铺设的地面，如图 10-27a、b 所示。粘贴式木地面是在结构层或垫层上找平后，再用粘结材料将木板直接贴上制成的，如图 10-27c 所示。

木质复合地板是以中密度纤维板（厚 9mm）或以多层实木粘贴（厚 9～15mm）为基材，用特种高硬耐磨防火聚氨酯漆为漆面的新型地面装饰材料。目前种类繁多，使用广泛，用于各种公共、居住建筑中。

复合地板具有耐烟头烫、防水、防变形、耐化学试剂污染、易清扫、抗重压和耐磨等特点。

复合地板的铺装方法有三种：一种是胶粘法；一种是打钉法，同实铺式木地面；三是悬

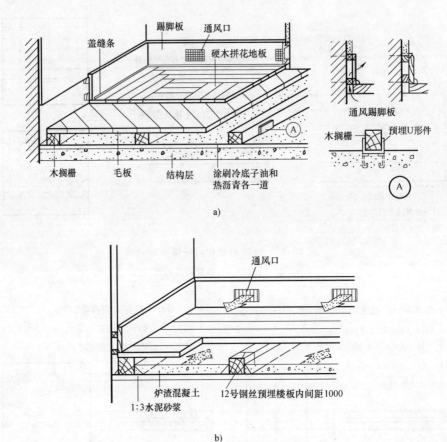

图 10-27   实铺式木地面

a) 铺钉式木地面（双层）  b) 铺钉式木地面（单层）  c) 粘贴式木地面

浮法。悬浮法的构造方法是先在比较平的基面上铺设一层泡沫塑料布，目的是防潮，并使之有弹性。然后再铺设复合地板，地板的企口缝之间用特制的胶粘剂粘接。

**3. 卷材类地面**

卷材类地面是粘贴或固定各种柔性卷材或半硬质板材而成的地面。常见的有塑料地毡、橡胶地毡以及多种地毡等。这些材料表面美观、干净、装饰效果好，具有良好的保温、消声性能。适用于公共建筑和居住建筑。

塑料地毡是以聚乙烯树脂为基料，加入增塑剂、稳定剂、石棉绒等经塑化热压而成。塑料地毡借胶粘剂粘贴在水泥砂浆找平层上即可。塑料地毡的拼接缝隙通常切割成 V 形，用三角形塑料焊条焊接，如图 10-28 所示。

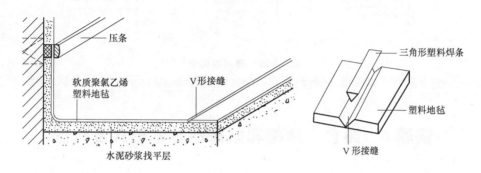

图 10-28　塑料卷材地面

橡胶地毡是以橡胶粉为基料，掺入软化剂，在高温高压下解聚后，再加入着色补强剂，经混炼、塑化压延成卷的地面装修材料。可以干铺，也可用胶粘剂粘贴在水泥砂浆面层上。

地毯地面是用地毯作为饰面材料的地面。地毯具有吸声、隔声、防滑、弹性与保温性能好，脚感舒适、美观等特点。它可以用在木地板上，也可以用于水泥砂浆等其他地面上。地毯按其材质可分为：羊毛地毯、混纺地毯、化纤地毯、剑麻地毯、橡胶绒地毯等。地毯的铺设方法有固定与不固定两类。固定的办法有两种，一种是用倒刺板固定，另一种是用胶粘结固定。

**4. 涂料类地面**

涂料地面是水泥砂浆或混凝土地面的表面处理形式。它对解决水泥地面易起灰、开裂、不美观的问题起了重要作用。常见的涂料包括水乳型、水溶型和溶剂型涂料。水乳型地面涂料有氯-偏共聚乳液涂料、聚醋酸乙烯厚质涂料及 SJ82—1 地面涂料等；水溶型地面涂料有聚乙烯醇缩甲醛胶水泥地面涂料、109 彩色水泥涂料以及 804 彩色水泥地面涂料等；溶剂型地面涂料有聚乙烯醇缩丁醛涂料、H80 环氧涂料、环氧树脂厚质地面涂料以及聚氨醇厚质地面涂料等。

作为涂料地面，要求水泥地面坚实、平整；涂料与面层粘结牢固；不允许有掉粉、脱皮、开裂等现象。同时，涂层色彩要均匀，表面要光滑、清洁，给人以舒适、明净、美观的感觉。

为了保护墙面，防止外界碰撞损坏墙面，或擦洗地面时弄脏墙面，通常在墙面靠近地面处设置踢脚板。踢脚板的材料一般与地面相同，故可看作是地面的一部分，即地面在墙面上的延伸部分。踢脚板通常凸出墙面，也可与墙面平齐或凹进墙面，其高度一般为 150 ~ 200mm。踢脚板构造如图 10-29 所示。

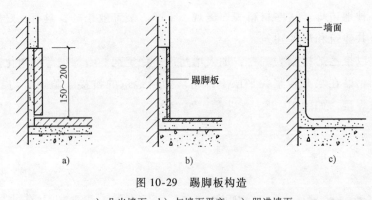

图 10-29　踢脚板构造

a）凸出墙面　b）与墙面平齐　c）凹进墙面

# 课题4　阳台、顶棚和雨篷的基本形式及构造

## 一、阳台

阳台是楼房建筑中房间与室外接触的小平台。人们可以在阳台上休息、眺望、从事家务等活动。阳台由阳台板和栏板或栏杆组成。

### 1. 阳台的形式

按阳台板与外墙的相对位置可分为凸阳台、凹阳台、半凸半凹阳台、转角阳台等形式（图 10-30）。按施工方式分有现浇式钢筋混凝土阳台和装配式钢筋混凝土阳台，多与楼板采取一致的施工方式。按结构形式不同主要有搁板式、挑板式、挑梁式、压梁式等形式，阳台悬梁不宜过长，一般为 1.2m 左右。

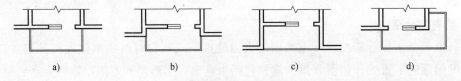

图 10-30　阳台平面形式

a）凸阳台　b）半凸半凹阳台　c）凹阳台　d）转角阳台

### 2. 阳台细部构造

（1）阳台排水　阳台的地面一般比室内地面低 20 ~ 30mm，并应设置雨水管和地漏，阳台地面要有 1% ~ 2% 的排水坡度；多高层住宅有的还将屋面雨水管与连接阳台地漏的雨水管分开设置，使之排水通畅；此外考虑到居民安装空调，还可专门设置排除空调冷凝水的管子。

（2）阳台栏板或栏杆　栏板或栏杆的作用：一是承担人们倚扶的侧向推力，以保障人身安全；二是对整个建筑物起一定的装饰作用。为了倚扶舒适和安全，栏板或栏杆净高不小于 1.05m，高层建筑的栏杆高度适当提高，但不宜超过 1.2m。阳台的镂空栏杆设计应防儿童攀登，垂直栏杆间净距不应大于 110mm。栏板有砖砌与现浇混凝土或预制混凝土板之分，栏杆有金属栏杆和混凝土栏杆之分。扶手可用硬木、金属，也可用钢筋混凝土上直接做面层的办法。当扶手上需放置花盆时，其宽度至少为 250mm（图 10-31）。

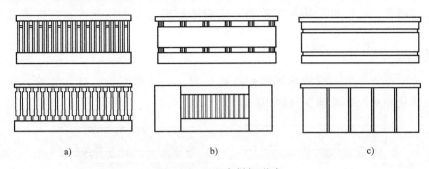

图 10-31　阳台栏杆形式
a）空花栏杆　b）组合式栏杆　c）实心栏板

**标准学习：关于阳台的规定**

《住宅设计规范》（GB 50096—2011）中关于阳台的规定：

1）阳台栏板或栏杆净高，六层及六层以下的不应低于 1.05m；七层及七层以上的不应低于 1.1m。

2）封闭阳台栏板或栏杆也应满足阳台栏板或栏杆净高要求。七层及七层以上住宅和寒冷、严寒地区住宅宜采用实体栏板。

3）顶层阳台应设雨罩，各套住宅之间毗连的阳台应设分户隔板。

4）阳台、雨罩均应采取有组织排水措施，雨罩及开敞阳台应采取防水措施。

5）当阳台或建筑外墙设置空调室外机时，其安装位置应符合：

① 应能通畅地向室外排放空气和自室外吸入空气。

② 在排出空气一侧不应有遮挡物。

③ 应为室外机安装和维护提供方便操作的条件。

④ 安装位置不应对室外人员形成热污染。

## 二、顶棚

在单层建筑中，顶棚位于屋顶承重结构的下面；在多层或高层建筑中，顶棚位于上一层楼板的下面。顶棚的构造设计与选择应从建筑功能、建筑声学、建筑照明、建筑热工、设备安装、管线敷设、维护检修、防火安全等多方面综合考虑。

一般顶棚多为水平式，但根据房间用途不同，顶棚可做成弧形、凹凸形、高低形、折线形等。依其构造方式不同，顶棚有直接式顶棚和悬吊式顶棚之分。标准较高的建筑，由于室内使用功能的要求，常将设备管线都安装在顶棚中，而采用悬吊式顶棚较为有利。

### （一）直接式顶棚

直接式顶棚是指在钢筋混凝土楼板下直接进行喷、刷、粘贴装修材料的一种构造方式，多用于大量性工业与民用建筑中。直接式顶棚装修常见的有以下几种处理：

**1. 直接喷、刷涂料**

当楼板底面平整时，可直接用浆喷刷。喷刷的材料有：大白浆、石灰浆或其他浅色的涂料。

**2. 抹灰装修**

当楼板底面不够平整，或室内装修要求较高时，可在板底进行抹灰装修，抹灰的材料有：纸筋灰抹灰和水泥砂浆抹灰（图10-32a）。

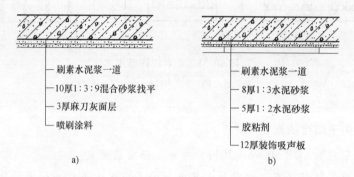

刷素水泥浆一道
10厚1:3:9混合砂浆找平
3厚麻刀灰面层
喷刷涂料

a)

刷素水泥浆一道
8厚1:3水泥砂浆
5厚1:2水泥砂浆
胶粘剂
12厚装饰吸声板

b)

图 10-32    直接式顶棚

a）抹灰顶棚    b）贴面顶棚

**3. 贴面类装修**

有些要求较高的房间或有保温、隔热、吸声要求的建筑物，顶棚面层可粘贴墙纸、墙布、装饰吸声板以及泡沫塑胶板等，如图 10-32b 所示。这些材料可借助于胶粘剂粘贴。

**4. 结构顶棚**

将屋盖结构暴露在外，不另做顶棚，称结构顶棚。例如网架结构，构成网架的杆件本身很有规律，有结构本身的艺术表现力。如能充分利用这一点，有时能获得优美的韵律感。结构顶棚的装饰重点在于巧妙地组合照明、通风、防火、吸声等设备，以显示出顶棚与结构韵律的和谐，形成统一的、优美的空间景观。结构顶棚广泛用于体育建筑与展览厅等公共建筑。

**（二）悬吊式顶棚**

悬吊式顶棚，又称吊顶，使这种顶棚的装饰表面与屋面板、楼板等之间留有一定的距离。在现代建筑中，有许多设备管线和装置（如空调管、灭火喷淋感知器、广播设备）均需安装在顶棚上。当用顶棚内部空间来设置管线设备以及有通风要求时，则应根据不同情况适当加大，必要时可铺设检查走道以免踩坏面层。

悬吊式顶棚由面层、顶棚骨架和吊筋这三个部分组成，如图 10-33 所示。面层的作用是装饰室内空间以及兼有其他功能（如吸声、反射等）。面层的构造设计还要结合灯具、风口布置等一起进行。顶棚骨架主要由主龙骨、次龙骨、搁栅、次搁栅、小搁栅组成，其主要作用是承受吊顶面层的荷载，并把荷载传递给吊筋。吊筋的作用主要是承受吊顶面层和搁栅的荷载，并把力传递给屋顶或楼板的承重结构，如图 10-34 所示。

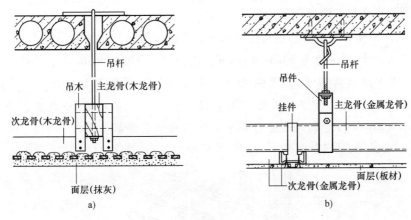

图 10-33　悬吊顶棚的组成

a）抹灰吊顶　b）板材吊顶

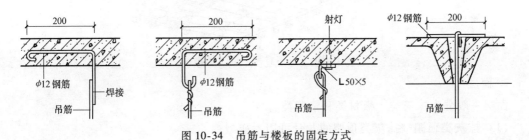

图 10-34　吊筋与楼板的固定方式

## 1. 顶棚骨架

顶棚骨架分为主搁栅和次搁栅，主搁栅是顶棚的承重结构，次搁栅是吊顶的基层。搁栅可用木材（图 10-35）、轻钢（图 10-36）、铝合金等材料制作。

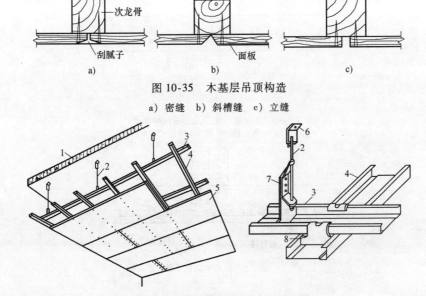

图 10-35　木基层吊顶构造

a）密缝　b）斜槽缝　c）立缝

图 10-36　轻钢龙骨纸面石膏板顶棚构造

1—楼板　2—吊杆　3—主龙骨　4—次龙骨　5—纸面石膏板　6—固定于楼板上　7—吊挂件　8—插接件

**工程实践经验介绍：顶棚骨架的尺寸**

一般来说，顶棚骨架断面由结构计算确定。常用的骨架尺寸如下：

木骨架断面主搁栅一般为 50mm×70mm，次搁栅为 50mm×50mm，吊筋的间距通常为 1m。主搁栅间距通常为 1m，次搁栅的间距要根据面层所用材料而定，一般不大于 600mm（图 10-37）。轻钢骨架主搁栅一般为 12 号槽钢，间距可达 2m 左右，次搁栅可用 35mm×35mm×35mm 的角钢，或用 1mm 左右厚的铝板、薄钢板制成。

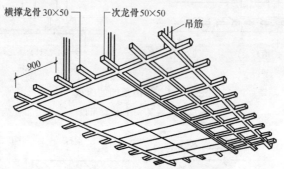

图 10-37　木骨架断面主搁栅

## 2. 面层

面层一般分为抹灰类、板材类和格栅类。

（1）抹灰类顶棚　抹灰类顶棚的龙骨可用木或型钢。

板条抹灰一般用木龙骨（图 10-38a），这种顶棚构造简单、造价低、易变形、不防火，

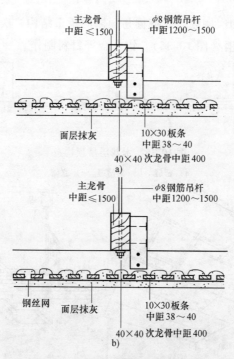

图 10-38　抹灰类顶棚中吊顶的构造

a）板条抹灰吊顶　b）板条钢板网抹灰吊顶

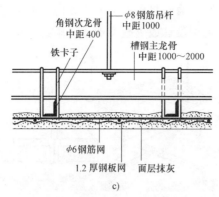

图 10-38　抹灰类顶棚中吊顶的构造（续）

c）钢板网抹灰吊顶

适用于装修要求较低的建筑。

板条钢板网抹灰顶棚的做法是在前一种顶棚的基础上加钉一层钢板网以防止抹灰层开裂脱落（图 10-38b），适用于装修质量较高的建筑。

钢板网抹灰顶棚一般采用钢龙骨，构造如图 10-38c 所示。这种做法未使用木材，可提高顶棚的防火性、耐久性和抗裂性，多用于公共建筑的大厅顶棚和防火要求较高的建筑。

（2）**板材类顶棚**　板材类顶棚根据要求可选用不同的面层材料，如胶合板、纤维板、钙塑板、石膏板、塑料板、硅钙板、矿棉吸声板以及铝合金等轻金属板材。

面层板料与搁栅的连接方式可以为锚固式做法，即用钉钉，或用螺钉固定，或用射钉固定，还可以采用搁置式做法，即将板材直接搁在龙骨架的翼沿上。

具体的构造做法如图 11-39～图 11-44 所示。

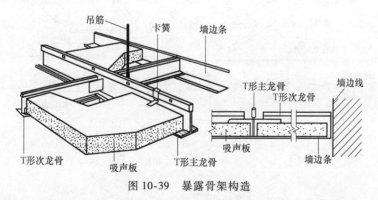

图 10-39　暴露骨架构造

## 三、雨篷

雨篷是建筑物入口处和顶层阳台上部用以遮挡雨水、保护外门免受雨水侵蚀的水平构件。雨篷多为钢筋混凝土悬挑构件，大型雨篷下常加立柱形成门廊。较小雨篷为挑板式，挑出长度一般以 1.0～1.5m 为经济（图 10-45a）。挑出长度较大时可采用其他结构形式，如钢筋混凝土挑梁式（图 10-45b）、钢网架结构、钢斜拉杆结构（图 10-46）等。采用钢筋混凝土雨篷时，为防止雨篷产生倾覆，通常将雨篷与入口处门上的过梁或圈梁现浇在一起。为保证雨篷板底平整，可将雨篷的挑梁设计成上翻梁形式。雨篷的排水要求与阳台基本相同。

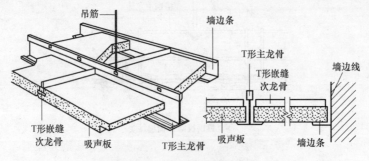

图 10-40 部分暴露骨架构造

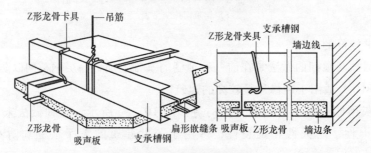

图 10-41 隐蔽骨架构造

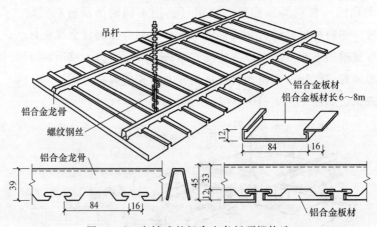

图 10-42 密铺式的铝合金条板顶棚构造

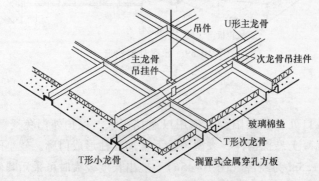

图 10-43 搁置式金属方板顶棚构造

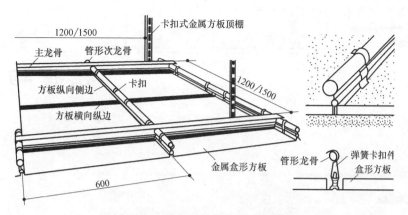

图 10-44 卡入式金属方板顶棚构造

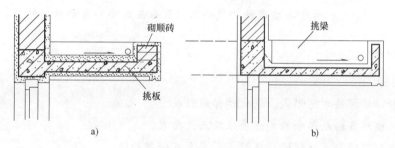

a)  b)

图 10-45 雨篷构造

a) 挑板式雨篷  b) 挑梁式雨篷

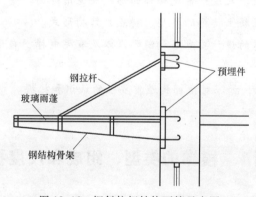

图 10-46 钢斜拉杆结构雨篷示意图

# 单元十一

## 楼梯与电梯

**单元概述**

本单元主要介绍楼梯的组成、尺度；常见楼梯的形式；现浇钢筋混凝土楼梯的类型、特点、结构形式；台阶与坡道的构造要求以及有关电梯和自动扶梯的基本知识。

**学习目标**

**能力目标**

1. 能辨识楼梯的常见形式，说出楼梯的组成。

2. 熟记楼梯各组成部分的构造要求及尺度要求。

3. 知道钢筋混凝土楼梯的构造特点、要求及细部构造。

**知识目标**

1. 学习楼梯的组成、尺度；常见楼梯的形式及适用范围。

2. 学习现浇钢筋混凝土楼梯的类型、特点、结构形式。

3. 了解台阶与坡道的设计要点及构造要求以及有关电梯、自动扶梯的基本知识。

**情感目标**

学习楼梯相关知识，加深对楼梯构造重要性的认识和把握。

## 课题 1 楼梯的类型、组成和尺度要求

楼梯是楼层间的主要交通设施，也是建筑主要构件之一，坡度范围为 20°～45°。对于公共建筑，使用的人员情况复杂且楼梯使用较频繁，坡度应比较平缓，一般采用 26°34′（1:2）；对于住宅类建筑，使用人员较少，也不是很频繁，坡度可以陡些，常采用 33°42′（1:1.5）左右的坡度。

电梯的坡度为 90°。高层建筑，由于上下交通间距大，主要靠电梯上下垂直交通。

自动扶梯的坡度有 30°、27°和 35°，适用于人流量较大的大型公共建筑或高级宾馆。

爬梯的坡度范围为 45°～90°，其中常用角度为 59°（1:0.6）、73°（1:0.30）和 90°，多用于专用楼梯（工作梯、消防梯等）。

### 一、楼梯的类型

1）按所在的位置不同，楼梯可分为室内楼梯和室外楼梯两种。

2）按使用性质不同，楼梯可分为主要楼梯、辅助楼梯、疏散楼梯、消防楼梯。

3）按所用材料不同，楼梯可分为木楼梯、钢楼梯、钢筋混凝土楼梯等几种。

4）按形式的不同，楼梯可分为单跑式、双跑式、三跑式、多跑式、圆弧形、螺旋式、交叉式、桥式等数种，如图 11-1 所示。

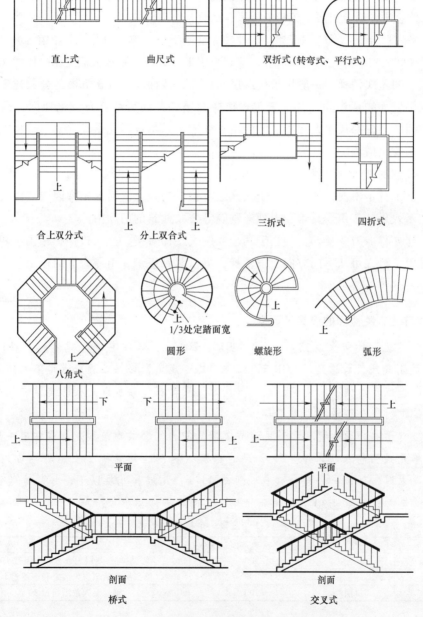

直上式　　　　曲尺式　　　　双折式(转弯式、平行式)

合上双分式　　分上双合式　　三折式　　　　四折式

八角式　　　　圆形　　1/3处定踏面宽　　螺旋形　　弧形

平面　　　　　　　　　　　平面

剖面　　　　　　　　　　　剖面

桥式　　　　　　　　　　　交叉式

图 11-1　楼梯的形式

楼梯的形式视使用要求、在房屋中的位置、楼梯间的平面形状而定。

单跑式楼梯，即从楼下第一个踏步起一个方向直达楼上，它只有一个楼梯段，中间没有休息平台，其构造简单，楼梯间的宽度较小，长度较大，每跑级数较多，常用于层高较小的建筑中。

双跑式楼梯是被普遍采用的一种楼梯形式。由于第二跑楼梯折回，所以占用楼梯间的长度较小，与一般建筑物的进深大体一致，便于进行建筑物平面布置。

曲尺式楼梯常用于住宅户内，适于布置在房间的一角，楼梯下的空间可以充分利用。

双分式和双合式楼梯相当于两个双跑式楼梯并在一起。双分式楼梯第一跑为加宽的楼梯段，到中间休息平台后分成两个较窄的梯段；双合式与双分式正好相反，第一跑为两个较窄楼梯，到休息平台后合成一个较宽楼梯。这种楼梯常用于办公楼、图书馆、旅馆等公共建筑，并可通过在楼梯间入口处悬挂上下指示牌，起到组织上下人流、不致人流互相碰撞的作用。

三跑式、四跑式楼梯，一般用于楼层层高较大且楼梯间接近正方形的公共建筑。这种楼梯形式构成了较大的楼梯井，其中三跑式楼梯的楼梯井还可结合布置电梯间，但占地面积大。由于中间的楼梯井尺寸大，所以不能用于住宅、小学校等儿童经常上下楼梯的建筑，否则应有可靠的安全措施。

螺旋形楼梯的踏步围绕着一个中心环成立柱布置，所占建筑空间小，每个踏步呈扇形，内窄外宽，上下行走不便，故大多用于人流通行较少的地方。弧形楼梯因造型优美，可丰富室内空间艺术效果，多用于宾馆、大型影剧院等公共建筑的门厅中。

桥式楼梯亦称剪刀式楼梯，相当于两个双跑式楼梯对接；交叉式楼梯相当于两个单跑式楼梯交叉设置，行人可从不同方向上下楼梯，可以起到组织、引导人流的作用，多用于公共建筑。

**标准学习：有关楼梯的设置及要求**

根据《建筑设计防火规范》（GB 50016—2014）、《住宅设计规范》（GB 50096—2011）、《民用建筑设计通则》（GB 50352—2005）规定，楼梯设置应满足下列条件：

设有电梯或自动扶梯的建筑，也必须同时设置楼梯。楼梯既是楼房建筑中的垂直交通枢纽，也是进行安全疏散的主要工具。

楼梯应有足够的通行宽度和满足消防疏散的能力。公共建筑和走廊式住宅一般应取两部楼梯，单元式住宅可以例外。2~3 层的建筑（医院、疗养院、托儿所、幼儿园除外）符合下列要求时，可设一个疏散楼梯，见表 11-1。九层和九层以下，每层建筑面积不超过 300m²，且人数不超过 30 人的单元式住宅可设一个楼梯。

表 11-1　设置一个楼梯的条件

| 耐火等级 | 层数 | 每层最大建筑面积/m² | 人　数 |
|---|---|---|---|
| 一、二级 | 二、三层 | 500 | 第二层与第三层人数之和不超过 100 人 |
| 三级 | 二、三层 | 200 | 第二层与第三层人数之和不超过 50 人 |
| 四级 | 二层 | 200 | 第二层人数不超过 30 人 |

楼梯间的位置应醒目易找，不宜放在建筑物的角部和边部，以便于传递荷载，并应有直接的采光和自然通风。楼梯间的门应开向人流疏散方向，底层应有直接对外的出口；当底层楼梯需要经过大厅而到达出口时，楼梯间距出口处不得大于 14m，同时还应避免垂直交通与水平交通在交接处拥挤、堵塞。

## 二、楼梯的组成

建筑中，凡布置楼梯的房间称楼梯间。楼梯一般由楼梯段、楼梯休息平台、栏杆（板）和扶手三部分组成，如图 11-2 所示。

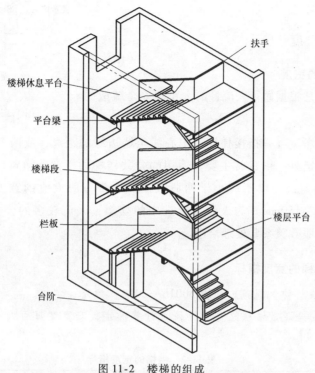

图 11-2  楼梯的组成

### 1. 楼梯段

楼梯段是楼梯的主要使用和承重部分，由若干个踏步组成。踏步的水平面称为踏面，其宽度为踏步宽；踏步的垂直面称为踢面，其高度称为踏步高。为了减轻人们上下楼时的疲劳和照顾人们行走的习惯，一个梯段的踏步数量最多不超过 18 级，最少不少于 3 级。若建筑上需要楼梯某一跑的级数超过 18 级，可在楼梯段中部加设休息平台；若建筑上需要楼梯某一跑的级数少于 3 级，可将此段楼梯改做成坡道。

### 2. 休息平台

休息平台是指两楼梯段之间的水平板，有楼层平台和中间平台之分。连接楼地面与楼梯段端部的平台称楼层平台，高度与楼层相同；而位于两层楼面之间的平台称中间平台。其主要作用在于缓解疲劳，使人们在上楼过程中得到暂时的休息，有时也使楼梯段转换方向，同时起着楼梯段之间的联系作用。

### 3. 栏杆（板）和扶手

为保证人们上下楼梯的安全，应在楼梯段的边缘和平台临空的一边装设栏杆（板），栏杆（板）的上部倚扶用的连续构件称扶手。

当楼梯段宽度不大时，可在临空的一边设置栏杆扶手；当楼梯段净宽达三股人流时，应两侧设扶手，靠墙一侧扶手距墙面净距应大于 40mm；当楼梯段净宽达四股人流时还应在梯段中间增设一道扶手。考虑到儿童上下需要，楼梯栏杆（板）上除设置供成人使用的扶手外，还应在其中部设置第二扶手，以供儿童使用，如图 11-3 所示。

图 11-3　栏杆和扶手

### 三、楼梯的尺度

#### （一）楼梯段的宽度

楼梯段的宽度是根据通行人流量的大小和安全疏散的要求来确定的。

通常，楼梯段净宽（是指楼梯扶手中心线至墙边缘的距离，或两个扶手中心距）除应符合防火规范的规定外，供日常主要交通用的公共楼梯的楼梯段净宽，应根据建筑物的特征，按人流股数确定，一般不应小于两股人流。通常每股人流的宽度为 550mm + （0 ~ 150mm），其中（0 ~ 150mm）为人流在行进中的摆幅，人流较多的公共建筑应取上限值。楼梯段宽度和人流股数关系要处理恰当。

> **标准学习：楼梯的宽度指标**
>
> 根据《建筑设计防火规范》（GB 50016—2014）规定，学校、商场、车站、办公楼等一般民用建筑的安全疏散楼梯总宽度应通过计算确定，其宽度每百人不得小于表 11-2 的规定。
>
> 表 11-2　楼梯的宽度指标　　　　　　　　　　　　　　　　　　（单位：m）
>
> | 层　　数 | 耐火等级为一、二级 | 耐火等级为三级 | 耐火等级为四级 |
> | --- | --- | --- | --- |
> | 1 ~ 2 层 | 0.63 | 0.80 | 1.00 |
> | 3 层 | 0.80 | 1.00 | — |
> | >3 层 | 1.00 | 1.25 | — |

对高层建筑，楼梯段的最小宽度，一般不低于表 11-3 的要求。

表 11-3　高层建筑楼梯段的最小宽度

| 建筑物名称 | 楼梯段的最小宽度/m | 建筑物名称 | 楼梯段的最小宽度/m |
| --- | --- | --- | --- |
| 教学楼 | 1.5 | 住宅、地下室 | 1.1 |
| 医院 | 1.35 | 其他高层建筑 | 1.2 |

#### （二）楼梯平台宽度

为保证楼梯的通行能力和在楼梯的各部位都不受阻碍，楼梯平台的宽度应不小于楼梯段的宽度，如图 11-4 所示。当楼梯段的踏步数为单数时，计算平台宽度的计算点应算至楼梯段踏步较长的一边。在平台处考虑到扶手转折的原因，在计算平台宽度时，应按楼梯段宽度再加 1/2 的踏步宽度。

注：每层楼梯的总宽度，按该层或该层以上人数最多的一层计算。

### （三）楼梯坡度与踏步尺寸

楼梯的坡度陡，楼梯间的进深（水平投影长）就短，可以减小楼梯间所占面积，但行走不舒适，反之则行走较为舒适，但增加了楼梯间的进深，增加了建筑面积和造价。因此构造上要根据建筑物的使用性质和层高合理地确定楼梯的坡度。对使用频繁，人流密集的公共建筑，其坡度宜平缓些；对使用人数较少的居住建筑或某些辅助性楼梯，其坡度可适当陡些。楼梯坡度，也就是踏步的高宽之比。

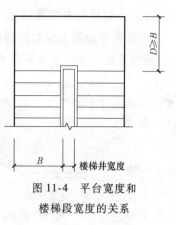

图 11-4　平台宽度和
楼梯段宽度的关系

实验表明，当踏面宽 $b$ 为 300mm，踢面高 $h$ 为 150mm 时，人的行走最为舒适，此时楼梯的坡度为 26°34′。

---

**标准学习：安全疏散楼梯平台宽度**

根据《住宅设计规范》（GB 50096—2011）、《中小学校设计规范》（GB 50099—2011）、《体育建筑设计规范》（JGJ 31—2003）、《民用建筑设计通则》（GB 50352—2005）等相关规范标准的规定，学校、商场、车站、办公楼等一般民用建筑的安全疏散楼梯平台宽度应符合表 11-4 的规定。

表 11-4　楼梯的宽度指标　　　　　　　　　　　　　　（单位：mm）

| 楼梯类别 | 最小宽度 | 最大高度 |
|---|---|---|
| 住宅公用楼梯 | 250 | 180 |
| 幼儿园、小学校等楼梯 | 260 | 150 |
| 电影院、剧场、体育馆、商场、医院等楼梯 | 280 | 160 |
| 其他建筑物楼梯 | 260 | 170 |
| 专用服务楼梯、住宅户内楼梯 | 220 | 200 |

---

当踏面尺寸较小时，可以采取加做踏口或使踢面倾斜的方式加宽踏面，同时又不增加楼梯段的实际长度，如图 11-5 所示。踏口的挑出尺寸为 20～25mm，这个尺寸过大时行走也不方便。

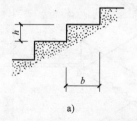
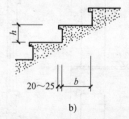
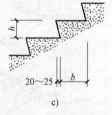

a)　　　　　　　　　　b)　　　　　　　　　　c)

图 11-5　踏步的尺寸
a）踏步的踏面和踢面　b）加做踏口　c）踢面倾斜

### （四）楼梯井

上下两个楼梯段之间留出的空隙为楼梯井。公共建筑楼梯井的宽度以不小于 150mm 为宜。住宅、中小学校等楼梯井的宽度不宜大于 200mm，否则应采取安全措施。

**（五）楼梯的净空高度**

楼梯的净空高度包括楼梯段的净高和平台过道处的净高。楼梯段的净高为自踏步前缘线（包括最低和最高一级踏步前缘线以外 0.30m 范围内）量至上方突出物下缘间的铅垂高度，这个净高是保证人或物件通过的高度，该尺寸最好使人的上肢向上伸直时不致触及上部结构，其高度不得小于 2.2m。平台过道处的净高不得小于 2m，如图 11-6 所示。

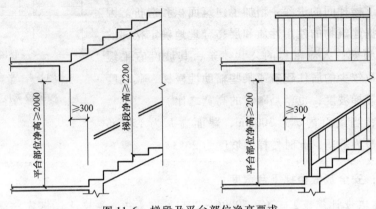

图 11-6　梯段及平台部位净高要求

> 　　**构造案例分析：楼梯平台下做通道或出入口时的构造做法**
>
> 　　在工程中，当楼梯平台下做通道或出入口时，为满足以上净高要求，常采用的构造做法：
>
> 　　1）将底层第一楼梯段加长，做成不等跑楼梯段，如图 11-7a 所示。这种处理方法只有楼梯间进深较大时才可能，此时应注意保证平台上面的净空高度。
>
> 　　2）增大室内外高差，楼梯段长度保持不变，降低楼梯间入口处室内地面标高，如图 11-7b 所示。这种处理办法楼梯的构造简单，但提高了整个建筑物高度。
>
>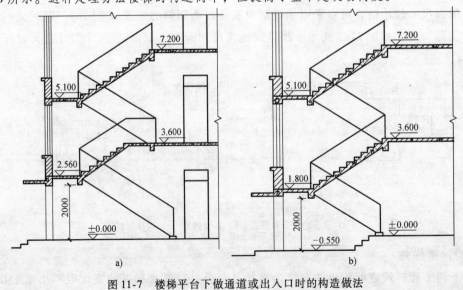
>
> 图 11-7　楼梯平台下做通道或出入口时的构造做法

**构造案例分析**

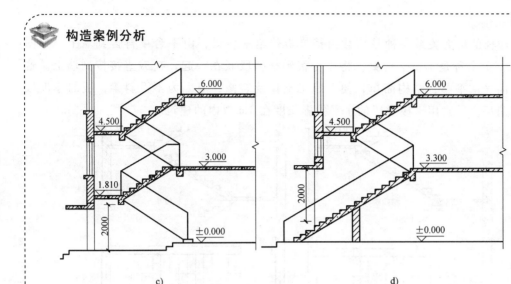

图 11-7  楼梯平台下做通道或出入口时的构造做法（续）

3）既增加部分室内外高差，又做成不等跑楼梯段，如图 11-7c 所示。

4）在南方地区住宅建筑中，底层用直跑楼梯，直接上至二楼，但楼梯段长而延伸至室外，如图 11-7d 所示。

### （六）扶手高度

扶手高度是指踏面中心至扶手顶面的垂直距离，它与楼梯的坡度有关。

楼梯的坡度为 15°～30°时，扶手高度取 900mm。

楼梯的坡度为 30°～45°时，扶手高度取 850mm。

楼梯的坡度为 45°～60°时，扶手高度取 800mm。

楼梯的坡度为 60°～75°时，扶手高度取 750mm。

靠楼梯井水平一侧栏杆长度超过 500 mm 时，其高度应不小于 1000mm。室外楼梯栏杆高度应不小于 1050mm；高层建筑的栏杆高度应再适当提高，但不宜超过 1200mm。儿童用扶手不应高于 600mm，栏杆垂直杆件间的净距不应大于 110mm，且不得选用易攀登的构造措施。

# 课题2  钢筋混凝土楼梯构造

钢筋混凝土楼梯具有坚固、耐久、防火性能好的特点，所以在建筑中应用最广泛。按施工方法分为现浇钢筋混凝土楼梯和预制钢筋混凝土楼梯两大类。

## 一、现浇钢筋混凝土楼梯

现浇钢筋混凝土楼梯是在现场支模、绑扎钢筋和浇筑混凝土而成的。其特点是整体性好，坚固耐久，但施工工序多，工期较长。现浇钢筋混凝土楼梯按梯段传力的特点可以分为板式楼梯和梁式楼梯两种。

## 1. 板式楼梯

板式楼梯的传力关系一种是荷载由楼梯板传给平台梁，由平台梁再传到墙上，如图11-8所示。另一种是不设平台梁，将平台板和楼梯段联在一起，荷载直接传到墙上。这种楼梯底面光洁平整，结构简单，便于施工支撑及装修，但因为不设斜梁，板的厚度较大，材料消耗多，常用于楼梯段的水平投影长度在3m以内的建筑。

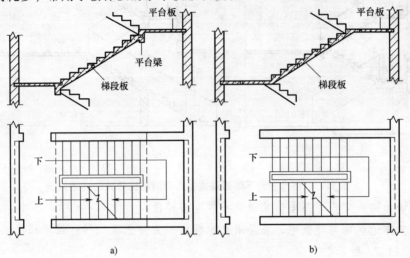

图 11-8  现浇钢筋混凝土板式楼梯

a) 设平台梁  b) 不设平台梁

**图集点拨：楼梯截面形状和支座位置**

在 G101 图集中，对不同形式的楼梯截面形状和支座位置作了示意，有层间和楼层平台的双跑楼梯板（GT型）是比较常见的一种构造形式，其截面形状和支座位置如图11-9所示。

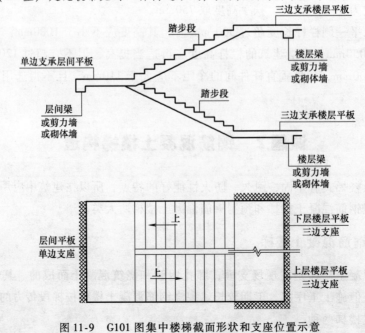

图 11-9  G101 图集中楼梯截面形状和支座位置示意

**2. 梁式楼梯**

梁式楼梯是由踏步板、楼梯斜梁、平台梁和平台板组成。当楼梯踏步受到荷载作用时，踏步板把荷载传递给斜梁，斜梁把荷载传递给与之相连的上下平台梁，而后传到墙上。当有楼梯间墙时，踏步板的一端由斜梁支承，另一端可支承在墙上；没有楼梯间墙时，踏步板两端应由两根斜梁支承。现浇钢筋混凝土梁式楼板有两种形式，一种是梁在踏步板下，踏步明露，称正梁式楼段（图11-10a）；一种是梁在踏步板上面，下面平整，踏步包在梁内，称反梁式楼段（图11-10b）。和板式楼梯相比，梁式楼梯可缩小板跨，减小板厚，结构合理，适用于各种长度的楼梯，缺点是模板比较复杂，当梯段斜梁截面尺寸较大时，造型显得笨重。

在梁板式结构中，单梁式楼梯是近年来公共建筑中采用较多的一种结构形式。这种楼梯的每个梯段由一根斜梁支承。斜梁布置方式有两种，一种是单梁悬臂式楼梯，将斜梁布置在踏步的一端，而将踏步的另一端向外悬臂挑出；另一种是将斜梁布置在踏步的中间，让踏步从梁的两侧挑出，称为单梁挑板式楼梯，单梁楼梯受力复杂，斜梁不仅受弯，而且受扭，特别是单梁悬臂式楼梯，更为明显。但这种楼梯外形轻巧，美观，常为建筑空间造型所采用。

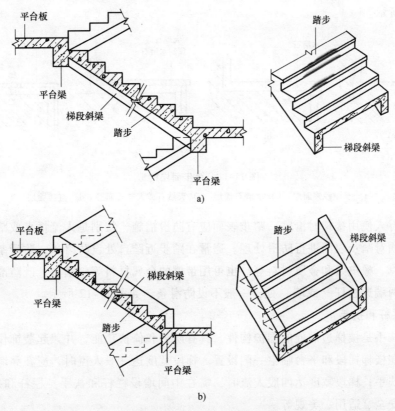

图 11-10　钢筋混凝土板梁式楼梯

a）正梁式楼段　b）反梁式楼段

# 二、预制装配式钢筋混凝土楼梯

预制装配式钢筋混凝土楼梯根据构件尺度的不同分为小型构件和中、大型构件装配式楼梯两大类。

**（一）小型构件装配式楼梯**

小型构件装配式楼梯是将楼梯分成若干个构件，使每个构件小而轻，容易制作，便于安装，但施工工序多，速度较慢，需要较多的人力和湿作业，适用于安装机具起重量较小的情况。一般是把踏步和支承结构分开预制。

**（二）中、大型构件装配式楼梯**

中、大型构件装配式楼梯，主要是为了减少预制构件的种类和数量，简化施工过程，加快施工速度，减轻劳动强度，但施工时必须利用吊装工具。

### 三、楼梯的细部构造

**（一）踏步面层及防滑构造**

楼梯踏步面层应便于行走、耐磨、防滑并易于清洁。踏步面层的材料，视装修要求而定，一般与门厅或走道的楼地面材料一致，常用的有水泥砂浆、水磨石、大理石和缸砖等，如图 11-11 所示。

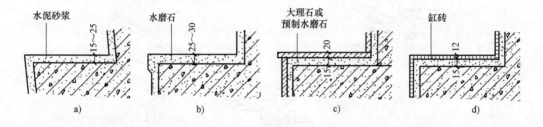

图 11-11　踏步面层构造

a）水泥砂浆面层　b）水磨石面层　c）天然石或人造石面层　d）缸砖面层

为防止行人使用楼梯时滑跌，踏步表面应有防滑措施，特别是人流量大或踏步表面光滑的楼梯，必须对踏步表面进行防滑处理。通常在踏步近踏口处设防滑条，防滑条的材料有金刚砂、马赛克、橡皮条和金属材料等。也可用带槽的金属材料等包踏口，既防滑又起保护作用。在踏步两端近栏杆（或墙）处，一般不设防滑条，如图 11-12 所示。

**（二）栏杆和扶手**

栏杆和扶手是楼梯边沿处的围护构件，具有防护和倚扶功能，并兼起装饰作用。栏杆和扶手通常只在楼梯梯段和平台临空一侧设置。梯段宽度达三股人流时，应在靠墙一侧增设扶手，即靠墙扶手；梯段宽度达四股人流时，需在中间增设栏杆和扶手。栏杆和扶手的设计，应考虑坚固安全、适用、美观等。

**1. 栏杆**

楼梯栏杆有空花栏杆、栏板式栏杆和组合式栏杆三种。

（1）空花栏杆　空花栏杆一般采用圆钢、方钢、扁钢和钢管等金属材料做成。常用的栏杆断面尺寸为圆钢 $\phi16 \sim \phi25\text{mm}$，方钢 $15\text{mm} \times 15\text{mm} \sim 25\text{mm} \times 25\text{mm}$，扁钢（30 ~ 50）$\text{mm} \times$（3 ~ 6）$\text{mm}$，钢管 $\phi20 \sim \phi50\text{mm}$。

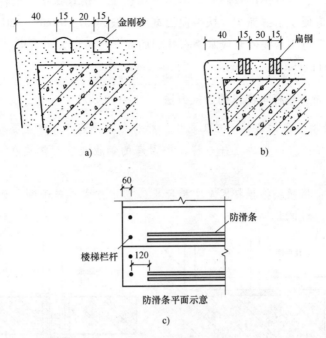

图 11-12 踏步防滑构造

a）金刚砂防滑条 b）扁钢防滑条 c）平面图

有儿童活动的场所（幼儿园、住宅等建筑，为防止儿童穿过栏杆空档发生危险，栏杆垂直杆件间的净距不应大于 110 mm，且不应采用易于攀登的花饰。空花栏杆形式如图 11-13 所示。

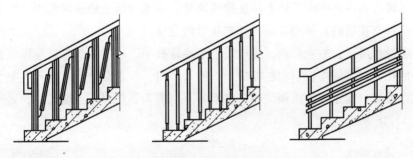

图 11-13 空花栏杆形式示例

（2）栏板式栏杆 栏板通常采用现浇或预制的钢筋混凝土板、钢丝网水泥板或砖砌栏板，也可采用具有较好装饰性的有机玻璃、钢化玻璃等作栏板。

（3）组合式栏杆 组合式栏杆是将空花栏杆与栏板组合而成的一种栏杆形式。空花栏杆多用金属材料制作，栏板可用钢筋混凝土板或砖砌栏板，也可用有机玻璃、钢化玻璃和塑料板等。

**2. 扶手**

扶手位于栏杆顶部。空花栏杆顶部的扶手一般采用硬木、塑料和金属材料制作，其中硬木扶手应用最普遍。当装修标准较高时，可用金属扶手（钢管扶手、铝合金扶手等）。扶手的断面形式和尺寸应便于手握抓牢，扶手顶面宽度一般为 40～90mm，如图 11-15a、b、c 所示。栏板顶部的扶手可用水泥砂浆或水磨石抹面而成，也可用大理石板、预制水磨石板或木板贴面而成，如图 11-15d、e、f 所示。

**构造案例分析：栏杆与梯段的连接方法**

栏杆与梯段应有可靠的连接。在工程中，栏杆与梯段连接方法主要有以下几种：

1）预埋件焊接：将栏杆的立杆与梯段中预埋的钢板或套管焊接在一起，如图 11-14a 所示。

2）螺栓连接：用螺栓将栏杆固定在梯段上，固定方式有若干种，如用板底螺母栓紧贯穿踏板的栏杆，如图 11-14b 所示。

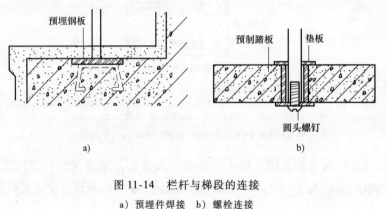

图 11-14　栏杆与梯段的连接

a）预埋件焊接　b）螺栓连接

靠墙扶手通过连接件固定于墙上。连接件通常直接埋入墙上的预留孔内，也可用预埋螺栓连接。连接件与扶手的连接构造同栏杆与扶手的连接。

楼梯顶层的楼层平台临空一侧，应设置水平栏杆扶手，扶手端部与墙应固定在一起。一般在墙上预留孔洞，将连接扶手和栏杆的扁钢插入洞内，用水泥砂浆或细石混凝土填实。也可将扁钢用自攻螺钉固定于墙内预埋的防腐木砖上。若为钢筋混凝土墙或柱，则可将预埋件焊接，如图 11-16 所示。

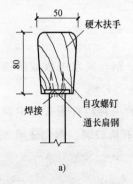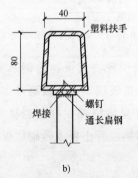

图 11-15　扶手的形式

a）硬木扶手　b）塑料扶手　c）金属扶手

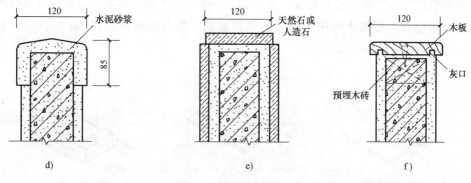

图 11-15　扶手的形式（续）

d）水泥砂浆（水磨石）扶手　e）天然石（或人造石）扶手　f）木板扶手

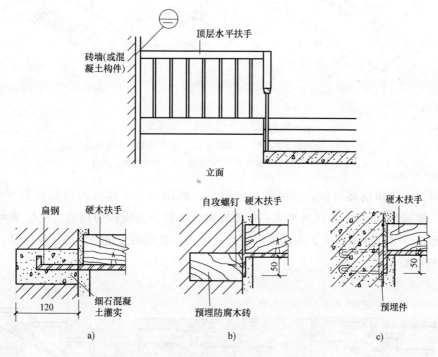

图 11-16　扶手端部与墙（柱）的连接

a）预留孔洞插件　b）预埋防腐木砖用自攻螺钉连接　c）预埋件焊接

# 课题3　台阶与坡道构造

## 一、台阶

台阶主要用于解决建筑物室内外地面或楼层不同标高处的高差。台阶由踏步和平台组成，其踏步尺寸可略宽于楼梯踏步的尺寸，踏步宽度不宜小于300mm，踏步高度不宜大于150mm。台阶的长度一般大于门的宽度。台阶的形式有单面踏步式、三面踏步式、单面踏步带方形石和双面踏步带垂带石等形式，如图 11-17 所示。大型公共建筑还常将可通行汽车的坡道与踏步相结合，形成大台阶。在人流密集场所，当台阶高度超过 1m 时，应设有护栏设施。

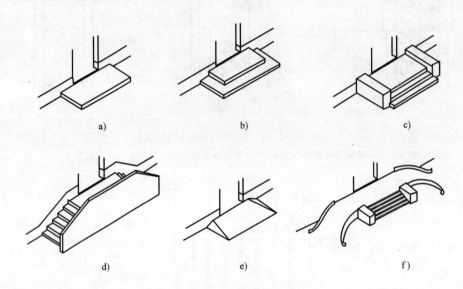

图 11-17　常用台阶、坡道形式

a）单面踏步式　b）三面踏步式　c）单面踏步带方形石

d）双面踏步带垂带石　e）坡道　f）坡道与踏步结合

台阶的构造和地面相似，包括面层和垫层。面层可以采用地面面层材料（水泥砂浆、水磨石、缸砖等），北方地区冬季室外地面较滑，台阶表面应较为粗糙，垫层基本上选用混凝土。北方季节性冰冻地区，为避免台阶遭受冻害，在混凝土垫层下加设砂垫层。台阶的构造如图 11-18a、b、c 所示。

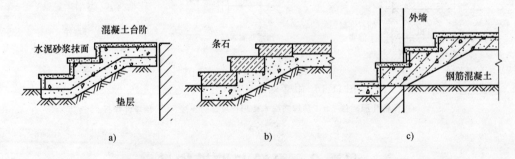

图 11-18　台阶构造类型

a）混凝土台阶　b）天然石台阶　c）与建筑结合的内台阶

## 二、坡道

坡道既要便于车辆使用，又要便于行人使用。其坡度过大对行人造成不便，过小占地大。一般为 1:6 ~ 1:12，室内坡道坡度不宜大于 1:8，室外不宜大于 1:10。供残疾人使用的坡道坡度不应大于 1:12，坡道的净宽度不应小于 0.90m，每段坡道允许高度 0.75m，允许水平长度 9.0m，否则应在坡道中间设置深度不小于 1.20m 的休息平台，在坡道转弯时应设置深度不小于 1.50m 的休息平台。坡道两侧应分别设置高度为 0.65m 和 0.90m 的双层扶手，且扶手应保持连贯，在起、终点处，应水平延伸 0.30m 以上，当坡道侧面临空时，在栏杆下端宜设置高度不小于 50mm 的安全挡台。当室内坡度长度超过 15m 时，宜在坡道的中间设置休息平台，平台的深度与坡道的宽度应按使用功能所需缓冲空间而定。坡道材料要采用抗冻性好和表面结实的材料（混凝土、天然石等），表面应防滑（在坡道表面设置防滑条、防滑锯齿或刷防滑涂料等），同时也要注意冰冻线的位置以及主体建筑沉降的问题。坡道的构造如图 11-20 所示。

 **构造案例分析：台阶的构造形式**

在实际的工程施工时，台阶的具体构造形式往往要结合施工地的具体气候特征进行选择。在严寒地区施工时，为避免沉陷和寒冷地区的土壤冻胀影响，可采取架空式台阶（将台阶支承在梁上或地垄墙上）和分离式台阶（台阶单独设立，支承在独立的地垄墙上）两种处理方式。台阶下为冻胀土，应当用砂类、砾石类土换去冻胀土，以减轻冻胀影响，然后再做台阶。单独设立的台阶必须与主体分离，中间设沉降缝，以保证相互间的自由升降，构造详图如图 11-19 所示。

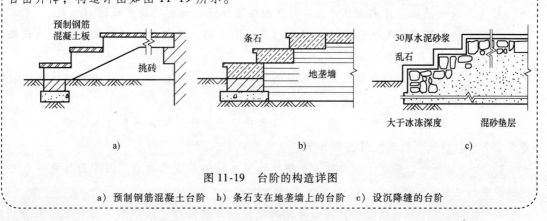

图 11-19 台阶的构造详图

a）预制钢筋混凝土台阶 b）条石支在地垄墙上的台阶 c）设沉降缝的台阶

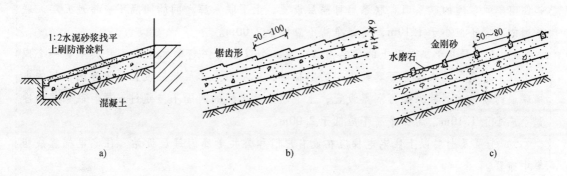

图 11-20 坡道的构造

a）混凝土坡道 b）锯齿形坡面 c）防滑条坡面

# 课题4 电梯和自动扶梯构造

## 一、电梯

### 1. 电梯的类型

（1）按使用性质分

1）客梯：主要用于人们在建筑物中的垂直联系。

2）货梯：主要用于运送货物及设备。

3）消防电梯：发生火灾、爆炸等紧急情况下，供安全疏散人员和消防人员紧急救援使用。

（2）按电梯行驶速度分

1）高速电梯：速度大于2m/s，梯速随层数增加而提高，消防电梯常用高速。

2）中速电梯：速度在2m/s之内，一般货梯，按中速考虑。

**标准学习：电梯的设置要求**

《住宅设计规范》（GB 50096—2011）中对电梯的设置进行了如下规定：

1）属下列情况之一时，必须设置电梯：

① 七层及七层以上住宅或住户入口层楼面距室外设计地面的高度超过16m时。

② 底层作为商店或其他用房的六层及六层以下住宅，其住户入口层楼面距该建筑物的室外设计地面高度超过16m时。

③ 底层做架空层或贮存空间的六层及六层以下住宅，其住户入口层楼面距该建筑物的室外设计地面高度超过16m时。

④ 顶层为两层一套的跃层住宅时，跃层部分不计层数，其顶层住户入口层楼面距该建筑物室外设计地面的高度超过16m时。

2）十二层及十二层以上的住宅，每栋楼设置电梯不应少于两台，其中应设置一台可容纳担架的电梯。

3）十二层及十二层以上的住宅每单元只设置一部电梯时，从第十二层起应设置与相邻住宅单元联通的联系廊。联系廊可隔层设置，上下联系廊之间的间隔不应超过五层。联系廊的净宽不应小于1.10m，局部净高不应低于2.00m。

4）十二层及十二层以上的住宅由二个及二个以上的住宅单元组成，且其中有一个或一个以上住宅单元未设置可容纳担架的电梯时，应从第十二层起应设置与可容纳担架的电梯联通的联系廊。联系廊可隔层设置，上下联系廊之间的间隔不应超过五层。联系廊的净宽不应小于1.10m，局部净高不应低于2.00m。

5）七层及七层以上住宅电梯应在设有户门和公共走廊的每层设站。住宅电梯宜成组集中布置。

6）候梯厅深度不应小于多台电梯中最大轿箱的深度，且不应小于1.50m。

7）电梯不应紧邻卧室布置。

3）低速电梯：运送食物电梯常用低速，速度在 1.5m/s 以内。

（3）其他分类　有按单台、双台分；按交流电梯、直流电梯分；按轿厢容量分；按电梯门开启方向分等。

（4）观光电梯　观光电梯是把竖向交通工具和登高流动观景相结合的电梯。透明的轿厢使电梯内外景观相互沟通。

**2. 电梯的组成**

电梯由电梯井道、电梯机房、井道地坑、组成电梯的有关部件组成，如图 11-21 所示。

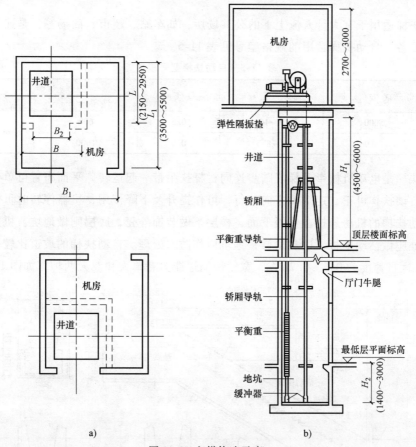

图 11-21 电梯构造示意
a）平面　b）通过电梯门剖面

（1）电梯井道　电梯井道是电梯运行的通道，井道内包括出入口、电梯轿厢、导轨、导轨撑架、平衡锤及缓冲器等。电梯用途不同，井道的平面形式随之不同。

（2）电梯机房　电梯机房一般设在井道的顶部。机房和井道的平面相对位置允许机房任意向一个或两个相邻方向伸出，并满足机房有关设备安装的要求。机房楼板应按机器设备要求的部位预留孔洞。

（3）井道地坑　井道地坑在最底层平面标高下≥1.4m，考虑电梯停靠时的冲力，作为轿厢下降时所需的缓冲器的安装空间。

（4）组成电梯的有关部件

1）轿厢：直接载人、运货的厢体。电梯轿厢应造型美观，经久耐用，当今轿厢采用金属框架结构，内部用光洁有色钢板壁面或有色有孔钢板壁面、花格钢板地面、荧光灯局部照明以及不锈钢操纵板等。入口处则采用钢材或坚硬铝材制成的电梯门槛。

2）井壁导轨和导轨支架：支撑、固定厢上下升降的轨道。

3）牵引轮及其钢支架、钢丝绳、平衡锤、轿厢开关门、检修起重吊钩等。

4）有关电器部件。交流电动机、直流电动机、控制柜、继电器、选层器、动力照明、电源开关、厅外层数指示灯和厅外上下召唤盒开关等。

## 二、自动扶梯

自动扶梯适用于有大量人流上下的公共场所，如车站、超市、商场等，是连续运输效率高的载客设备。自动扶梯常用的规格型号见表11-5。

表 11-5　自动扶梯型号规格

| 梯型 | 输送能力/(人/h) | 提升高度 $H$/m | 速度/(m/s) | 扶梯宽度 | |
|---|---|---|---|---|---|
| | | | | 净宽 $B$/mm | 外宽 $B_1$/mm |
| 单人梯 | 5000 | 3~10 | 0.5 | 600 | 1350 |
| 双人梯 | 8000 | 3~8.5 | 0.5 | 1000 | 1750 |

自动扶梯是电动机械牵动梯段踏步连同栏杆扶手带一起运转。平面布置可单台设置或双台并列。自动扶梯可正、逆两个方向运行，可作提升及下降使用，机器停转时可作普通楼梯使用。自动扶梯的机房悬挂在楼板下面，楼层下做装饰外壳，底层则做地坑。机房上方的自动扶梯口处应做活动地板，以利检修，地坑应作防水处理。自动扶梯的坡道比较平缓，一般采用30°，运行速度为0.5~0.7m/s，宽度按输送能力有单人和双人两种，如图11-22所示。

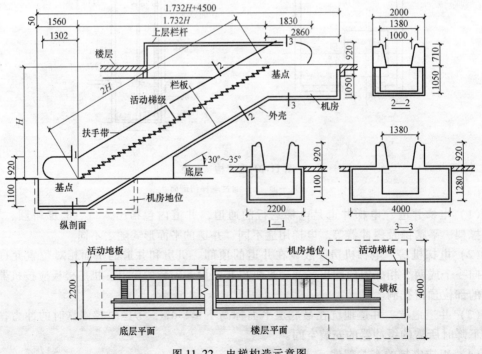

图 11-22　电梯构造示意图

# 单元十二

## 屋顶的构造

**单元概述**

本单元主要简单介绍屋顶的作用、分类和要求，并从平屋顶、坡屋顶两个方面介绍屋面组成、排水组织、防水构造及细部构造要求；屋顶保温、隔热构造也是本项目介绍的一个知识点。

**学习目标**

**能力目标**

1. 掌握基本手工绘图工具的名称、规格和用途。
2. 熟悉手工绘图的基本步骤和注意事项。
3. 培养对图形细节的观察能力，能绘制简单的图形。

**知识目标**

1. 了解屋顶的作用、分类和基本构造要求。
2. 掌握平屋顶的组成、排水组织、防水构造及细部构造要求。
3. 了解坡屋顶类型、组成、特点及基本构造要求，了解屋顶保温、隔热构造。

**情感目标**

学习各类屋顶的基本形式和构造措施，加深对屋面构造重要性的认识。

## 课题 1　屋顶的基本构造要求

### 一、屋顶的设计要求

屋顶是建筑最上层的覆盖构件。它主要有防御自然界的风、雨、雪、太阳辐射热和冬季低温等的影响，并能承受作用于屋顶上的风荷载、雪荷载和屋顶自重等。因此，屋顶设计必须满足坚固耐久、防水排水、保温隔热、抵御侵蚀等要求。同时还应做到自重轻、构造简单、便于就地取材、施工方便和造价经济等。

### 二、屋顶的构造组成

屋顶由面层、承重结构、保温隔热层和顶棚等部分组成，如图 12-1 所示。

**标准学习：屋面工程的基本要求**

根据《屋面工程技术规范》（GB 50345—2012）的有关规定，屋面工程应符合下列基本要求：

1）具有良好的排水功能和阻止水侵入建筑物内的作用。

2）冬季保温减少建筑物的热损失和防止结露。

3）夏季隔热，降低建筑物对太阳辐射热的吸收。

4）适应主体结构的受力变形和温差变形。

5）经受风、雪荷载的作用不产生破坏。

6）具有阻止火势蔓延的性能。

7）满足建筑物外形美观和使用的要求。

屋顶面层暴露在大气中，直接承受自然界各种因素的长期作用。因此，屋面材料应具有良好的防水性能，同时也必须满足一定的强度要求。

屋顶承重结构，承受屋面传来的各种荷载和屋顶自重。承重结构一般有平面结构和空间结构。当建筑内部空间较小时，多采用平面结构（屋架、梁板结构等）。大型公共建筑（如体育馆、礼堂等）内部空间大，中间不允许设柱支承屋顶，故常采用空间结构（薄壳、网架、悬索、折板结构等）。

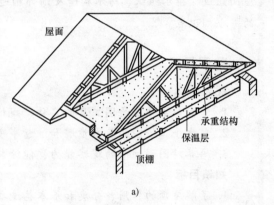

a)

保温层是严寒地区为防止冬季室内热量透过屋顶散失而设置的构造层。隔热层是炎热地区夏季隔绝太阳辐射热进入室内而设置的构造层。保温和隔热层应采用导热系数小的材料，其位置可设在顶棚与承重结构之间、承重结构与屋面防水层之间或屋面防水层上等。

顶棚是屋顶的底面。当承重结构采用梁板结构时，一般在梁、板的底面进行抹灰，形成直接抹灰顶棚。当承重结构采用屋架或室内顶棚要求较高（如不允许梁外露）时，可以从屋顶承重结构向下吊挂顶棚，形成吊顶棚。除

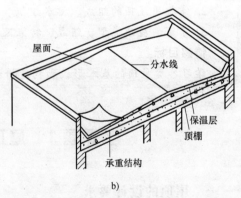

b)

图 12-1　屋顶的组成

a) 坡屋顶　b) 平屋顶

此之外，顶棚也可以用搁栅搁置在墙或柱上形成，与屋顶承重结构脱离。

## 三、屋顶的形式

屋顶的形式与建筑的使用功能、屋面盖料、结构类型以及建筑造型要求等有关。由于这些因素不同，便形成了平屋顶、坡屋顶以及曲面屋顶、折板屋顶等多种形式，如图 12-2 所

示。其中平屋顶和坡屋顶是目前应用最为广泛的形式。

### 标准学习：屋面的构造层次

《屋面工程技术规范》（GB 50345—2012）对常见屋面构造层次做了规定，具体构造见表12-1。

表 12-1　屋面的基本构造层次

| 屋面类型 | 基本构造层次（自上而下） |
|---|---|
| 卷材、涂膜屋面 | 保护层、隔离层、防水层、找平层、保温层、找平层、找坡层、结构层 |
| | 保护层、保温层、防水层、找平层、找坡层、结构层 |
| | 种植隔热层、保护层、耐根穿刺防水层、防水层、找平层、保温层、找平层、找坡层、结构层 |
| | 架空隔热层、防水层、找平层、保温层、找平层、找坡层、结构层 |
| | 蓄水隔热层、隔离层、防水层、找平层、保温层、找平层、找坡层、结构层 |
| 瓦屋面 | 块瓦、挂瓦条、顺水条、持钉层、防水层或防水垫层、保温层、结构层 |
| | 沥青瓦、持钉层、防水层或防水垫层、保温层、结构层 |
| 金属板屋面 | 压型金属板、防水垫层、保温层、承托网、支承结构 |
| | 上层压型金属板、防水垫层、保温层、底层压型金属板、支承结构 |
| | 金属面绝热夹芯板、支承结构 |
| 玻璃采光顶 | 玻璃面板、金属框架、支承结构 |
| | 玻璃面板、点支承装置、支承结构 |

注：1. 表中结构层包括混凝土基层和木基层；防水层包括卷材和涂膜防水层；保护层包括块体材料、水泥砂浆、细石混凝土保护层。
2. 有隔汽要求的屋面，应在保温层与结构层之间设隔汽层。

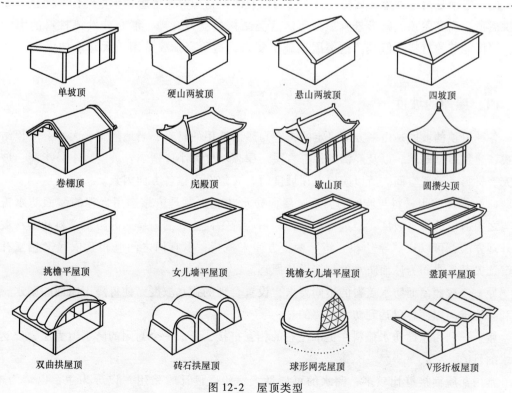

图 12-2　屋顶类型

  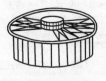 

简壳屋顶　　　　　扁壳屋顶　　　　车轮形悬索屋顶　　　　鞍形悬索屋顶

图 12-2　屋顶类型（续）

**1. 平屋顶**

屋面较平缓，坡度不小于 10% 时，通常称为平屋顶，常用 2% ~ 5% 的坡度。平屋顶的主要优点是节约材料，构造简单，屋顶上面便于利用，可做成露台、屋顶花园、屋顶游泳池等。

**2. 坡屋顶**

坡屋顶一般由斜屋面组成，屋面坡度一般大于 10%，传统建筑中的小青瓦屋顶和平瓦屋顶均属坡屋顶。坡屋顶在我国有着悠久的历史，由于坡屋顶造型丰富多彩，能满足人们的审美要求，并能就地取材，至今仍被广泛应用。

坡屋顶按其屋面的数目可分为单坡顶、双坡顶和四坡顶。当建筑宽度不大时，可选用单坡顶，当建筑宽度较大时，宜采用双坡顶或四坡顶。双坡屋顶有硬山和悬山之分。硬山是指房屋两端山墙高出屋面，山墙封住屋面。悬山是指屋顶的两端挑出山墙外面。古建筑中的庑殿顶和歇山顶属于四坡顶。

**3. 曲面屋顶**

曲面屋顶是由各种薄壳结构、悬索结构以及网架结构等作为屋顶承重结构的屋顶，如双曲拱屋顶、扁壳屋顶、鞍形悬索屋顶等。这类结构的受力合理，能充分发挥材料的力学性能，因而能节约材料。但是，这类屋顶施工复杂，造价高，故常用于大跨度的大型公共建筑中。

**四、屋顶的坡度**

各种屋顶的坡度是由多方面决定的，它与屋面选用的材料、当地降雨量大小、屋顶结构形式、建筑造型要求，以及经济条件等有关。屋顶坡度大小应适当，坡度太小易渗漏，坡度太大费材料，浪费空间。所以确定屋顶坡度时，要综合考虑各方面因素。

（1）屋面防水材料与坡度的关系　屋面防水功能主要是依靠选用合理的屋面防水盖料和与之相适应的排水坡度，经过构造设计和精心施工而达到的。屋面的防水盖料和排水坡度的处理方法，可以从"导"和"堵"两个方面来概括，以它们之间既相互依赖又相互补充的辩证关系，来作为屋面防水的构造设计原理。

导——按照屋面防水盖料的不同要求，设置合理的排水坡度，使得降于屋面的雨水，因势利导地排离屋面，以达到防水的目的。

堵——利用屋面防水盖料在上下左右的相互搭接，形成一个封闭的防水覆盖层，以达到防水的目的。

常用瓦屋面接缝比较多，漏水的可能性大，所以设计时采用"以导为主，以堵为辅"

的处理方法，增大屋顶坡度，加快雨水排除速度，减少漏水机会。而卷材屋顶和混凝土防水屋顶，基本上是整体的防水层，拼缝少，所以设计时采用"以堵为主，以导为辅"的处理方式，减小屋顶的坡度，防水层采用封闭的整体。表 12-2 列举了各种屋面防水材料与坡度大小的关系。

**表 12-2 屋面防水材料与坡度大小的关系**

| 屋面防水材料 | 适用坡度(%) | 屋面防水材料 | 适用坡度(%) |
|---|---|---|---|
| 混凝土刚性防水屋面 | 2 ~ 5 | 石棉水泥波形瓦 | 25 ~ 40 |
| 卷材防水屋面 | 2 ~ 5 | 机平瓦 | 40 |
| 金属瓦 | 10 ~ 20 | 小青瓦 | 50 |

（2）降雨量大小与坡度的关系 降雨量大的地区，屋顶坡度应大些，使雨水能迅速排除，防止屋面积水过深，引起渗漏，反之，降雨量小的地区，屋顶坡度可小些。

⚙ **工程实践经验介绍：屋面坡度范围的选择**

在工程中，不同的屋面防水材料，有各自适宜的排水坡度范围，如图 12-3 所示。屋面坡度的表示方法有角度法、斜率法和百分比法。平屋顶多用百分比法，如 3%、5% 等来表示；坡屋顶多用斜率法，如 1:2 或 1:5 等表示。较大的坡度也可用角度法表示，如 45°或 30°等。

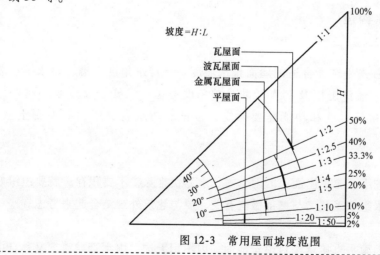

图 12-3 常用屋面坡度范围

# 课题2 平屋顶的构造

## 一、平屋顶的特点及组成

目前，多数建筑都采用平屋顶。由于平屋顶构造简单，节省材料，价格较低，能提高预制装配化程度，施工方便，节省空间，能适应各种平面形状，屋顶表面便于利用等，因此近年来平屋顶在城乡建设中应用越来越广泛，成为建筑屋顶的主要形式。

平屋顶一般由四部分组成，即面层、结构层、保温层或隔热层和顶棚层。但在不同地区其组成略有区别，我国南方地区，一般不设保温层，而北方地区则很少设隔热层，因此屋面的组成要视地理环境而定。

**1. 防水层**（面层）

平屋顶是通过防水材料来达到防水目的的。平屋顶坡度较小，排水缓慢，因而要加强屋面的防水构造处理。平屋顶一般选用防水性能好和面积较大的屋面材料做防水层（面层），并采取可靠的缝隙处理措施来提高屋面的抗渗能力。采用水泥砂浆或配筋细石混凝土浇筑的整体面层，称刚性防水屋面；采用柔性卷材的屋面防水层，称柔性防水。

**2. 承重结构**（结构层）

平屋顶主要采用钢筋混凝土结构，按施工方法不同，有现浇、预制和装配整体式三种。

**3. 保温层或隔热层**

保温层或隔热层的设置目的，是防止冬、夏季顶层房间过冷或过热。一般常将保温层或隔热层设在承重结构与防水层之间。常采用的保温材料有无机粒状材料和块状制品（膨胀珍珠岩、水泥蛭石、加气混凝土块、聚苯乙烯泡沫塑料等）。

**4. 顶棚层**

屋顶顶棚层一般有板底抹灰和吊顶棚两大类，与楼板层的顶棚做法基本相同。

## 二、平屋顶的排水构造

### （一）排水坡度

要屋面排水通畅，首先是选择合适的屋面排水坡度。从排水角度考虑，要求排水坡度越大越好；但从结构上、经济上以及上人活动等的角度考虑，又要求坡度越小越好。一般根据屋面材料的表面粗糙程度和功能需要而定，常见的防水卷材屋面和混凝土屋面，多采用3%～5%。

### （二）排水方式

平屋顶的排水坡度较小，要把屋面上的雨、雪、水尽快排除，不要积存，就要组织好屋顶的排水系统。同时排水组织系统又与檐部做法有关，要与建筑外观结合起来考虑。

**1. 无组织排水**

无组织排水是指屋面雨水直接从檐口落至地面，因不用天沟、雨水管导流，又称自由落水。屋面伸出外墙，形成挑出的外檐。这种做法构造简单、经济，但也存在一些不足之处，例如：由于雨水从檐上直接流泻至地面，外墙脚常被飞溅的雨水侵蚀，削弱了外墙的坚固耐久性；从檐口滴落的雨水可能影响人行道的交通；当建筑物较高，降雨量又大时，这些缺点就更为突出。所以，一般适用于低层及雨水较少地区，如图12-4所示。

**2. 有组织排水**

有组织排水是指屋面雨水通过天沟、雨水管等排水构件引至地面或地下排水管网的一种排水方式。比自由落水构造复杂、造价高，但雨水不会被风吹到墙面上，可以保护墙体。有组织排水又可分为外排水和内排水两种。

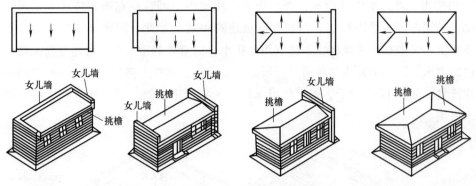

图 12-4　无组织排水

（1）外排水　外排水是指雨水管装设在室外的一种排水方式。其优点是雨水管不妨碍室内空间使用和美观，构造简单，因而被广泛采用。外排水根据具体组织方式又分为挑檐沟外排水（图 12-5）、女儿墙外排水（图 12-6）等。

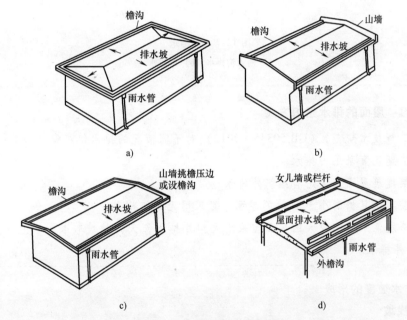

图 12-5　平屋顶挑檐沟外排水

a）四周檐沟　b）两面檐沟、山墙出顶　c）四周檐沟、山墙挑檐压边　d）两面檐沟、设女儿墙

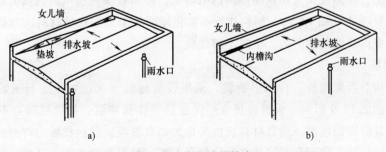

图 12-6　女儿墙外排水

a）女儿墙垫坡、排水坡　b）女儿墙内檐沟

（2）内排水 外排水构造简单，雨水管不占用室内空间，故在南方应优先采用。但在有些情况下采用内排水并不恰当，例如在高层建筑中就是如此，因维修室外雨水管既不方便，更不安全；又如在严寒地区也不适宜用外排水，因室外的雨水管有可能使雨水结冰，而处于室内的雨水管则不会发生这种情况。所以，大面积、多跨、高层以及特种要求的平屋顶常做成内排水，如图12-7所示。雨水经雨水口流入室内雨水管，再由地下管道把雨水排至室外排水系统。

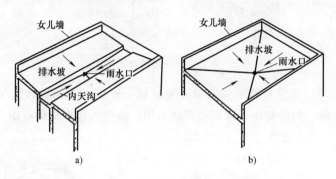

图 12-7 内排水

a）内天沟排水 b）内排水

**标准学习：屋面的排水组织方式**

《屋面工程技术规范》（GB 50345—2012）对不同情况的排水组织规定如下：

1）高层建筑宜采用内排水。

2）多层建筑屋面宜采用有组织外排水。

3）低层建筑其檐高小于10m的屋面，可采用无组织排水。

4）多跨及汇水面积较大的屋面宜采用天沟外排水，天沟找坡较长时，宜采用中间内排水和两端外排水。

### （三）排水坡度的形成

**1. 结构找坡**

结构找坡指屋顶的结构层根据屋面排水坡度搁置或倾斜。例如屋面板搁置在表面倾斜的屋架或屋面梁上；屋面板搁置在顶面倾斜的山墙上；屋面板搁置在不同高低的梁上等。结构找坡又称为搁置坡度（图12-8）。结构找坡不需在屋面板上另加找坡材料，其构造简单，不增加荷载，但室内顶棚是倾斜的，空间不够规整。

**2. 材料找坡**

屋顶的结构层可像楼板一样水平搁置，采用轻质材料（水泥炉渣或石灰炉渣来垫置屋面排水坡度，如图12-9所示。保温屋顶常用保温层兼作找坡层，找坡层薄处不小于20mm。由于是材料垫置形成的坡度，所以材料找坡又称为垫置坡度。材料找坡的特点是室内空间规整，但找坡材料增加了屋面荷载，且多费材料和人工。材料找坡常用在设置保温层或坡度较小的屋顶。

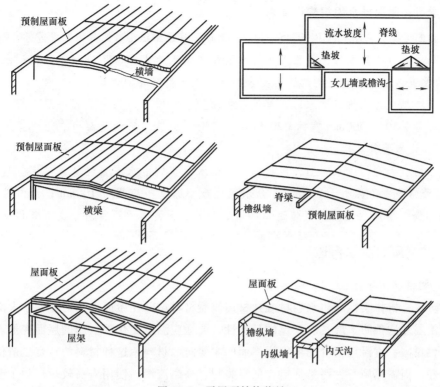

图 12-8　平屋顶结构找坡

## （四）雨水口布置

雨水口的位置和间距要尽量使其排水负荷均匀，有利雨水管的安装和不影响建筑美观。雨水口的数量主要应根据屋面集水面积、不同直径雨水管的排水能力计算确定。在工程实践中，一般在年降水量大于 900mm 的地区，每一直径为 100mm 的雨水管，可排集水面积 150m² 的雨水；年降雨量小于 900mm 的地区，每一直

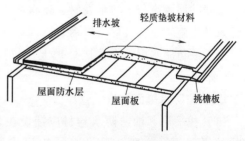

图 12-9　平屋顶材料找坡

径为 100mm 的雨水管可排集水面积 200m² 的雨水。雨水口的间距不宜超过 18m，以防垫置纵坡过厚而增加屋顶或天沟的荷载，如图 12-10 所示。

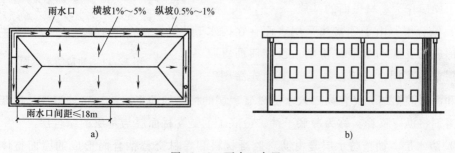

图 12-10　雨水口布置

a）屋面排水平面图　b）雨水管在立面中的表现

---

**标准学习：屋面排水组织构造要求**

《屋面工程技术规范》（GB 50345—2012）对屋面排水组织构造的具体要求进行了规定：

1）采用重力式排水时，屋面每个汇水面积内雨水排水立管不宜少于2根；水落口和水落管的位置，应根据建筑物的造型要求和屋面汇水情况等因素确定。

2）高跨屋面为无组织排水时，其低跨屋面受水冲刷的部位应加铺一层卷材，并应设40～50mm厚、300～500mm宽的C20细石混凝土保护层，高跨屋面为有组织排水时，水落管下应加设水簸箕。

3）檐沟、天沟的过水断面，应根据屋面汇水面积的雨水流量经计算确定。钢筋混凝土檐沟、天沟净宽不应小于300mm；分水线处最小深度不应小于100mm；沟内纵向坡度不应小于1%，沟底水落差不得超过200mm；檐沟、天沟排水不得流经变形缝和防火墙。

---

## 三、平屋顶的防水构造

### （一）柔性防水平屋面

柔性防水是指将柔性的防水卷材或片材用胶凝材料粘贴在屋面上，形成一个大面积的封闭防水覆盖层。这种防水层具有一定的延伸性，能适应温度变化而引起的屋面变形。

过去，我国一直沿用沥青油毡作为屋面的主要防水材料，这种材料的特点是造价低，防水性能较好，但需热施工，污染环境，低温脆裂，高温流淌，使用寿命较短。为了改造这种落后情况，现已出现一批新的卷材或片材防水材料，如三元乙丙橡胶、氯化聚乙烯、铝箔塑胶、橡塑共混等高分子防水卷材，还有加入聚酯、合成橡胶等制成的改性沥青油毡等。它们的优点是冷施工、弹性好、寿命长，现已在一些工程中逐步推广应用。

由于油毡防水屋面在构造处理上比较典型，所以在这里还是以其为主进行介绍，如图12-11所示。

#### 1. 油毡防水屋面做法

（1）找平层　油毡防水卷材应铺设在表面平整的找平层上，位置一般设在结构层或保温层（保温屋面）上面，用1:3水泥砂浆进行找平，找平层的厚度为15～20mm（抹在结构层或块状保温层上时较薄，抹在松散料的保温层上时则较厚），待表面干燥后作为卷材屋面的基层。

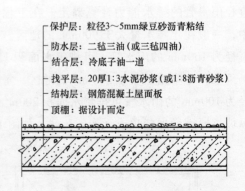

保护层：粒径3～5mm绿豆砂沥青粘结
防水层：二毡三油（或三毡四油）
结合层：冷底子油一道
找平层：20厚1:3水泥砂浆（或1:8沥青砂浆）
结构层：钢筋混凝土屋面板
顶棚：据设计而定

图12-11　油毡防水屋面

（2）结合层　由于砂浆找平层表面存在因水分蒸发形成的孔隙和小颗粒粉尘，很难使沥青胶与找平层粘结牢固，必须在找平层上预先涂刷一层既能和沥青胶粘结，又容易渗入水泥砂浆表层的稀释的沥青溶液。这种溶液是用柴油或汽油作为溶剂将沥青稀释，称为冷底子油。冷底子油是卷材面层与基层的结合层。

（3）防水层　油毡防水层是由沥青胶凝材料和卷材交替粘合而形成的屋面整体防水覆盖层。它的层次顺序是：沥青胶—油毡—沥青胶—油毡—沥青胶……。由于沥青胶凝材料粘附在卷材的上下表面，所形成的薄层既是粘结层，又能起到一定的防水作用。因此，构造上常将一毡二油（沥青胶）称为三层做法，二毡三油称为五层做法，还有七层、九层做法等。

卷材的层数主要与建筑物的性质和屋面坡度大小有关。一般情况下，屋面铺两层卷材，在卷材与找平层之间、卷材之间、上层表面共涂浇三层沥青粘结。特殊情况或重要部位或严寒地区的屋面，铺三层卷材（其中可设两层油毡一层油纸），共涂四层沥青粘结。前者习惯称二毡三油做法，后者称三毡四油做法。

平屋顶铺贴卷材，一般有垂直屋脊和平行屋脊两种做法。通常以平行屋脊铺设较多，即从屋檐开始平行于屋脊由下向上铺设，上下边搭接 80 ~ 120mm，左右边搭接 100 ~ 150mm，并在屋脊处用整幅油毡压住坡面油毡，如图 12-12 所示。

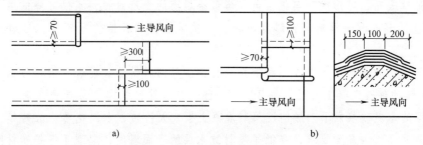

图 12-12  油毡铺设

a）平行屋脊铺设  b）垂直屋脊铺设

为了防止沥青胶凝材料因厚度过大而发生龟裂，每层沥青胶凝材料的厚度，一般要控制在 1 ~ 1.5mm，最大不应超过 2mm。

---

⚙ **工程实践经验介绍：防水卷材的铺贴**

在工程中，为保证卷材屋面的防水效果，在铺贴卷材时，必须要求基层干燥，否则，基层的湿气将存留在卷材层内；另外，有时室内水蒸气透过结构层渗入卷材下。这两种情形下的水蒸气在太阳辐射热的作用下，将气化膨胀，从而导致卷材起鼓，鼓泡的起皱和破裂将使屋面漏水。因此，在工程实践中，除应尽量待基层材料干燥后施工，或增设隔汽层之外，还应在构造上采取相应措施，使防水层下形成一个能使蒸汽扩散的场所。在铺设第一层油毡时，将粘结材料沥青涂刷成点状或条状，如图 12-13 所示，点与条之间的空隙即作为排汽的通道，且条状的方向应通向排汽出口。

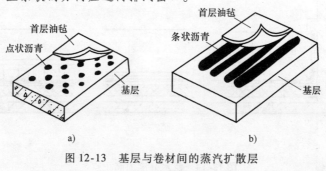

图 12-13  基层与卷材间的蒸汽扩散层

a）点状粘贴  b）条状粘贴

（4）保护层　油毡防水层的表面呈黑色，最易吸热，夏季表面温度可达60℃以上，沥青会因高温而流淌。由于温度不断变化，油毡很容易老化。为了防止沥青流淌（沥青软化点常为40～60℃）和延长油毡防水层的使用寿命，需增设保护层。

> ⚙ **工程实践经验介绍：上人保护层和不上人保护层**
>
> 　　不上人保护层目前有两种做法：一是豆粒保护层。其做法是在最上面的油毡上涂沥青胶后，满粘一层3～6mm粒径的粗砂，俗称绿豆砂。砂子色浅，能够反射太阳辐射热，降低屋顶表面的温度，价格较低，并能防止对油毡碰撞引起的破坏，但其自重大，增加了屋顶的荷载。二是铝银粉涂料保护层。它由铝银粉、清漆、熟桐油和汽油调配而成，将它直接涂刷在油毡表面，可形成一层银白色、类似金属面的光滑薄膜，不仅可降低屋顶表面温度15℃以上，还有利于排水，且厚度较薄，自重较小，综合造价也不高，目前正逐步推广应用。
>
> 　　上人屋面保护层有现浇混凝土和铺贴块材保护层两种做法。前者一般在防水层上浇筑30～60mm厚的细石混凝土面层，每2m左右留一分格缝，缝内用沥青胶嵌满。后者一般用20mm厚的水泥砂浆或干砂层铺设预制混凝土板或大阶砖、水泥花砖、缸砖等。以上做法较好地满足了上人屋面要求，降低了卷材防水层的表面温度，起到了保护卷材防水层的作用。

**2. 油毡防水屋面的细部构造**

在油毡防水屋面的大面积范围内，发生渗漏的可能性较小，发生渗漏的部位多在房屋构造的交接处，如屋面与墙面的交接处、屋檐、变形缝、雨水口、高出屋面的烟囱根部等部位。

（1）泛水　凡屋面与墙面交接处的防水构造处理叫泛水，如女儿墙与屋面、烟囱与屋面、高低屋面之间的墙与屋面等的交接处构造。

平屋顶的坡度较小，排水缓慢，因而屋顶檐部应允许有一定的囤水量，也就是泛水要具有足够的高度，以防止雨水四溢造成渗漏。泛水高度应自保护层算起，高度一般不小于250mm（图12-14）。屋面与墙的交接处，先用水泥砂浆或细石混凝土抹成圆弧（R = 50～100mm）或钝角，以防止在粘贴卷材时因直角转弯而折断或不能铺实，之后再刷冷底子油铺

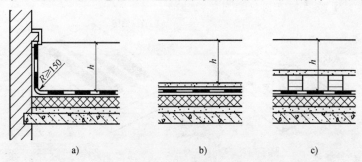

图12-14　泛水高度的起止点

a) 不上人屋面　b) 上人屋面　c) 架空屋面

贴卷材。卷材在垂直墙面上的粘贴高度，不宜小于 250mm。为了增加泛水处的防水能力，一般采用叉接法使泛水处的卷材与屋面防水层的卷材相连接，并在底层加铺一层油毡。

油毡卷材粘贴在墙面的收口处，极易脱口渗水，为了压住油毡的收口，通常有钉木条、压铁皮、嵌砂浆、嵌油膏、压砖块、压混凝土和盖镀锌铁皮等处理方式。除盖镀锌铁皮者外，一般在泛水上口均应挑出 1/4 砖，并抹水泥砂浆斜口或滴水，以防止雨水顺立墙流进油毡收口处引起漏水。油毡屋面泛水构造如图 12-15 所示。

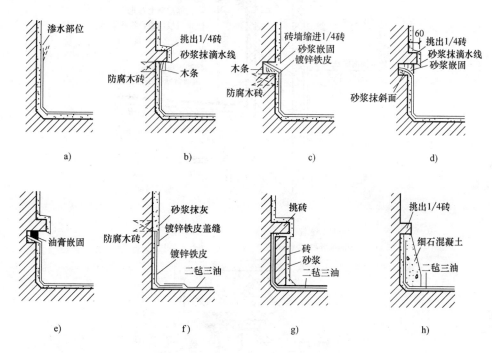

图 12-15 油毡屋面泛水构造

a) 油毡开口渗水 b) 木条压毡 c) 铁皮压毡 d) 砂浆嵌固
e) 油膏嵌固 f) 加镀锌铁皮泛水 g) 压砖抹灰泛水 h) 混凝土压毡泛水

当女儿墙为混凝土时，卷材的收头可采用金属压条钉压，并用密封材料封密实，如图 12-16 所示。

当女儿墙及屋顶采用保温措施时，构造如图 12-17 所示。

（2）檐口构造　油毡防水屋面的檐口一般有自由落水檐口和有组织排水檐口。在檐口构造中，卷材防水层均易开裂、渗水，因此，必须做好油毡防水层在檐口处的收头处理。

有组织排水的檐口，有外挑檐口、女儿墙带檐沟檐口等多种形式。其檐沟内要加铺一层油毡，檐口油毡收头处，可用砂浆压实、嵌油膏和

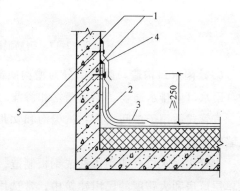

图 12-16 混凝土墙卷材泛水收头
1—密封材料 2—附加层 3—防水层
4—金属、合成高分子盖板 5—水泥钉

插铁卡等方法处理，如图 12-18 所示。用砂浆压实时，要求檐沟垂直面外抹灰和护毡层抹灰，两次抹灰的接缝处于最高点，均应将油毡压住。檐口下应抹出滴水。

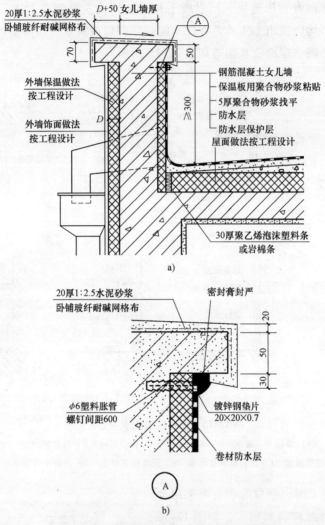

图 12-17　钢筋混凝土女儿墙保温泛水构造

（3）雨水口构造　雨水口分为檐沟底部的水平雨水口和设在女儿墙上的垂直雨水口两种。雨水口应排水通畅，不易堵塞和渗漏。雨水口通常是定型产品，分为直管式和弯管式两类，直管式适用于中间天沟、挑檐沟和女儿墙内排水天沟的水平雨水口；弯管式则适用于女儿墙的垂直雨水口。

直管式雨水口一般用铸铁或钢板制造，有各种型号，根据降水量和汇水面积进行选择。在单层厂房和大跨度的民用建筑中，常选用 65 型铸铁雨水口，它由套管、环形筒、顶盖底座和顶盖几部分组成，如图 12-20 所示。套管安装在天沟底板或屋面板上，各层油毡和附加油毡均粘贴在套管内壁上，并在表面涂玛蹄脂，再用环形筒嵌入套管，将油毡压紧，其嵌入深度不小于 100mm。环形筒与底座的接缝须用玛蹄脂或油膏嵌封。

教育部职业教育与成人教育司推荐教材

职业教育改革与创新规划教材

# 建筑识图与构造习题册

班级：_____

姓名：_____

学号：_____

机械工业出版社

# 目 录

# 习题一　制图工具简介及制图相关标准

## 一、填空题

1. 工程图的图线线型有实线、_____、_____、_____、_____。
2. 工程图中，对于表示不同内容和区别主次的图线，其线宽都互成一定的比例，即粗线、中粗线、中线、细线四种线宽之比为_____ : _____ : _____ : _____。
3. 工程图中说明的汉字，应采用____字体。如数字和汉字在一起，数字字号应比汉字字号____。
4. 工程图中的比例是指_____与_____相对应的线性尺寸之比。图中标注的尺寸数字，是物体的_____，它与绘图所选用的比例_____。
5. 尺寸单位除标高及总平面图以_____为单位外，其余均以_____为单位。

## 二、选择题

1. 建筑工程图中断开界线可以用（　　）来表示。
   A. 粗实线　　　　　B. 波浪线　　　　　C. 中虚线　　　　　D. 双点画线
2. 某梁断面尺寸为400mm×400mm，用1:20比例绘制，则标注的尺寸数字为（　　）。
   A. 20　　　　　B. 800　　　　　C. 8000　　　　　D. 400
3. 工程图中的尺寸由尺寸线、尺寸数字、尺寸界线和（　　）四部分组成。
   A. 尺寸箭头　　　B. 细实线　　　　C. 尺寸起止符　　D. 尺寸大小
4. 当尺寸标注与图线重合时，可省略标注（　　）。
   A. 尺寸线　　　　B. 尺寸界线　　　C. 尺寸起止符号　D. 尺寸数字
5. 标注在结构层上的标高叫（　　）。
   A. 建筑比例　　　B. 结构标高　　　C. 绝对标高　　　D. 相对标高

## 三、绘图题

根据建筑制图标准绘制下列材料的图例。

| 材料名称 | 图例 | 材料名称 | 图例 |
| --- | --- | --- | --- |
| 夯实土壤 | | 混凝土 | |
| 自然土壤 | | 钢筋混凝土 | |
| 普通砖 | | 多孔材料 | |
| 砂、灰土 | | 金属材料 | |

# 习题二　建筑形体的投影

## 一、填空题

1. 投影可分为_____和_____两类。

2. 平行投影可分为_____和_____两类。

3. 透视投影是用_____投影法绘制的_____面投影图。

4. 轴测投影是用_____投影法绘制的单面投影图。

5. 建筑施工的主要图样是_____。

6. 投射方向垂直于投影面，所得到的平行投影称为_____。

## 二、选择题

根据投影图找出相应的直观图，并在下列括号内写出直观图的题号。

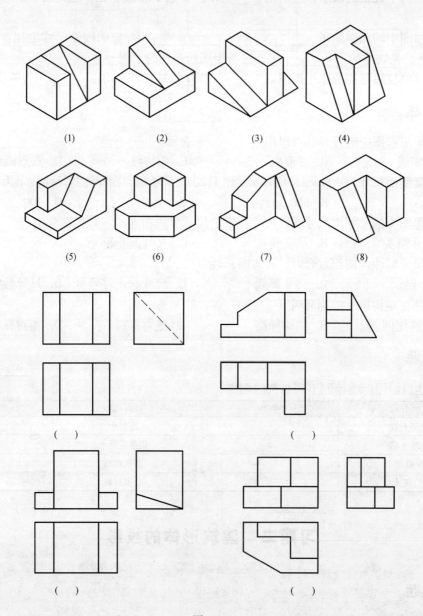

图　L-1

4

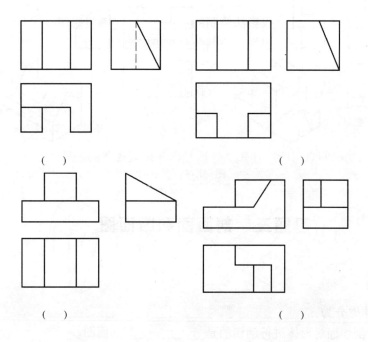

图 L-1

## 三、绘图题

1. 求 $W$ 面投影，并判断重影点的可见性。

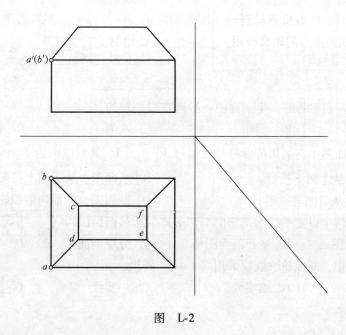

图 L-2

2. 根据轴测图补全视图中的漏线。

5

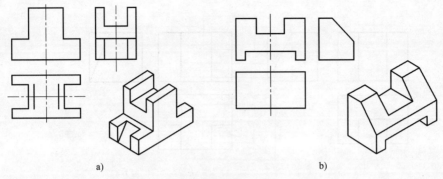

a)                  b)

图　L-3

# 习题三　剖面图和断面图

## 一、填空题

1. 剖面图的种类分为：_____、_____、_____、_____，其中用两个平行的剖切面对形体进行剖切的是_____剖面图。

2. 常用断面图的种类有：_____、_____、_____。

3. 在剖面图中，未剖切到但在投影时仍然可见的轮廓线用_____线表示。

4. 剖切位置线与投射方向线合在一起称_____。其中剖切位置线用_____线表示，长度为_____mm，投射方向线用_____表示，长度为_____mm。

5. 作剖面图时，在不指明材料时，用等间距的_____倾斜的平行_____线绘出图例线。断面图形的轮廓线用_____线绘制。

## 二、选择题

1. 当形体为左右对称时，半剖面图一般画在对称轴的（　　　）。

A. 上侧　　　　　　　　B. 下侧　　　　　　　　C. 左侧　　　　　　　　D. 右侧

2. 在建筑平面图中有剖切位置符号及编号 3 ☐ 3，其对应图为（　　　）。

A. 断面图、从上向下投影　　　　　　　　B. 断面图、从下向上投影

C. 断面图、从后向前投影　　　　　　　　D. 断面图、从前向后投影

3. 用两个或两个以上平行的剖切面剖切形体，所得剖面图叫（　　　）。

A. 阶梯剖面图　　　　B. 展开剖面图　　　　C. 分层剖面图　　　　D. 半剖面图

4. 在断面图中，断面轮廓线应采用（　　　）画出。

A. 粗实线　　　　　　B. 细实线　　　　　　C. 中实线　　　　　　D. 虚线

## 三、绘图题

1. 作 1—1 断面图、2—2 剖面图。

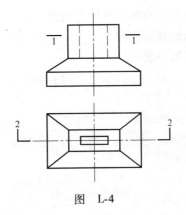

图 L-4

2. 作梁的 1—1、2—2 断面图（材料：钢筋混凝土）。

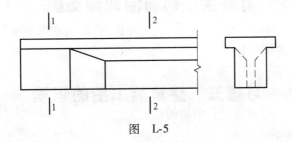

图 L-5

# 习题四　房屋施工图的基本知识

## 一、填空题

1. 定位轴线是施工中为单位_____和_____的重要依据，凡承重的_____、_____、_____等主要承重构件，均应有定位轴线确定其位置。横向编号应用_____从___至___顺序编写，竖向编号应用大写____，从___至___顺序编写。

2. 在索引符号和详图符号中，索引符号的圆及水平直径应以_____线绘制，圆的直径为_____mm；详图符号的圆应以_____线绘制，圆的直径为_____mm。

3. 在风玫瑰图中，实线表示_____，虚线表示_____。

4. 房屋施工图是直接用来为_____服务的图样，其内容按专业的分工不同有：____施工图、____施工图、____施工图，其中____施工图包括水施、电施、暖施等。

5. 建筑施工图包括_____、_____、_____、_____、_____等。

## 二、选择题

1. 下列说法正确的是（　　　）。

A. 在图纸中表示构配件及设备的图形符号为图例

B. 建筑细部的施工图称为细部剖面图

C. 定位轴线全部用阿拉伯数字表示

D. 详图与被索引的图样不在同一张图纸上，应在详图符号内画一水平直线，上部标明详图编号

2. 详图索引符号中的圆圈直径是（　　　　）。

A. 8mm　　　　　　B. 10mm　　　　　　C. 12mm　　　　　　D. 14mm

3. 指北针的圆圈直径宜为（　　　　）。

A. 14mm　　　　　　B. 18mm　　　　　　C. 24mm　　　　　　D. 30mm

4. 工程图纸中横向排列的轴线用（　　　　）编号。

A. 罗马字母　　　　B. 拉丁字母　　　　C. 阿拉伯数字　　　　D. 汉语拼音

5. 在某一张建施图中，有详图符号 $\frac{2}{8}$，其中2的含义为（　　　　）。

A. 图纸的图幅为2号　　　　　　　　　　B. 详图所在图纸编号为2

C. 详图（节点）的编号为2　　　　　　　D. 被索引的图纸编号为2

# 习题五　建筑施工图的识读

## 一、填空题

1. 建筑总平面图中标注的尺寸以_____为单位；其他建筑图样（平、立、剖面）中所标注的尺寸则以_____为单位；标高都以_____为单位，一般标注到小数点后_____位。

2. 在楼层结构平面图中，雨篷梁用代号_____表示，屋面框架梁用代号_____表示。

3. 楼梯通常由_____、_____、_____、_____等组成。踏步由_____面和_____面所组成。$n$级踏步的梯段有 $n-1$ 个_____面和 $n$ 个_____面。

4. 平面图中外墙尺寸一般标注三道，里面一道标注墙段及门窗洞口尺寸，称为_____；中间一道标注房间的_____、_____尺寸，称为_____尺寸；外边一道标注建筑的总长、总宽，称为总尺寸。

5. 建筑立面图是平行于建筑物各个立面（外墙面）的正投影图。它是表示建筑物的_____和表明外墙面_____的图样。

6. 建筑剖面图是建筑物的垂直剖面图，它是表示建筑物内部垂直方向的_____等情况的图样。剖面图的剖切位置一般选择在_____的部位。表示剖面图剖切位置的剖切线及其编号应表示在_____层平面图中。

## 二、选择题

1. 楼层建筑平面图表达的主要内容为（　　　）。

A. 平面形状、内部布置等　　　　　　　B. 梁柱等构件类型

C. 板的布置及配筋　　　　　　　　　　D. 外部造型及材料

2. 在建筑装饰施工图中，表示吊顶平面应采用（　　　）。

A. 顶视图　　　　　　B. 底视图　　　　　　C. 平面图　　　　　　D. 镜像平面图

3. 在工程图中（　　　）可用细点画线画出。

A. 可见轮廓线　　　　B. 剖面线　　　　　　C. 定位轴线　　　　　D. 尺寸线

4. 绝对标高一般只用在（　　　）上，以标志新建筑所处的高度。

A. 总平面图　　　　　B. 平面图　　　　　　C. 立面图　　　　　　D. 剖面图

## 三、读图题

阅读以下总平面图，完成问题。

1. 建筑总平面图的常用比例为_____。它主要表示_____等内容。

2. 建筑物层数在总平面图中，一般标注在建筑物的_____位置，该总平面图中新建建筑为_____层，图中虚线框表示_____建筑，带×细线框表示_____建筑。新建建筑的东侧为_____路。

3. 新建建筑室内绝对标高为_____，室外绝对标高为_____。

4. 图中左上角带数字的曲线为_____，它主要用来表示_____。

5. 图 L-6 中风玫瑰可见，该地区常年风向主要是_____风。

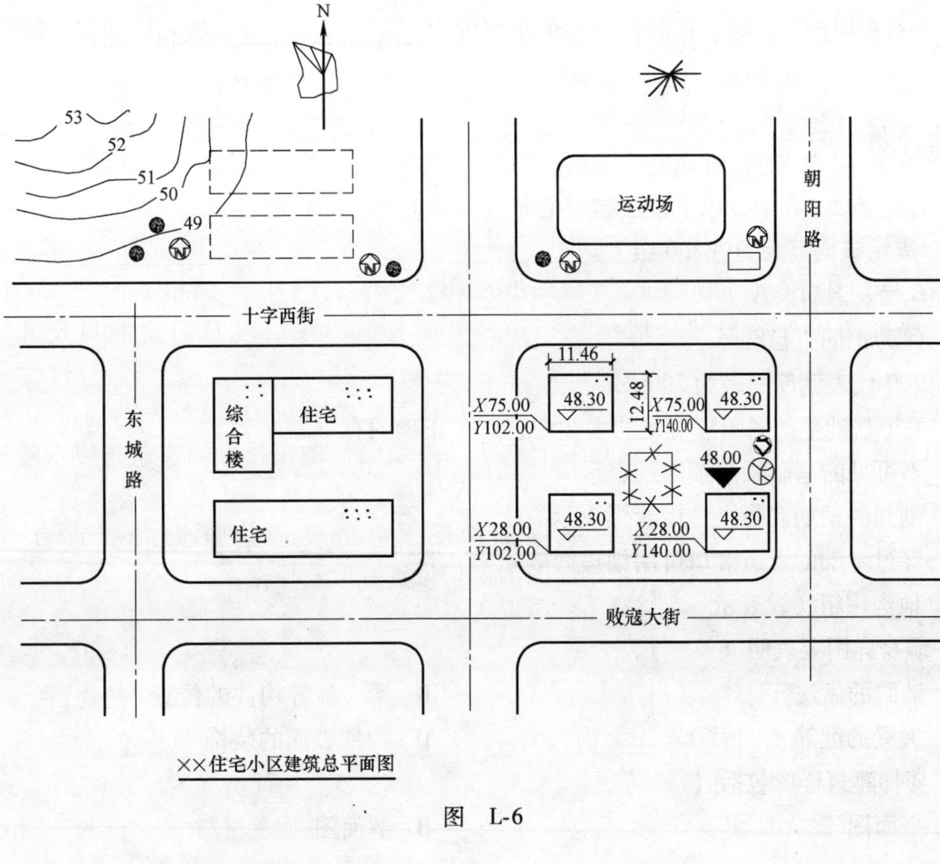

××住宅小区建筑总平面图

图　L-6

# 习题六　结构施工图的识读

## 一、填空题

1. 结构施工图主要表达结构设计的内容，它是表示建筑物_____的布置、形状、大小、材料、构造及其相互关系的图样。结构施工图一般有_____。

2. 由混凝土和钢筋两种材料构成整体的构件，称为_____构件。钢筋按其强度和品种分成不同等级，其中HPB300级钢筋的符号为_____；HRB335级钢筋的符号为_____。

3. 钢筋混凝土梁和板的钢筋，按其所起的作用给予不同的名称：梁内有_____；板内有_____。

4. 在钢筋混凝土构件详图中，构件的外形轮廓线用_____表示；钢筋用_____或_____表示。

5. 基础图是表示建筑物_____的图样。基础图一般有_____。基础平面图是表示_____的图样，它采用剖切在建筑物_____图来表示，一般采用_____图来表示。

6. 为了保护钢筋、防止锈蚀、防火，及加强钢筋与混凝土的粘结力，在构件中的钢筋的外面要留有保护层。梁、柱的保护层最小厚度为_____，板和墙的保护层厚度为_____，且不应小于受力筋的_____。

## 二、选择题

1. 标注Φ6@200中，以下说法错误的是（　　）。

A. Φ表示该钢筋为HPB300级

B. 6代表钢筋根数

C. @为钢筋直径符号

D. 200代表钢筋间距为200mm

2. 关于基础平面图画法规定的表述中，以下正确的有（　　）。

A. 不可见的基础梁用细虚线表示

B. 剖到的钢筋混凝土柱用涂黑表示

C. 穿过基础的管道洞口可用细虚线表示

D. 地沟用粗实线表示

3. 墙身详图要表明（　　）。

A. 墙脚的做法　　　　　　　　　B. 梁、板等构件的位置

C. 大梁的配筋　　　　　　　　　D. 构件表面的装饰

4. 楼梯建筑详图包括（　　）。

A. 平面图　　　　　　　　　　　B. 剖面图

C. 梯段配筋图                            D. 平台配筋图

5. 配筋图画法规定有（     ）等内容。

A. 构件外形轮廓用粗实线表示

B. 用细实线绘出钢筋

C. 钢筋断面用黑圆点表示

D. 要注出钢筋的级别、直径等

## 三、绘图题

画出图 L-7 所示的钢筋混凝土梁的 2—2 剖面图，并填写以下各项。尺寸单位以毫米计。

① 号钢筋的级别是：_____；直径：_____；根数：_____。

⑤ 号钢筋的级别是：_____；直径：_____；"@160"的意义是_____

_____。

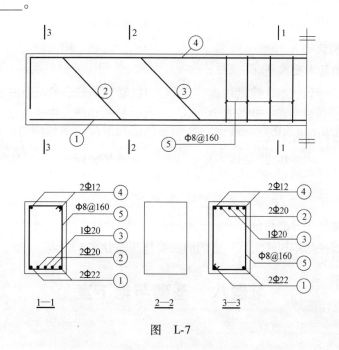

图 L-7

# 习题七 民用建筑构造概述

## 一、填空题

1. 建筑物的耐火等级是由构件的_____和_____两个方面决定的，分为_____级。

2. 按建筑规模和数量分类，建筑分为_____、_____。

3. 建筑物按其使用功能不同，一般分为_____、_____和_____等。

4. _____是建筑物的重要组成部分，它承受建筑物的全部荷载并将它们传给_____。

5. 按结构的承重材料，建筑物可分为_____、_____、_____、_____等。

## 二、选择题

1. 民用建筑包括居住建筑和公共建筑，其中，（　　）属于居住建筑。

A. 托儿所　　　　　B. 宾馆　　　　　C. 公寓　　　　　D. 疗养院

2. 按建筑结构的设计使用年限分类，建筑结构为二类时，其设计使用年限为（　　）年，适用于易于替换的结构构件。

A. 25　　　　　B. 5　　　　　C. 50　　　　　D. 100

3. 建筑是指（　　）的总称。

A. 建筑物　　　　　　　　　　B. 构筑物

C. 建筑物、构筑物　　　　　　D. 建造物、构造物

4. 构成建筑的基本要素是（　　）。

A. 建筑功能、建筑技术、建筑用途　　B. 建筑功能、建筑形象、建筑用途

C. 建筑功能、建筑规模、建筑形象　　D. 建筑功能、建筑技术、建筑形象

5. 沥青混凝土构件属于（　　）。

A. 非燃烧体　　　　B. 燃烧体　　　　C. 难燃烧体　　　　D. 易燃烧体

## 三、简答题

1. 民用建筑是怎样分类和分级的？

2. 建筑物由哪些基本构件组成？它们的主要作用是什么？

# 习题八　基础与地下室

## 一、填空题

1. 地基分为_____和_____两大类。

2. _____至基础底面的垂直距离称为基础的埋置深度。基础的埋置深度除与_____、_____、_____等因素有关外，还需考虑周围环境与具体工程特点。

3. 地基土质均匀时，基础应尽量_____，但最小埋深应不小于_____。

4. 混凝土基础的断面形式可以做成_____、_____和_____。

5. 按防水材料的铺贴位置不同，地下室防水分_____和_____两类，

其中_____是将防水材料贴在迎水面。

## 二、选择题

1. 刚性基础的受力特点是（　　）。

A. 抗拉强度大、抗压强度小 　　　　B. 抗拉、抗压强度均大

C. 抗剪切强度大 　　　　　　　　　D. 抗压强度大、抗拉强度小

2. 桩基础应用广泛，下列不是桩基础优点的是（　　）。

A. 承载力高，沉降量小

B. 节约基础材料，减少挖填土方工程量

C. 改善施工条件和缩短工期

D. 同其他基础相比，造价最低

3. 在承重柱下采用（　　）为主要柱基形式。

A. 独立基础　　　　B. 条形基础　　　　C. 筏片基础　　　　D. 箱形基础

4. 当建筑物上部结构为砖墙承重时，基础通常做成（　　）。

A. 独立基础　　　　B. 条形基础　　　　C. 杯形基础　　　　D. 筏形基础

5. 地下室的构造设计的重点主要是解决（　　）。

A. 隔声防噪　　　　B. 自然通风　　　　C. 天然采光　　　　D. 防潮防水

6. 目前高层建筑的主要桩基形式为（　　）。

A. 预制打入桩　　　　B. 预制振入柱　　　　C. 钻孔灌注桩　　　　D. 挖孔灌注桩

## 三、绘图题

在由砖砌筑的基础墙和混凝土砌筑的大放脚的基础详图（图 L-8）中，完成：

1. 画出砖及混凝土图例。

2. 注出大放脚高度、基础底面的标高。

3. 室内外高差为850mm，注出室内、外地面的标高。

4. 写出基础的埋深。

# 习题九　墙体构造

## 一、填空题

1. 墙体按其受力状况不同，分为_____和_____两类。其中_____包括自承重墙、隔墙、填充墙等。

2. 墙体按其构造及施工方式的不同有_____、_____和复合墙等。

3. 当墙身两侧室内地面标高有高差时，为避免墙身受潮，常在室内地面处设_____，并在靠土的垂直墙面设_____。

4. 散水的宽度一般为_____，当屋面挑檐时，散水宽度应_____。

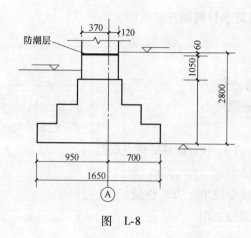

图 L-8

5. 构造柱与墙连接处宜砌成马牙槎，并应沿墙高每隔＿＿＿＿＿＿＿mm 设＿＿＿＿＿拉结钢筋，每边伸入墙内不宜小于＿＿＿＿＿＿m。

6. 钢筋混凝土圈梁的宽度宜与＿＿＿＿＿相同，高度不小于＿＿＿＿＿。

## 二、选择题

1. 钢筋混凝土构造柱的作用是（　　）。

A. 使墙角挺直　　　　　　　　　B. 加快施工速度

C. 增加建筑物的刚度　　　　　　D. 可按框架结构考虑

2. 轻质隔墙一般着重要处理好（　　）。

A. 强度　　　　　B. 隔声　　　　　C. 防火　　　　　D. 稳定

3. 在砖混结构建筑中，承重墙的结构布置方式有（　　）。

①横墙承重　②纵墙承重　③山墙承重　④纵横墙承重　⑤部分框架承重

A. ①②　　　　　B. ①③　　　　　C. ④　　　　　D. ①②③④⑤

4. 纵墙承重的优点是（　　）。

A. 空间组合较灵活　　　　　　　B. 纵墙上开门、窗限制较少

C. 整体刚度好　　　　　　　　　D. 楼板所用材料较横墙承重少

5. 最常见的钢筋混凝土框架结构中，内墙的作用为（　　）。

A. 分隔空间　　　　　　　　　　B. 承重

C. 围护　　　　　　　　　　　　D. 分隔、围护和承重

## 三、绘图题

1. 绘制外墙墙角构造（包括散水与勒脚）并用材料引出线注明其做法。

2. 绘制水平防潮层和垂直防潮层位置，注明所有材料层次。

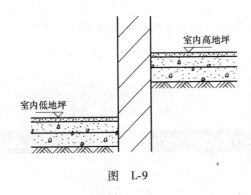

图 L-9

# 习题十 楼地层构造

## 一、填空题

1. 楼板层的面层即地面，主要起着保护楼板层、使用以及_____作用。

2. 现浇钢筋混凝土板式楼板，其梁有_____和_____之分。

3. 复合板和强化板木地面对地面基层要求平整，通常是在水泥地面上先铺上_____，然后再铺板。

4. 低层、多层住宅阳台栏杆净高不应低于_____mm。

5. 预制板搁置在墙上时，应先在墙上铺设20mm厚的_____。

## 二、选择题

1. 下列哪种做法属于抹灰类饰面（　　　）。

A. 陶瓷锦砖面　　　B. 塑料壁纸面　　　C. 水磨石面　　　D. 大理石面

2. 现浇水磨石地面常嵌固分格条（玻璃条、铜条等），其目的是（　　　）。

A. 防止面层开裂　　B. 便于磨光　　　C. 面层不起灰　　　D. 增添美观

3. 现浇钢筋混凝土楼板的特点在于（　　　）。

A. 施工简便　　　　B. 整体性好　　　C. 工期短　　　　　D. 不需湿作业

4. 以下哪点不是压型钢板组合楼板的优点（　　　）

A. 省去了模板　　　　　　　　　　　B. 简化了工序

C. 技术要求不高　　　　　　　　　　D. 板材易形成商品化生产

5. 预制钢筋混凝土楼板在承重墙上的搁置长度应不小于（　　　）。

A. 60mm　　　　　B. 80mm　　　　C. 120mm　　　　D. 180mm

6. 空心板在安装前，孔的两端常用混凝土或碎砖块堵严，其目的是（　　　）。

A. 增加保温性　　B. 避免板端被压坏　　C. 增强整体性　　D. 避免板端滑移

## 三、绘图题

标明图 L-10 所示水泥地面（细石混凝土，水泥砂浆）的构造层次。

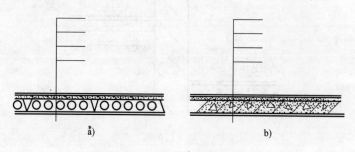

图 L-10

a）细石混凝土地面构造 b）水泥砂浆地面构造

# 习题十一 楼梯与电梯

## 一、填空题

1. 楼梯主要由_____、_____和_____三部分组成。

2. 每个楼梯段的踏步数量一般不应超过_____级，也不应少于_____级。

3. 楼梯平台按位置不同分_____平台和_____平台。

4. 楼梯的净高在平台处不应小于_____，在梯段处不应小于_____。

5. 钢筋混凝土楼梯按施工方式不同，主要有_____和_____两类。

6. 栏杆与梯段的连接方法主要有_____、_____。

7. 在不增加梯段长度的情况下，为了增加踏面的宽度，常用的方法是_____。

8. 楼梯踏步表面的防滑处理做法通常是在_____做_____。

## 二、选择题

1. 单股人流宽度为 550～700mm，建筑规范对楼梯梯段宽度的限定是：住宅（　　），公共建筑≥1300mm。

A. ≥1200mm
B. ≥1100mm
C. ≥1500mm
D. ≥1300mm

2. 梯井宽度以（　　）为宜。

A. 60～150mm
B. 100～200mm
C. 60～200mm
D. 150～200mm

3. 楼梯平台下要通行一般其净高度不小于（　　）。

A. 2100mm
B. 1900mm

C. 2000mm                                D. 2400mm

4. 考虑安全原因，住宅的空花式栏杆的空花尺寸不宜过大，通常控制其不大于(      )。

A. 120mm                                 B. 100mm

C. 150mm                                 D. 110mm

5. 室外台阶踏步宽为（      ）左右。

A. 300~400mm                            B. 250mm

C. 250~300mm                            D. 220mm

6. 梁板式梯段由哪两部分组成（      ）。

A. 平台、栏杆                             B. 栏杆、梯斜梁

C. 梯斜梁、踏步板                          D. 踏步板、栏杆

## 三、绘图题

已知：本楼梯为五层平行双跑等跑楼梯，楼梯间的开间为3.3m，进深为6.3m，层高为3.3m，墙体厚度为240mm，踏步高为150mm，宽度为300mm，楼梯井宽为150mm。

根据已知条件，完善本层楼梯的建筑平面图（填写图 L-11 中的尺寸、标高，画出上下箭头、栏杆）。

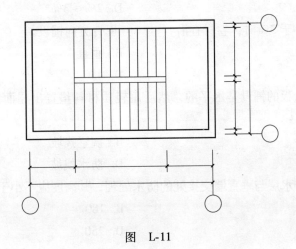

图　L-11

# 习题十二　屋顶的构造

## 一、填空题

1. 平屋顶按屋面防水材料不同，可分为柔性防水屋面、刚性防水屋面和_____防水屋面。

2. 平屋顶排水坡度有_____和_____两种做法。

3. 倒铺式保温屋面的保温材料是_____。

4. 泛水是指屋面防水层与垂直墙面交接处的_____，泛水高度一般为_____ mm。

5. 刚性防水屋面对_____和温度变化比较敏感，会引起刚性防水层开裂。

6. 屋面雨水口的位置均匀布置。一般民用建筑不宜超过_____ m。

## 二、选择题

1. 混凝土刚性防水屋面中，为减少结构变形对防水层的不利影响，常在防水层与结构之间设置（　　　）。

A. 隔蒸汽层　　　　　　　　　　　B. 隔离层

C. 隔热层　　　　　　　　　　　　D. 隔声层

2. 屋顶结构找坡的优点是（　　　）。

①经济性好；②减轻荷载；③室内顶棚平整；④排水坡度较大。

A. ①②　　　　　　　　　　　　　B. ①②④

C. ②④　　　　　　　　　　　　　D. ①②③④

3. 平屋顶的排水坡度一般不超过5%，最常用的坡度为（　　　）。

A. 5%　　　　　　　　　　　　　B. 1%

C. 4%　　　　　　　　　　　　　D. 2% ~3%

4. 平屋顶坡度小于3%时，卷材宜沿（　　　）屋脊方向铺设。

A. 平行　　　　　　　　　　　　B. 垂直

C. 300　　　　　　　　　　　　D. 450

5. 平屋顶上屋面板的铺设是水平的，然后用轻质材料垫置出屋面坡度，该找坡方法称（　　　）。

A. 材料找坡　　　　　　　　　　B. 搁置找坡

C. 结构找坡　　　　　　　　　　D. 防水找坡

6. 泛水是屋面防水层与垂直墙交接处的防水处理，其高度应不小于（　　　）mm。

A. 120　　　　　　　　　　　　B. 180

C. 200　　　　　　　　　　　　D. 250

## 三、绘图题

1. 绘出平屋顶保温防水屋面的构造做法，并注明材料层次及必要的尺寸。

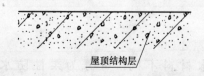

图　L-12

2. 绘图标明保温上人柔性防水层面的构造层次。

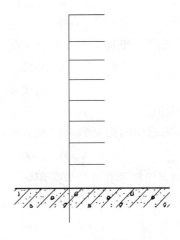

图 L-13

# 习题十三　门与窗的构造

## 一、填空题

1. 门的主要作用是 _____，兼 _____ 和 _____。窗的主要作用是 _____、_____ 和 _____。

2. 木窗主要由 _____、_____、_____ 及 _____ 四部分组成。

3. 窗框在墙中的位置有 _____、_____ 和 _____ 三种情况。

4. 窗框的安装方法有 _____ 和 _____ 两种。

5. 窗框安装时，窗洞两侧应每隔 _____ 设一防腐木砖。

6. 钢门窗料有 _____ 和 _____ 两种，钢门窗的安装应采用 _____。

7. 实腹式钢门窗料常用断面系列有 _____、_____ 和 _____ 几种。

8. 铝合金门窗的安装应采用 _____ 法。

9. 遮阳板的基本形式有 _____、_____ 和 _____ 几种。

10. 木门框与墙之间的缝隙处理有 _____、_____、_____ 三种方法。

## 二、选择题

1. 在居住建筑中，使用最广泛的木门是（　　）。

A. 推拉门                                    B. 弹簧门

C. 转门                                      D. 平开门

2. 为了减少木窗框料靠墙一面因受潮而变形，常在木框背后开（    ）。

A. 背槽                                      B. 裁口

C. 积水槽                                    D. 回风槽

3. 平开木门扇的宽度一般不超过（    ）mm。

A. 600                                       B. 900

C. 1100                                      D. 1200

4. 钢门窗、铝合金门窗和塑钢门窗的安装均应采用（    ）。

A. 立口                                      B. 塞口

C. 立口和塞口均可                            D. 立口和塞口均不可

5. 推拉门当门扇高度大于4m时，应采用（    ）构造方式。

A. 上挂式推拉门                              B. 下滑式推拉门

C. 轻便式推拉门                              D. 立转式推拉门

6. 常用门的高度一般应大于（    ）。

A. 1800mm                                    B. 1500mm

C. 2000mm                                    D. 2400mm

## 三、绘图题

根据某木门框的安装节点详图（图L-14），标出其余构造。

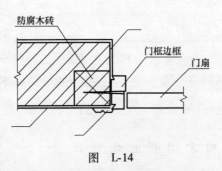

图    L-14

# 习题十四  变形缝构造

## 一、填空题

1. 变形缝包括 _____ 、_____ 、_____ 三种。

2. 伸缩缝的缝宽一般为_____；沉降缝的缝宽一般为_____；防震缝的缝宽一般取_____。

3. 沉降缝在基础处的处理方案有_____和_____两种。

4. 防震缝应与_____和_____统一布置。

5. 地震的震级是指地震的强烈程度,_____以上的地震称破坏性地震;_____以上的地震称强烈地震。

6. 地震烈度为 12 度,建筑物抗震措施主要用于_____地震区。

7. 伸缩缝亦称_____缝。

8. 沉降缝要求从建筑物_____至_____全部断开。

9. 伸缩缝要求从建筑物_____至_____全部断开。

## 二、选择题

1. 伸缩缝是为了预防(　　　)对建筑物的不利影响而设置的。

A. 温度变化　　　　　　　　　　　B. 地基不均匀沉降

C. 地震　　　　　　　　　　　　　D. 建筑平面过于复杂

2. 沉降缝的构造做法中要求基础(　　　)。

A. 断开　　　　　　　　　　　　　B. 不断开

C. 可断开也可不断开　　　　　　　D. 都不是

3. 在地震区设置伸缩缝时,必须满足(　　　)的设置要求。

A. 防震缝　　　　B. 沉降缝　　　　C. 伸缩缝　　　　D. 温度缝

4. 在墙体中设置构造柱时,构造柱中的拉结钢筋每边伸入墙内应不小于(　　　)m。

A. 0. 5　　　　　B. 1. 0　　　　　C. 1. 2　　　　　D. 1. 5

5. 防震缝的构造做法中要求基础(　　　)。

A. 断开　　　　　　　　　　　　　B. 不断开

C. 可断开也可不断开　　　　　　　D. 牢固连接

## 三、绘图题

1. 画出两层屋面与十层外墙之间节点的构造详图,沉降缝净宽 100mm,两层屋面为刚性防水。

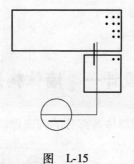

图　L-15

2. 绘简图示意外墙转角处的伸缩缝构造。

21

# 习题十五　单层工业厂房构造

## 一、填空题

1. 当厂房跨度小于 18m 时，跨度采用扩大模数＿＿＿＿＿＿＿＿数列。
2. 单层工业厂房建筑采用的基本柱距是＿＿＿＿＿＿＿＿ m。
3. 单层厂房的横向排架由牛腿柱、＿＿＿＿＿＿＿＿和基础组成。
4. 单层厂房的结构类型主要为＿＿＿＿＿＿＿＿。
5. 按厂房的层数分类有：单层、多层以及＿＿＿＿＿＿＿＿厂房。

## 二、选择题

1. 厂房室内外地坪高差一般为（　　）mm。
   A. 150 　　　　　B. 300 　　　　　C. 450 　　　　　D. 600
2. 积灰较多的厂房屋面，宜采用（　　）排水方式。
   A. 内天沟 　　　B. 外天沟 　　　C. 内天沟外排水 　　D. 自由落水
3. 单层工业厂房一般用于（　　）等工业部门。
   A. 食品 　　　　B. 冶金 　　　　C. 轻工 　　　　D. 电子
4. 厂房室内外地坪高差一般为（　　）mm。
   A. 150 　　　　　B. 300 　　　　　C. 450 　　　　　D. 600
5. 在采暖和不采暖的多跨厂房中（有空调要求的除外），高差值等于或小于（　　）时不设高差。
   A. 1.2m 　　　　B. 1.5m 　　　　C. 2.4m 　　　　D. 1.0m

## 三、简答题

1. 单层厂房结构的主要构件包括哪些？
2. 单层厂房砖墙中应设置哪些梁？这些梁各起什么作用？
3. 厂房的墙板与柱的连接有哪些方式？
4. 单层厂房屋盖的基层有哪些做法？
5. 厂房屋面的防水有哪些方式？

# 课程设计一　墙体构造设计

一、目的：通过设计重点掌握墙体各部分的构造做法以及绘制施工图的能力。

二、设计条件：

1. 砖混结构的建筑，室内地坪为 ±0.000，室外地坪为 -0.600m，层高 3.6m。
2. 墙厚为 240mm，内外墙面为抹灰饰面，楼板为现浇钢筋混凝土，楼地板做法学生自定。

三、设计要求：

1. 详图1——外墙墙脚节点详图，比例1:10，具体内容如下：

1）画出定位轴线、墙身、勒脚线、内外抹灰厚度，在定位轴线两边标注墙体的厚度。

2）画出水平防潮层，注明其材料和做法，并注明防潮层与底层室内地面间的距离。

3）按层次画出室内地面构造，并用多层构造引出线标注各层厚度、材料及做法。画出踢脚板，标注室内地面标高。

4）按层次画出散水（明沟）和室外地面，并用多层结构引出线标注其厚度、材料及做法；标注散水宽度、流水方向和坡度值。标注室外地面标高。散水与勒脚线之间的构造处理应表示清楚。

2. 详图2——窗台节点详图，比例1:10。具体要求如下：

1）画出定位轴线，应与详图1中的轴线在同一垂直线上。

2）画出墙身和内外抹灰厚度。

3）画出窗台的形状、材料及饰面做法。标注出窗台的厚度、宽度，标注窗台标高。

4）画出窗框。

3. 详图3——过梁及楼板层节点，比例1:10。具体要求如下：

1）画出定位轴线，应与详图1中的轴线在同一垂直线上。

2）画出墙身和内外抹灰厚度。

3）画出钢筋混凝土过梁。如过梁是带窗眉的过梁，应把防水细部构造表达清楚。标注过梁的有关尺寸及过梁下表面标高。

4）画出楼层各层构造，并用多层构造引出线标注各层厚度、材料和做法。标出楼面标高。

5）画出踢脚板。

# 课程设计二　楼梯设计

一、目的：了解楼梯尺寸设计方法及标注方法。

二、设计条件：

1. 四层住宅楼的楼梯间，开间为2700mm，进深为5100mm，层高为2800mm，墙厚为240mm，室内外高差为600mm。

2. 平面图3个，底层平面图、标准层平面图、顶层平面图，剖面图1个，如图L-16、图L-17所示。

三、设计要求：

1. 定出每层楼梯步数 $N$ 及踏步高 $h$ 和踏步宽 $b$。

2. 定出梯段长 $L$ 和梯段宽 $B$。

3. 定出平台宽度 $D$。

4. 由于入口处净空高度的要求，底层至二层为直跑梯，计算出直跑梯段长度 $L$。

5. 按图纸上的尺寸及标高提示填上具体的尺寸。

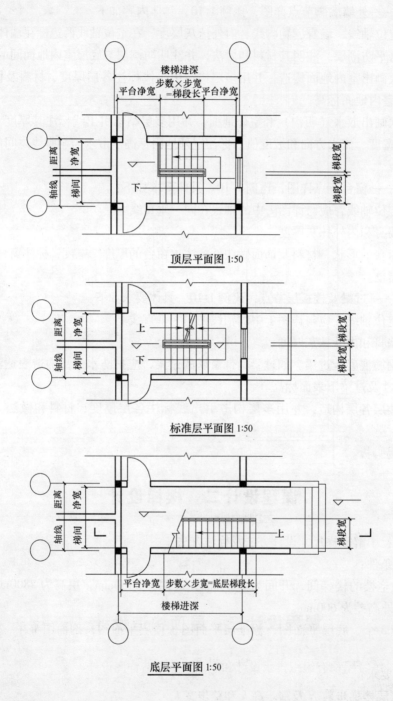

顶层平面图 1:50

标准层平面图 1:50

底层平面图 1:50

图 L-16

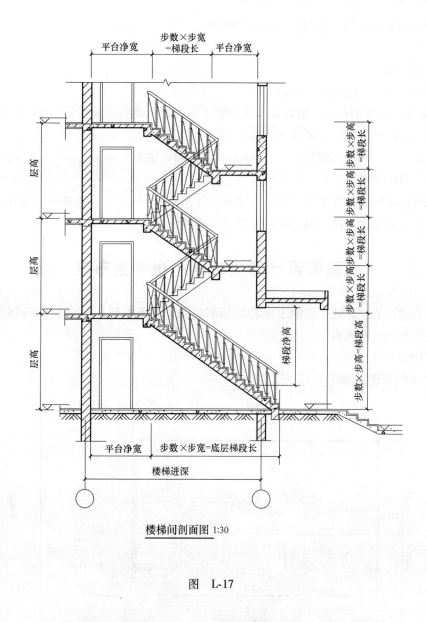

楼梯间剖面图 1:30

图　L-17

# 课程设计三　屋顶构造设计

一、目的：练习屋顶有组织排水设计和屋顶节点构造详图设计。

二、设计条件：

1. 四层高的宿舍楼，平面形状为矩形，长宽为 49.5m×12.6m（轴线尺寸），房间开间均为 3.3m。

2. 每个雨水口排除 150～200m² 屋面面积（水平投影面积）。

3. 檐沟净宽≥200mm，分水线处最小深度＞80mm。

4. 雨水管的最大间距：不宜超过 24m。

5. 两水管直径：75～100mm，常用 100mm。

三、设计要求：

1. 屋顶平面图（1:200）

1）排水方案、防水层方案自定。

2）画出屋顶排水系统：屋面分水线、坡面流水方向箭头、坡度值、天沟及天沟的纵向坡度、雨水口位置。

3）标出两道尺寸（轴线尺寸，雨水口到附近轴线的距离）。

2. 节点构造详图

根据所选择的排水方案和防水层方案画出具有代表性的节点构造详图，如女儿墙泛水构造详图、天沟及雨水构造详图、分格缝详图（刚性防水屋面）等。

# 课程设计四　单层厂房平面布置

一、目的：通过设计、绘制平面和局部剖面图，掌握单层厂房定位轴线划分原则和方法，进一步提高绘图能力。

二、设计条件：

1. 某车间平面图如图 L-18 所示。

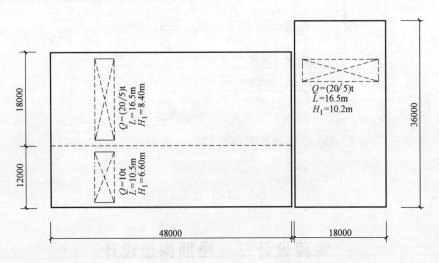

单层厂房平面轮廓

图　L-18

2. 厂房纵横跨相交处设置防震缝，纵跨和横跨的长度和宽度均未超出设置温度伸缩缝的距离，故不设伸缩缝。

3. 墙体的厚度、门窗的尺寸自定。

三、设计要求：平面图，1:300。

1. 绘出定位轴线，布置柱子、墙体、门窗。

2. 绘出起重机轮廓、起重机轨道中心线，标注起重机吨位 $Q$、起重机跨度 $L$、起重机中心线与纵向定位轴线的距离、柱与轴线的关系、室内外地坪标高。

3. 标注"局部剖面图"索引符号。

4. 标注两道尺寸线（轴线尺寸及总尺寸）并进行编号。

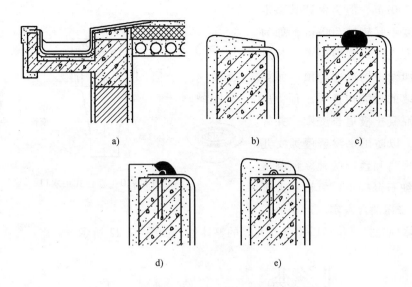

图 12-18 有组织排水檐口构造

a）檐口构造 b）砂浆压毡收头 c）油膏压毡收头

d）插铁油膏压毡收头 e）插铁砂浆压毡收头

**标准学习：卷材或涂膜防水屋面檐沟和天沟的防水构造**

根据《屋面工程技术规范》（GB 50345—2012），卷材或涂膜防水屋面檐沟和天沟的防水构造，应符合下列规定（图 12-19）：

1）檐沟和天沟的防水层下应增设附加层，附加层伸入屋面的宽度不应小于 250mm。

2）檐沟防水层和附加层应由沟底翻至外侧顶部，卷材收头应用金属条钉压，并应用密封材料封严，涂膜收头应用防水涂料多遍涂刷。

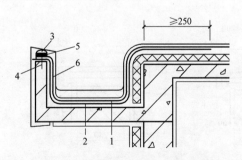

图 12-19 卷材、涂膜防水屋面檐沟

1—防水层 2—附加层 3—密封材料 4—水泥钉 5—金属压条 6—保护层

弯管式雨水口呈 90°弯曲状，由弯曲套管和铸铁箅子两部分组成，如图 12-21 所示。弯曲套管置于女儿墙预留孔洞中，屋面防水层油毡和泛水油毡应铺到套管内壁四周，其深度不小于 100mm。套管口用铸铁箅子遮盖，以防杂物堵塞水口。

（4）女儿墙压顶 女儿墙平屋顶中，女儿墙是外墙在屋顶以上的延续，也称压檐墙。

墙厚一般为 240mm，但为保证其稳定
和抗震，高度不宜超过 500mm，如为
满足屋顶上人或建筑造型要求而超过
此值时，须加设小构造柱与顶层圈梁
相连。女儿墙的顶端构造叫压顶，压
顶应为钢筋混凝土极道长交圈，并外
抹水泥砂浆，以防雨水渗透侵蚀女儿
墙。压顶有现浇和预制两种。预制压
顶板为 C20 细石混凝土，板长不大于
1000mm，板缝用油膏嵌实。对于地震

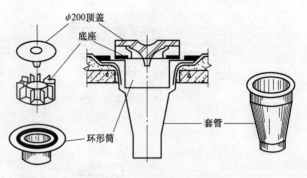

图 12-20　直管式雨水口

区须采用整体现浇式压顶，以增强女儿墙的整体性，如图 12-22 所示。

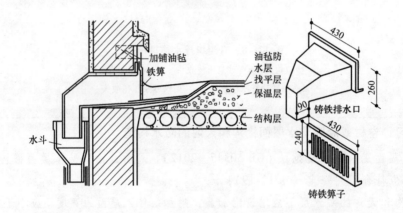

图 12-21　弯管式雨水口

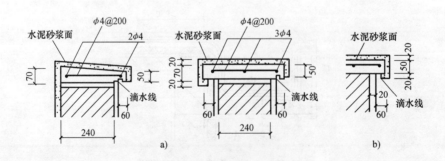

图 12-22　女儿墙压顶

a）预制压顶板　b）现浇压顶板

**（二）刚性防水屋面**

刚性防水层是指用现浇细石混凝土配以钢筋网形成的防水层。刚性防水主要优点是施工
方便、构造简单、造价低，缺点是对温度变化和结构变形较为敏感、容易产生裂缝、施工要
求较高。

**1. 刚性防水屋面基本做法**

刚性防水屋面的构造层次和做法如图 12-23 所示。

（1）结构层　采用刚度大、变形小的现浇或预制钢筋混凝土屋面板。

（2）找平层　为了施工方便，可用 1：3 水泥砂浆做 20mm 厚的找平层。细石混凝土防水层对基层的平整要求不像卷材防水那么严格，如果基层比较平整时，可以不设找平层。

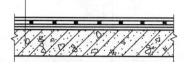

防水层：40厚C25级细石混凝土内配双向φ4钢筋，间距100～200
隔离层：纸筋灰或干铺油毡，或低强度等级砂浆
找平层：20厚1:3水泥砂浆
结构层：钢筋混凝土板

图 12-23　混凝土刚性防水屋面的构造层次和做法

（3）隔离层　为了减少结构层变形对防水层的不利影响，宜在防水层与结构层之间设置隔离层。隔离层可采用纸筋灰、低强度等级水泥砂浆、薄砂层上干铺一层油毡等做法。设置隔离层后，当结构层在荷载作用下，产生挠曲变形或在温度作用下产生伸缩变形时，对防水层的影响变小。

如果防水层的抗裂性能较好，可不设隔离层。

（4）防水层　采用不低于 C25 级的细石混凝土整浇，其厚度不小于 40mm、双向配置 φ4 钢筋、间距为 100～200mm，以提高其抗裂和应变的能力。由于裂缝易在面层出现，钢筋宜置于中层偏上，使上面有 15mm 保护层即可。为提高细石混凝土防水能力，可掺入适量外加剂（膨胀剂、减水剂、防水剂等），作用是提高混凝土的抗裂和抗渗性能。

**2. 刚性防水屋面的细部构造**

（1）变形缝（又称分格缝、分仓缝）　所谓变形缝就是设置在刚性防水层中的变形缝。其作用有二：①大面积整浇现浇混凝土防水层受外界温度的影响会出现热胀冷缩，导致混凝土开裂，如设置一定数量的分格缝，会有效地防止裂缝的产生；②在荷载作用下，屋面板产生挠曲变形，板的支座处翘起，可能引起混凝土防水层破裂，如果在这些部位预留好分格缝，可避免防水层的开裂。所以结构层为预制屋面板时，变形缝应设置在板的支承端、屋面转折处、泛水与立墙交接处，并应与板缝对齐。

---

🔖 **标准学习：变形缝防水构造要求**

根据《屋面工程技术规范》（GB 50345—2012），变形缝防水构造应符合下列规定：

1）变形缝的纵横向间距不宜大于 6m，服务面积小于 $36m^2$。

2）变形缝的宽度一般为 20～30mm，缝的下部用沥青麻丝填塞，上部用油膏嵌固。为防止油膏老化，常用卷材覆盖变形缝，在覆盖的卷材和防水层之间再干铺一层卷材。

3）等高变形缝处宜加扣混凝土或金属盖板（图 12-24a）；在横向变形缝处，常将细石混凝土面层抹成凸出表面 30～40mm 高的分水线。

4）高低跨变形缝在泛水处，应采用有足够变形能力的材料和构造做密封处理（图 12-24b）。

5）刚性防水屋面变形缝做法如图 12-25 所示。

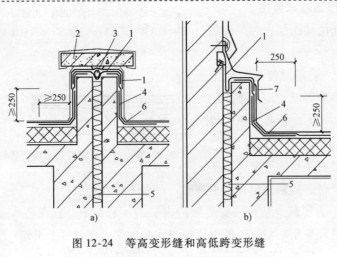

图 12-24　等高变形缝和高低跨变形缝

a）等高变形缝　b）高低跨变形缝

1—卷材封盖　2—混凝土盖板　3—衬垫材料　4—附加层

5—不燃保温材料　6—防水层　7—金属盖板

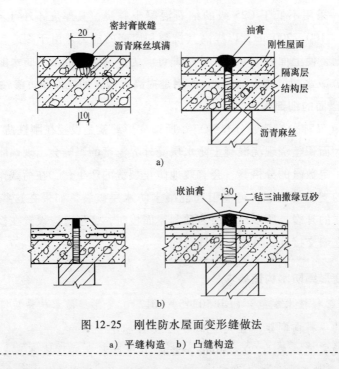

图 12-25　刚性防水屋面变形缝做法

a）平缝构造　b）凸缝构造

（2）泛水　刚性防水层与女儿墙、山墙垂直相交处应留出 30mm 宽的缝隙，用密封材料嵌填，并在该部位加铺防水卷材或涂刷防水涂料，其高度、宽度均≥250mm，如图 12-26 所示。

（3）檐口　刚性防水层与天沟、檐沟的交接处应留凹槽，并应用密封材料封严，如图 12-27 所示。

天沟、檐沟应用水泥砂浆找坡，找坡厚度大于 20mm 时，为防止开裂、起壳，宜用细石

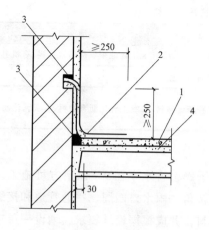

图 12-26　刚性防水墙泛水构造

1—刚性防水层　2—防水卷材或涂膜　3—密封材料　4—隔离层

图 12-27　刚性防水屋面檐口构造

1—刚性防水层　2—密封材料　3—隔离层

混凝土。

（4）雨水口　刚性防水屋面雨水口的规格和类型与柔性防水屋面相同。安装时，直管式雨水口注意防止雨水从套管与沟底接缝处渗漏，应在雨水口四周增加附加层，附加层应铺入套管内壁，防水层与雨水口相接处用油膏嵌封。在女儿墙上安装弯管式雨水口时，作刚性防水层之前，在雨水口处加铺柔性卷材防水，然后再浇屋面防水层，防水层与弯头交接处用油膏嵌缝，如图 12-28 所示。

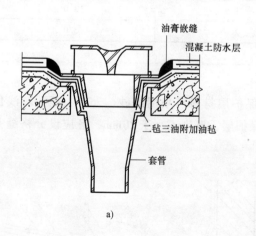
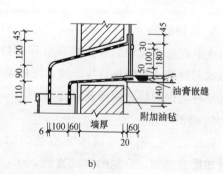

图 12-28　刚性防水屋面雨水口构造

a）直管式雨水口　b）弯管式雨水口

### （三）涂料防水屋面

#### 1. 防水材料

涂料防水又称涂膜防水，是用可塑性和粘结力较强的高分子防水涂料、高聚物改性沥青防水涂料和沥青基防水涂料，直接涂刷在屋面基层上，形成一层满铺的不透水的薄膜层，以达到屋面防水目的。具体涂料防水材料见表 12-3。

表 12-3  涂料防水材料

| 类别 | 品种 | 类型 | 材料名称 |
|---|---|---|---|
| 防水涂料 | 合成高分子防水涂料 | Ⅰ(固化型) | PU聚氨酯防水涂料、851焦油聚氨酯防水涂料、有机硅防水涂料 |
| | | Ⅱ(挥发型) | 丙烯酸酯防水涂料 |
| | 高聚物改性沥青防水涂料 | 水乳型 | 氯丁橡胶沥青涂料、膨润土乳化沥青涂料、石灰乳化沥青涂料 |
| | | 溶剂型 | |

### 2. 基本做法

涂膜的基层为混凝土或水泥砂浆;应平整干燥,含水率在9%以下方可施工。空鼓、缺陷和表面裂缝应修整后用聚合物砂浆修补。在转角、雨水口四周、贯通管道和接缝处等,易产生裂缝,构造处理时应留出凹槽嵌填密封材料,并应根据设计要求,增设一层或二层以上带有胎体增强材料的附加层,一般有聚酯无纺布、化纤无纺布、玻璃网等几种。

涂刷防水材料需分多次进行。先涂的涂层要等干燥成膜后方可涂布后一遍涂料,以确保涂膜防水屋面的质量。

标准学习:涂膜防水层最小厚度

《屋面工程技术规范》(GB 50345—2012)规定了各类涂膜防水层最小厚度,见表12-4。

表 12-4  涂膜防水层最小厚度　　　　　　　　　　　　　(单位:mm)

| 防水等级 | 合成高分子防水涂膜 | 聚合物水泥防水涂膜 | 高聚物改性沥青防水涂膜 |
|---|---|---|---|
| Ⅰ级 | 1.5 | 1.5 | 2.0 |
| Ⅱ级 | 2.0 | 2.0 | 3.0 |

### 3. 保护层

在屋面防水涂料的表面要设置保护层。保护层材料可采用细砂、云母、蛭石、浅色涂料、水泥砂浆或预制块材等。用水泥砂浆作保护层,厚度不小于20mm,且应设分格缝并在防水涂料与保护层之间设置隔离层。

### 4. 细部构造

位于天沟、檐沟与屋面交接处的防水附加层宜空铺,空铺的宽度宜为200～300mm,如图 12-29 所示。当屋面设置保温层时,天沟与檐沟处宜设保温层,檐口处涂膜防水材料的收头,应用防水涂料多遍涂刷或用密封材料封严实,如图12-30 所示。位于女儿墙泛水处的涂膜防水层应直接涂刷至女儿墙的压顶下;收头处理也应用防水涂料涂刷多遍并封严实,同样女儿墙的压顶本身也要做好防

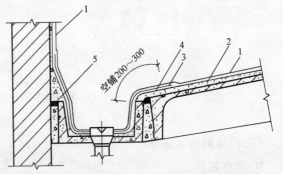

图 12-29  涂膜防水天沟、檐沟构造
1—涂膜防水层　2—找平层　3—有胎体增强材料的附加层
4—空铺附加层　5—密封材料

水处理，如图 12-31 所示。

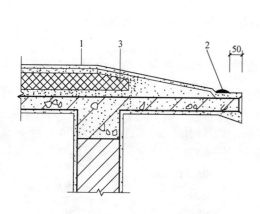

图 12-30　涂料防水层的檐口构造

1—涂膜防水层　2—密封材料　3—保温层

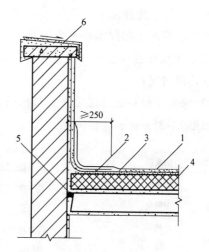

图 12-31　涂膜防水女儿墙泛水构造

1—涂膜防水层　2—有胎体增强材料的附加层　3—找平层
4—保温层　5—密封材料　6—防水处理

### （四）粉剂防水屋面

粉剂防水又称拒水粉防水，一般在平屋顶的基层结构上先抹水泥砂浆找平层，铺上 5~7mm 的拒水粉，再覆盖一层成卷的普通纸或无纺布，再在其上做保护层，保护层可用 20~30mm 厚的水泥砂浆或浇 30~40mm 厚的细石混凝土，也可用预制混凝土板或水泥砖、缸砖，如图 12-32 所示。

## 四、平屋顶的保温构造

在寒冷地区或装有空调设备的建筑中为了防止热量散失过多、过快，需在围护结构中设置保温层，以满足室内有一个便于人们生活和工作的环境。保温层的构造方案和材料做法是根据使用要求、气候条件、屋顶的结构形式、防水处理方法、施工条件等综合考虑确定的。

（1）屋面保温材料　屋面保温材料一般多选用空隙多、表观密度轻、导热系数小的材料。分为散料、现场浇筑的拌合物、板块料等三大类。

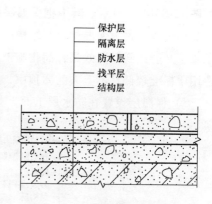

图 12-32　粉剂防水屋面构造层次

1）散料保温层如炉渣、矿渣之类工业废料。如果上面做卷材防水层时，必须在散状材料上先抹水泥砂浆找平层，再铺卷材。而这层找平层制作困难，为了解决这个问题，一般先做一过渡层，即可用石灰、水泥等胶结成轻混凝土面层，再在其上抹找平层。

2）现浇式保温层一般在结构层上用轻集料（矿渣、陶粒、蛭石、珍珠岩等）与石灰或水泥拌和、浇筑而成。这种保温层可浇筑成不同厚度，可与找坡层结合处理。

3）板块保温层常见的有水泥、沥青、水玻璃等胶结的预制膨胀珍珠岩、膨胀蛭石板、加气混凝土块、泡沫塑料等块材或板材。上面做找平层再铺防水层，屋面排水一般用结构找坡，或用轻混凝土在保温层下先做找坡层。

（2）屋顶保温层位置 屋顶中按照结构层、防水层和保温层所处的位置不同，可归纳为以下几种情况：

1）保温层设在防水层之下，结构层之上。这种形式构造简单，施工方便，目前广泛采用，如图 12-33a 所示。

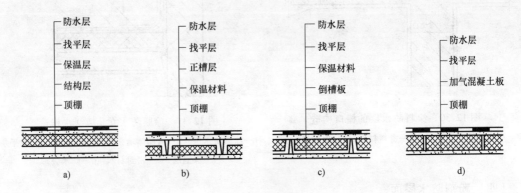

图 12-33 保温层位置

a）在结构层上 b）嵌入槽板中 c）嵌入倒槽板中 d）与结构层合一

2）保温层与结构层组合复合板材，既是结构构件，又是保温构件。一般有两种做法：一是为槽板内设置保温层，这种做法可减少施工工序，提高工业化施工水平，但成本偏高，如图 12-33b、c 所示。其中把保温层设在结构层下面者，由于产生内部凝结水，从而降低保温效果。另一种为保温材料与结构层融为一体，如加气的配筋混凝土屋面板。这种构件既能承重，又能达到保温效果，简化施工，降低成本。但其板的承载力较小，耐久性较差，因此适用于标准较低且不上人的屋顶中，如图 12-33d 所示。

3）保温层设置在防水层上面，其构造层次为保温层、防水层、结构层（图 12-34）。

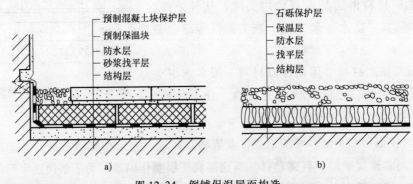

图 12-34 倒铺保温屋面构造

a）预制混凝土块保护层 b）石砾保护层

将保温层铺在防水层之上，亦称"倒铺法"保温。其优点是防水层被掩盖在保温层之下，而不受阳光及气候变化的影响，热温差较小，同时防水层不易受到来自外界的机械损伤。该屋面保温材料宜采用吸湿性小的憎水材料，如聚苯乙烯泡沫塑料板或聚氨酯泡沫塑料板，而加气混凝土或泡沫混凝土吸湿性强，不宜选用。在保温层上应设保护层，以防表面破损及延缓保温材料的老化过程。保温材料和构造需根据使用要求、气候条件、屋顶的结构形式、防水处理方法、施工条件等综合考虑。保护层应选择有一定荷载并足以压住保温层的材料，使保温层在下雨时不致漂浮。可选择大粒径的石子或混凝土作保护层，而不能采用绿豆砂作保护层。

4）防水层与保温层之间设空气间层的保温屋面。由于空气间层的设置，室内采暖的热量不能直接影响屋面防水层，故把它称为"冷屋顶保温体系"。这种做法的保温屋顶，无论平屋顶或坡屋顶均可采用。

（3）隔汽层的设置　保温层设在结构层上面，保温层上直接做防水层时，在保温层下要设置隔汽层。隔汽层的目的是防止室内水蒸气透过结构层，渗入保温层内，使保温材料受潮，影响保温效果。

隔汽层的做法通常是在结构层上做找平层，再在其上涂热沥青一道或铺一毡二油。

图 12-35 所示为卷材防水保温平屋顶构造。

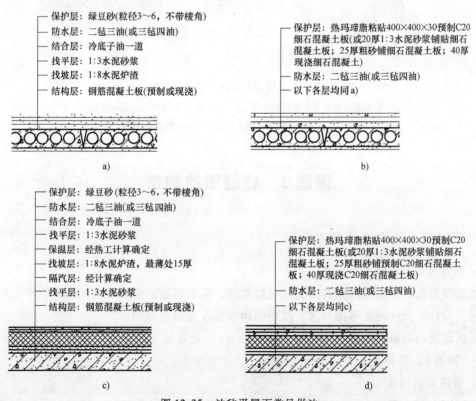

图 12-35　油毡平屋面常见做法
a）不保温，不上人　b）不保温，上人　c）保温，不上人　d）保温，上人

由于保温层下设隔汽层，上面设置防水层，那么保温层的上下两面均被油毡封闭住。而在施工中往往出现保温材料或找平层未干透，其中残存一定的水气无法散发。为了解决这个

问题，除了前面讲过的在防水层第一层油毡铺设时采用花油法（点状粘贴）之外，还可以采用以下办法：即在保温层上加一层砾石或陶粒作为透气层，或在保温层中间设排气通道，如图 12-36 所示。

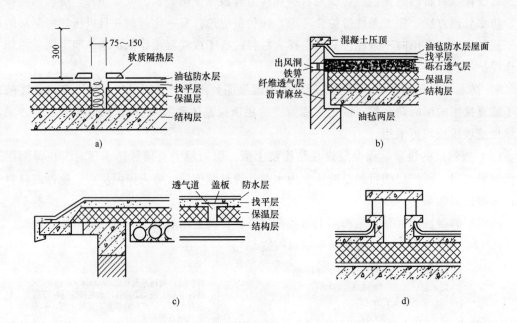

图 12-36　保温层内设置透气层及通风口构造

a) 保温层设透气道及镀锌铁皮通风口　b) 砾石透气层及女儿墙出风口

c) 保温层设透气道及檐下出风口　d) 中间透气口

# 课题3　坡屋顶的构造

## 一、坡屋顶的组成及排水

### 1. 坡屋顶的坡面组织和名称

坡屋顶是由带有坡度的倾斜面相互交接而成。屋顶斜面的倾斜方向根据建筑平面和屋顶形式进行设计，设计时要考虑排水、屋顶结构布置及屋顶造型等。

斜面相交的阳角称为脊（有正脊和斜脊之分），斜面相交的阴角称为沟（有斜沟和天沟之分），如图 12-37 所示。

### 2. 坡屋顶的组成

坡屋顶一般由承重结构和屋面两部分组成，必要时还有保温层、隔热层及顶棚等，如图 12-38 所示。

（1）承重结构　主要是承受屋面荷载并把它传递到墙或柱上，一般有屋架或大梁、檩条。

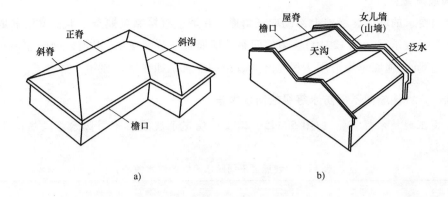

图 12-37　坡屋顶坡面组织名称

a）四坡屋顶　b）并立双坡屋顶

（2）屋面　屋面是屋顶上的覆盖层，直接承受风雨、冰冻和太阳辐射等大自然气候的作用；它包括屋面盖料和基层，屋面盖料为各类瓦材，基层包括挂瓦条、屋面板。

（3）顶棚　顶棚是屋顶下面的遮盖部分，可使室内上部平整，有一定光线反射，起保温隔热和装饰作用。

（4）保温或隔热层　保温或隔热层是屋顶对气温变化的围护部分，可设在屋面层或顶棚层，视需要决定。

**3. 坡屋顶的排水**

坡屋顶排水与平屋顶排水基本相同，排水方式也分为无组织排水和有组织排水两类，如图 12-39 所示。

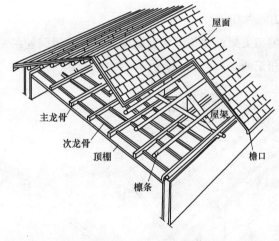

图 12-38　坡屋顶的组成

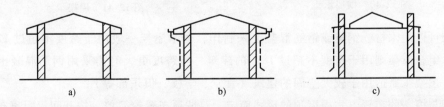

图 12-39　坡屋顶排水方式

a）无组织外排水　b）檐沟外排水　c）檐沟女儿墙外排水

## 二、坡屋顶的支承结构

坡屋顶中常用的支承结构有横墙和屋架两类。

**1. 横墙承重**

按屋顶要求的坡度，横墙上部砌成三角形，在墙上直接搁置檩条，承受屋顶重量，这种承重方式叫横墙承重（图12-40）。墙的间距，即檩条的跨度在4m以内，钢筋混凝土檩条跨度最大可达6m。横墙承重适用于房屋开间较小的建筑，如住宅、旅馆、宿舍等。

> 📖 **标准学习：坡屋面不同防水等级的防水做法**
>
> 《屋面工程技术规范》（GB 50345—2012）规定了坡屋面不同防水等级的防水做法，见表12-5。
>
> 表 12-5 坡屋面不同防水等级的防水做法
>
> | 防水等级 | 防水做法 |
> |---|---|
> | Ⅰ级 | 瓦 + 防水层 |
> | Ⅱ级 | 瓦 + 防水垫层 |

**2. 屋架承重**

屋架上架设檩条，承受屋面荷载，屋架搁置在建筑物的外纵墙或柱上，建筑内部有较大的使用空间，如图12-41所示。

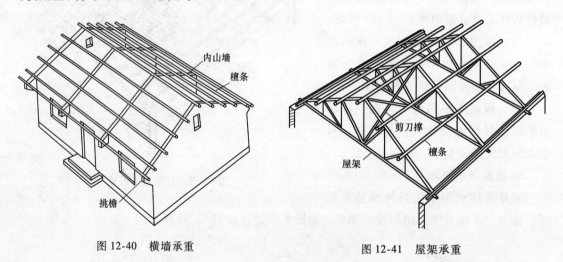

图 12-40 横墙承重　　　　　　　图 12-41 屋架承重

屋架可以用木材、钢材或钢筋混凝土来制作。全木屋架一般用于跨度不超过12m的建筑，钢木组合屋架则用于跨度不超过18m的建筑，当跨度更大时需采用钢筋混凝土屋架或钢屋架。屋架承重适用于较大空间的建筑（食堂、学校、俱乐部等）。

屋架与檩条的布置方式视屋顶的形式而定。双坡顶布置较简单，按开间等距离布置屋架即可；四坡顶、歇山顶、丁字形交接的屋顶和转角屋顶的结构布置比较复杂，其布置方式如图12-42所示。

### 三、坡屋顶的屋面构造

坡屋顶的屋面防水材料种类较多，我国目前采用的有弧形瓦（或称小青瓦）、平瓦、波形瓦、平板金属皮等。本节着重讲述平瓦屋面的构造。

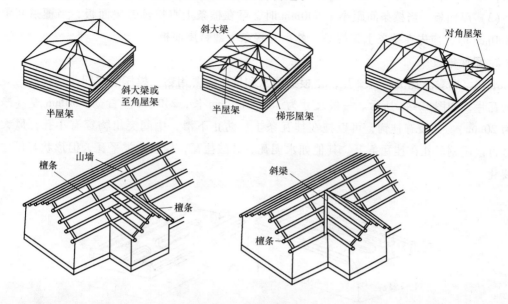

图 12-42 屋架和檩条布置

## 1. 屋面基层

为铺设屋面材料，应首先在其下面做好基层。基层组成一般有以下构件：

（1）檩条 檩条支承于横墙或屋架上，其断面及间距根据构造需要由结构计算确定。木檩条可用圆木或方木制成，以圆木较为经济，长度不宜超过 4m。用于木屋架时可利用三角木支托；用于硬山搁檩时，支承处应用混凝土垫块或经防腐处理（涂焦油）的木块，以防潮、防腐和分布压力。为了节约木材，也可采用预制钢筋混凝土檩条或轻钢檩条，如图 12-43 所示。采用预制钢筋混凝土檩条时，各地都有产品规格可查。常见的有矩形、L 形和 T 形等截面。为了在檩条上钉屋面板，常在顶面设置木条，木条断面呈梯形，尺寸约 40～50mm 对开。

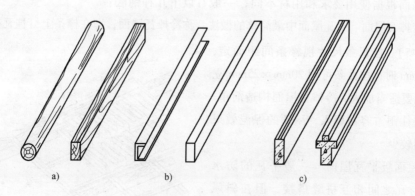

图 12-43 檩条断面形式

a）木檩条 b）钢檩条 c）钢筋混凝土檩条

（2）椽条 当檩条间距较大，不宜在上面直接铺设屋面板时，可垂直于檩条方向架立椽条，椽条一般用木制，间距一般为360~400mm，截面为50mm×50mm左右。

（3）屋面板　当檩条间距小于800mm时，可在檩条上直接铺钉屋面板；当檩条间距大于800mm时，应先在檩条上架椽条，然后在椽条上铺钉屋面板。

**2. 屋面铺设**

平瓦，即黏土瓦又称机平瓦，是根据防水和排水需要用黏土模压制成凹凸楞纹后焙烧而成的瓦片，如图12-44所示。一般尺寸为380~420mm长，240mm左右宽，50mm厚（净厚约为20mm）。瓦装有挂钩，可以挂在挂瓦条上，防止下滑，中间突出物穿有小孔，风大的地区可以用钢丝扎在挂瓦条上。其他如水泥瓦、硅酸盐瓦，均属此类平瓦，但形状与尺寸稍有变化。

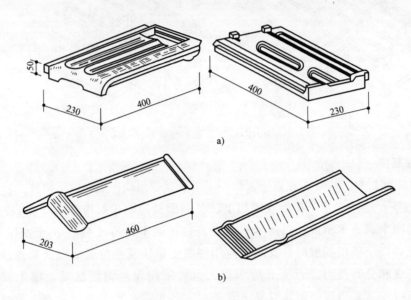

图 12-44　黏土瓦

a）平瓦　b）脊瓦

平瓦屋面根据使用要求和用材不同，一般有以下几种铺法：

（1）冷摊瓦屋面　平瓦屋面中最简单的做法，称冷摊瓦屋面，即在椽条上钉挂瓦条后直接挂瓦（图12-45）。挂瓦条尺寸视椽条间距而定，间距为400mm时，挂瓦条可用20mm×25mm立放，再大则要适当加大。冷摊瓦屋面构造简单、经济，但往往雨雪容易飘入，屋顶的保温效果差，故应用较少。

（2）屋面板平瓦屋面　一般平瓦的防水主要靠瓦与瓦之间相互拼缝搭接，但在斜风带雨雪时，往往会使雨水或雪花飘入瓦缝，形成渗水现象。为防止这种现象发生，一般在屋面板上可满铺一层油毡，作为第二道防

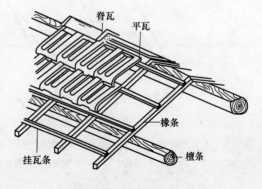

图 12-45　冷摊瓦屋面

水层。油毡可平行屋脊方向铺设，从檐口铺到屋脊，搭接不小于80mm，并用板条（称压毡条或顺水条）钉牢。板条方向与檐口垂直，上面再钉挂瓦条，这样使挂瓦条与油毡之间留有空隙，以利排水（图12-46）。一般屋面板厚15~20mm。在檐口处，为了使得第一皮瓦片与其他瓦片坡度一致，往往要钉双层挂瓦条；有时为了钉封檐板，第一张瓦下垫以三角木（一般50mm×75mm对开），其目的是使油毡上的雨水能顺利地排出屋面。

（3）纤维板或芦席作基层的平瓦屋面

为了节约屋面板和油毡，在结构层上，可以用硬质纤维板顺水搭接铺钉。其他杆状植物或其编织物，如苇席、苇箔、高粱秆、荆笆等，可用来代替屋面板，上铺油纸或油毡。或用麦秸泥直接贴瓦，不但节约屋面板、挂瓦条等，冬季还可以作保温层。

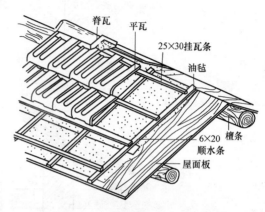

图 12-46　屋面板上挂瓦屋面

**3. 平瓦屋面细部构造**

平瓦屋面应作好檐口、天沟、屋脊等部位的细部处理。

（1）檐口构造

1）纵墙檐口根据构造要求作成挑檐或封檐。另外，有些坡屋顶将檐墙砌出屋面形成女儿墙包檐口构造，此时在屋面与女儿墙处必须设天沟，天沟最好采用预制天沟板，沟内铺卷材防水层，并将油毡一直铺到女儿墙上形成泛水。泛水做法与油毡屋面基本相同。

> **构造案例分析：挑檐的做法**
>
> 纵墙檐口的几种构造做法如图12-47所示。图12-47a所示为砖挑檐，即在檐口处将砖逐皮外挑，每皮挑出1/4砖，挑出总长度不大于墙厚的1/2；图12-47b所示是将椽条直接外挑，适用于较小的挑出长度，即出挑长度小于300mm时。当挑出长度较大时，应采取挑檐木的方法，如图12-47c所示，挑檐木置于屋架下；图12-47d所示为利用横墙中置挑檐木或屋架下弦设托木与檐檩和封檐板结合的做法。

2）山墙檐口。按屋顶形式不同双坡屋顶檐口分为硬山和悬山两种做法。

硬山的做法是山墙与屋面等高或高出屋面形成山墙女儿墙。等高做法是山墙砌至屋面高度，屋面铺瓦盖过山墙，然后用水泥麻刀砂浆嵌填，再用1:3水泥砂浆抹瓦出线。当山墙高出屋面时，女儿墙与屋面交接处应做泛水处理，一般用水泥石灰麻刀砂浆抹成泛水，或用镀锌铁皮做泛水。女儿墙顶应做压顶板，以保护泛水，如图12-48所示。

悬山屋顶的檐口构造，先将檩条外挑形成悬山，檩条端部钉木封檐板，沿山墙挑檐的一行瓦，应用1:2.5的水泥砂浆做出拔水线，将瓦封固，如图12-49所示。

（2）天沟和斜沟构造　在等高跨和高低跨相交处，常常出现天沟，而两个相互垂直的屋面相交处则形成斜沟（图12-50）。沟内有足够的断面积，上口宽度不宜小于300mm，一般用镀锌铁皮铺于木基层上，镀锌铁皮伸入瓦片下面至少150mm。高低跨和包檐天沟若采用镀锌铁皮防水层时，应从天沟内延伸到立墙上形成泛水。

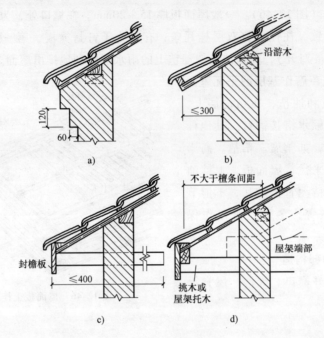

图 12-47　平瓦屋顶挑檐

a）砖挑檐　b）檩条直接外挑　c）挑檐木置于屋架下　d）屋架下弦设托木

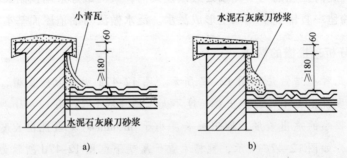

图 12-48　硬山檐口

a）小青瓦泛水　b）水泥石灰麻刀砂浆泛水

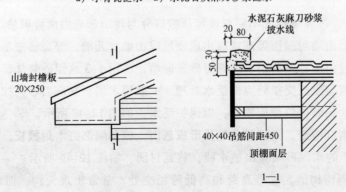

图 12-49　悬山檐口

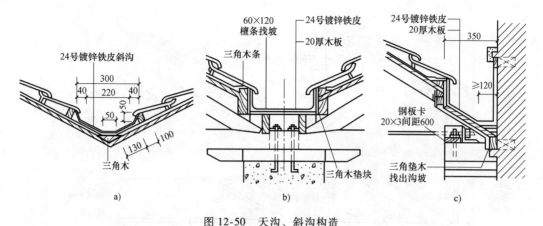

图 12-50 天沟、斜沟构造

a) 斜沟构造 b) 等高跨天沟构造 c) 高低跨天沟构造

（3）檐沟和雨水管 坡屋顶与平屋顶的排水组织设计基本相同，只不过坡屋顶的挑檐有组织排水的檐沟，多采用轻质并耐水的材料来做。通常有镀锌铁皮、石棉水泥、缸瓦和玻璃钢等多种。

1）镀锌铁皮檐沟和雨水管。这种檐沟有半圆及矩形之分；雨水管也有圆形和矩形之分，雨水管间距 10 ~ 15m，一般用 2 ~ 3mm 厚、20mm 宽的扁铁卡子固定在墙上，距墙约 20mm 左右，卡子的竖向间距一般为 1.2m 左右。雨水管的下部应向外倾斜，底部距散水或明沟 200mm，如图 12-51 所示。

2）其他材料的檐沟和雨水管。一般有石棉水泥、玻璃钢、塑料和缸瓦等，各地厂家出品的规格不尽相同。檐沟有半圆和槽形，雨水管有圆形和矩形。檐沟宽度约 120 ~ 175mm；雨水管尺寸约 75 ~ 125mm。接缝处一般采用套接，也有用砂浆结合者。石棉水泥和一些塑料制品，低温性脆，不宜在严寒地区选用。塑料易老化，缸瓦较重，应注意安全。为防碰坏，轻质雨水管接近地面 1 ~ 1.3m，最好用水泥砂浆保护。

## 四、坡屋顶的保温构造

坡屋顶的保温层一般布置在瓦材与檩条之间或吊顶棚上面，如图 12-52 所示。保温材料可根据工程具体要求选用松散材料、块体材料或板状材料。在一般的小青瓦屋面中，采用基层上满铺一层黏土稻草泥作为保温层，小青瓦片粘结在该层上。在平瓦屋面中，可将保温层填充在檩条之间；在设有吊顶的坡屋顶中，常常将保温层铺设在顶棚上面。可收到保温和隔热双重效果。

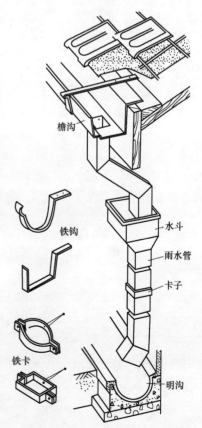

图 12-51 檐沟、水斗、雨水管形式

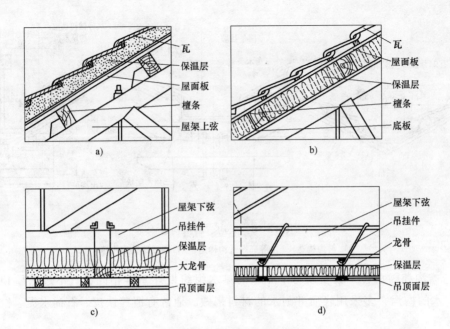

图 12-52 坡屋顶保温层的位置

a) 保温层在屋面板上　b) 保温层在檩条之间　c) 保温层在顶棚屋架上面　d) 保温层在顶棚屋架下面

# 单元十三

# 门与窗的构造

**单元概述**

本单元主要简述门窗的作用、类型和构造要求；介绍木门窗、塑钢门窗和铝合金门窗的组成和基本构造原理。

**学习目标**

**能力目标**

1. 能看懂门、窗与墙体的连接构造详图。

2. 能正确选用与识读门窗标准图。

**知识目标**

1. 理解门与窗的构造理论。

2. 掌握门和窗与墙体的连接构造。

**情感目标**

理解门与窗的构造理论，加深对门窗与墙体的构造连接的掌握。

## 课题1 门窗的形式与尺度

### 一、按门窗的开启方式分类

**1. 门**

门按其开启方式的不同，常见的有以下几种（图13-1）：

（1）平开门 平开门具有构造简单，开启灵活，制作安装和维修方便等特点。分单扇、双扇和多扇，内开和外开等形式，是一般建筑中使用最广泛的门。

（2）弹簧门 弹簧门的形式同平开门，区别在于侧边用弹簧铰链或下边用地弹簧代替普通铰链，开启后能自动关闭。单向弹簧门常用于有自关要求的房间。如卫生间的门、纱门等。双向弹簧门多用于人流出入频繁或有自动关闭要求的公共场所，如公共建筑门厅的门等。双向弹簧门扇上一般要安装玻璃，供出入的人相互观察，以免碰撞。

（3）推拉门 门扇沿上下设置的轨道左右滑行，有单扇和双扇两种。推拉门占用面积小，受力合理，不易变形，但构造复杂。

（4）折叠门　门扇可拼合，折叠推移到洞口的一侧或两侧，少占房间的使用面积。简单的折叠门，可以只在侧边安装铰链，复杂的还要在门的上边或下边装导轨及转动五金配件。

（5）转门　转门是三扇或四扇用同一竖轴组合成夹角相等、在弧形门套内水平旋转的门，对防止内外空气对流有一定的作用。它可以作为人员进出频繁，且有采暖或空调设备的公共建筑的外门。在转门的两旁还应设平开门或弹簧门，以作为不需要空气调节的季节或大量人流疏散之用。转门构造复杂，造价较高，一般情况下不宜采用。

此外，还有上翻门、升降门、卷帘门等形式，一般适用于门洞口较大，有特殊要求的房间，如车库的门等。

**2. 窗**

依据开启方式的不同，常见的窗有以下几种（图13-2）：

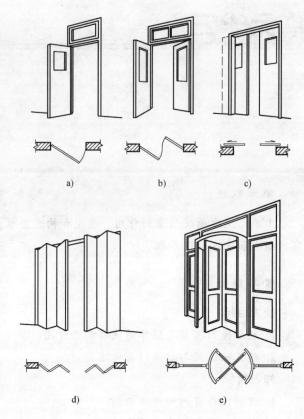

图 13-1　接门的开启方式分类
a）平开门　b）弹簧门　c）推拉门　d）折叠门　e）转门

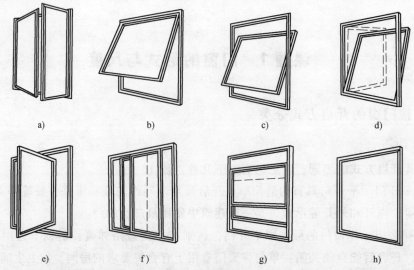

图 13-2　窗的开启方式
a）平开窗　b）上悬窗　c）中悬窗　d）下悬-平开窗
e）立转窗　f）水平推拉窗　g）垂直推拉窗　h）固定窗

（1）平开窗　平开窗有内开和外开之分。它构造简单，制作、安装、维修、开启等都比较方便，在一般建筑中应用最广泛。

（2）悬窗　按旋转轴的位置不同，分为上悬窗、中悬窗和下悬窗三种。上悬窗和中悬窗向外开，防雨效果好，且有利于通风，尤其用于高窗，开启较为方便；下悬窗不能防雨，且开启时占据较多的室内空间，或与上悬窗组成双层窗用于有特殊要求的房间。

（3）立转窗　立转窗为窗扇可以沿竖轴转动的窗。竖轴可设在窗扇中心，也可以略偏于窗扇一侧。立转窗的通风效果好。

（4）推拉窗　推拉窗分水平推拉和垂直推拉两种。水平推拉窗需要在窗扇上下设轨槽，垂直推拉窗要有滑轮及平衡措施。推拉窗开启时不占据室内外空间，窗扇和玻璃的尺寸可以较大，但它不能全部开启，通风效果受到影响。推拉窗对铝合金窗和塑料窗比较适用。

（5）固定窗　固定窗为不能开启的窗，仅作采光和通视用，玻璃尺寸可以较大。

## 二、按门窗的材料分类

根据门窗用的材料不同，常见的门窗有木门窗、钢门窗、铝合金门窗及塑料门窗等类型。木门窗加工制作方便，价格较低，应用较广，但木材耗量大，防火能力差。钢门窗强度高，防火好，挡光少，在建筑上应用很广，但钢门窗保温较差，易锈蚀。铝合金门窗美观，有良好的装饰性和密闭性，但成本高，保温差。塑料门窗同时具有木材的保温性和铝材的装饰性，是近年来为节约木材和有色金属发展起来的新品种，国内已有相当数量的生产，但在目前，它的成本较高，其刚度和耐久性还有待于进一步完善。另外，还有一种全玻璃门，主要用于标准较高的公共建筑中的主要入口，它具有简洁、美观、视线无阻挡及构造简单等特点。

**标准学习：门窗的设置要求**

《住宅设计规范》（GB 50096—2011）规定，门窗的设置应符合下列要求：

1）窗外没有阳台或平台的外窗，窗台距楼面、地面的净高低于0.90m时，应有防护设施。

2）当设置凸窗时应符合下列规定：

① 窗台高度低于或等于0.45m时，防护高度从窗台面起算不应低于0.90m。

② 可开启窗扇窗洞口底距窗台面的净高低于0.90m时，窗洞口处应有防护措施。其防护高度从窗台面起算不应低于0.90m。

③ 严寒和寒冷地区不宜设置凸窗。

3）底层外窗和阳台门、下沿低于2.00m且紧邻走廊或共用上人屋面上的窗和门，应采取防卫措施。

4）面临走廊、共用上人屋面或凹口的窗，应避免视线干扰，向走廊开启的窗扇不应妨碍交通。

## 课题2 木门窗的构造

### 一、平开木窗构造

#### 1. 窗框

（1）窗框的断面形状与尺寸 窗框的断面尺寸主要按材料的强度和接榫的需要确定，一般多为经验尺寸（图13-3）。图中虚线为毛料尺寸，粗实线为刨光后的设计尺寸（净尺寸），中横框若加披水，其宽度还需增加20mm左右。

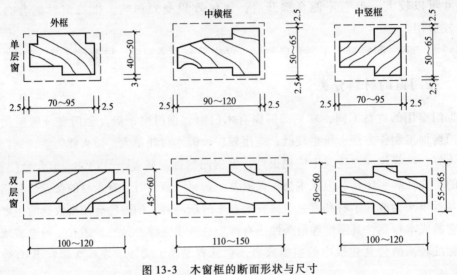

图13-3 木窗框的断面形状与尺寸

（2）窗框的安装 窗框的安装方式有立口和塞口两种。施工时先将窗框立好，后砌窗间墙，称为立口。立口的优点是窗框与墙体结合紧密、牢固；缺点是施工中安窗和砌墙相互影响，若施工组织不当，则影响施工进度。

塞口则是在砌墙时先留出洞口，以后再安装窗框，为便于安装，预留洞口应比窗框外缘尺寸多出20～30mm。塞口法施工方便，但框与墙间的缝隙较大，为加强窗框与墙的联系，安装时应用长钉将窗框固定于砌墙时预埋的木砖上，为了方便也可用铁脚或膨胀螺栓将窗框直接固定到墙上，每边的固定点不少于2个，其间距不应大于1.2m。

（3）窗框与墙的关系

1）窗框在墙洞中的位置：窗框的位置要根据房间的使用要求、墙身的材料及墙体的厚度确定。有窗框内平、窗框居中和窗框外平三种情况，如图13-4所示。窗框内平时，对内开的窗扇，可贴在内墙面上，少占室内空间。当墙体较厚时，窗框居中布置，外侧可设窗台，内侧可做窗台板。窗框外平多用于板材墙或厚度较薄的外墙。

2）窗框的墙缝处理：窗框与墙间的缝隙应填塞密实，以满足防风、挡雨、保温、隔声等要求。一般情况下，洞口边缘可采用平口，用砂浆或油膏嵌缝。为保证嵌缝牢固，常在窗框靠墙一侧内外两角做灰口，如图13-5a所示。寒冷地区在洞口两侧外缘做高低口为宜，缝内填弹性密封材料，以增强密闭效果，如图 13-5d 所示。标准较高的常做贴脸或筒子板，如图 13-5b、c 所示。木窗框靠墙一面，易受潮变形，通常当窗框的宽度大于 120mm 时，在窗框外侧开槽，俗称背槽，并做防腐处理，见图 13-5b 中的窗框。

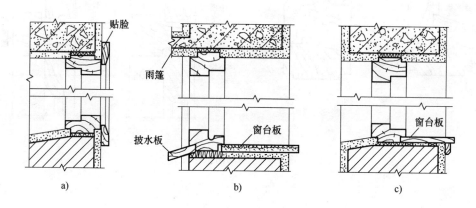

图 13-4　窗框在墙洞中的位置
a）窗框内平　b）窗框外平　c）窗框居中

外开窗的上口和内开窗的下口，是防雨水的薄弱环节，常做披水和滴水槽，以防雨水渗透，如图 13-6 所示。

**2. 窗扇**

（1）玻璃窗扇的断面形状和尺寸　窗扇的厚度为 35～42mm，多为 40mm。上、下冒头及边梃的宽度一般为 50～60mm，窗芯宽度一般为 27～40mm。下冒头若加披水板，应比上冒头加宽 10～25mm，如图 13-7a、b 所示。为镶嵌玻璃，在窗扇外侧要做裁口，其深度为 8～12mm，但不应超过窗扇厚度的 1/3。各杆件的内侧常做装饰性线脚，既少挡光又美观，如图 13-7c 所示。两窗扇之间的接缝处，常做高低缝的盖口，也可以一面或两面加钉盖缝条，以提高防风雨能力和减少冷风渗透，如图 13-7d 所示。

（2）玻璃的选用和安装　普通窗大多数采用 3mm 厚无色透明的平板玻璃，若单块玻璃的面积较大时，可选用 5mm 或 6mm 厚的玻璃，同时应加大窗料尺寸，以增加窗扇的刚度。另外，为了满足保温隔声、遮挡视线、使用安全以及防晒等方面的要求，可分别选用双层中空玻璃、磨砂或压花玻璃、夹丝玻璃、钢化玻璃等。

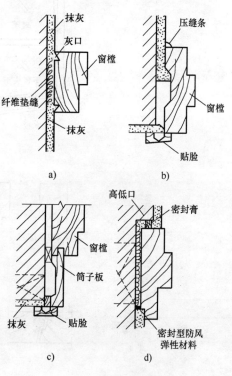

图 13-5　窗框的墙缝处理
a）平口抹灰　b）贴脸　c）筒子板和贴脸
d）高低口，缝内填弹性密封材料

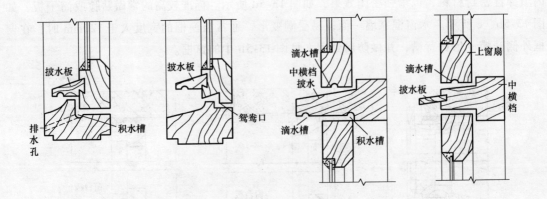

图 13-6  窗的防水措施

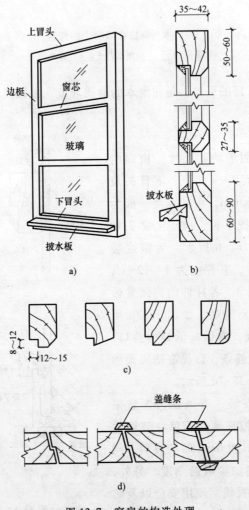

图 13-7  窗扇的构造处理

a) 窗扇立面  b) 窗扇剖面  c) 线脚示例  d) 盖缝处理

　　玻璃的安装，一般先用小钢钉固定在窗扇上，然后用油灰（桐油石灰）或玻璃密封膏镶嵌成斜角形，也可以采用小木条镶钉。

## 二、平开木门构造

### 1. 门框

　　（1）门框的断面形状和尺寸　门框的断面形状与窗框类似，但由于门受到的各种冲撞荷载比窗大，故门框的断面尺寸要适当增加，如图13-8所示。

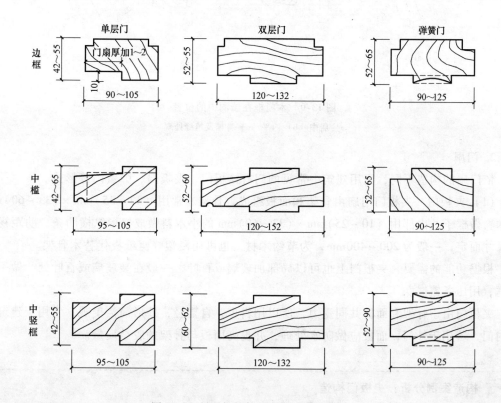

图13-8　平开门门框的断面形状及尺寸

　　（2）门框的安装　门框的安装与窗框相同，分立口和塞口两种施工方法。工厂化生产的成品门，其安装多采用塞口法施工。

　　（3）门框与墙的关系　门框在墙洞中的位置同窗框一样，有门框内平、门框居中和门框外平三种情况，一般情况下多做在开门方向一边，与抹灰面平齐，使门的开启角度较大。对较大尺寸的门，为牢固地安装，多居中设置，如图13-9a、b所示。

　　门框的墙缝处理与窗框相似，但应更牢固，门框靠墙一边也应开防止因受潮而变形的背槽，并做防潮处理，门框外侧的内外角做灰口，缝内填弹性密封材料，如图13-9c所示。

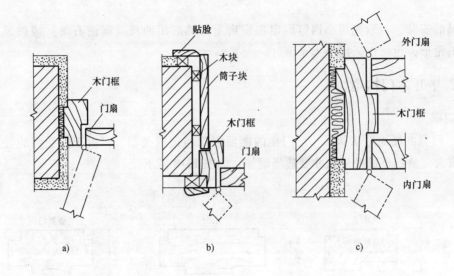

图 13-9　木门框在墙洞中的位置

a）居中　b）内平　c）背槽及填缝处理

## 2. 门扇

依门扇的构造不同，民用建筑中常见的门有镶板门、夹板门、弹簧门等形式。

（1）夹板门　夹板门门扇由骨架和面板组成，骨架通常用（32～35）mm×（33～60）mm 的木料做框子，内部用（10～25）mm×（33～60）mm 的小木料做成格形纵横肋条，肋距视木料尺寸而定，一般为 200～400mm，为节约木材，也可用浸塑蜂窝纸板代替木骨架。

根据功能的需要，夹板门上也可以局部加玻璃或百叶，一般在装玻璃或百叶处，做一个木框，用压条镶嵌。

夹板门由于骨架和面板共同受力，所以用料少，自重轻，外形简洁美观，常用于建筑物的内门，若用于外门，面板应做防水处理，并提高面板与骨架的胶结质量。

---

**构造案例分析：夹板门构造**

图 13-10 所示是常见的夹板门构造实例，图 13-10a 所示为医院建筑中常用的大小扇夹板门，大扇的上部镶一块玻璃；图 13-10b 所示为单扇夹板门，下部装一百叶，多用于卫生间的门，腰窗为中悬式窗。

为了使夹板内的湿气易于排出，减少面板变形，骨架内的空气应贯通，并在上部设小通气孔。面板可用胶合板、硬质纤维板或塑料板等，用胶结材料双面胶结在骨架上。胶合板有天然木纹，有一定的装饰效果，表面可涂刷聚氨酯漆、蜡克漆或清漆。纤维板的表面一般先涂底色漆，然后刷聚氨酯漆或清漆。塑料面板有各种装饰性图案和色彩，可根据室内设计要求选用。另外，门的四周可用 15～20mm 厚的木条镶边，以取得整齐美观的效果。

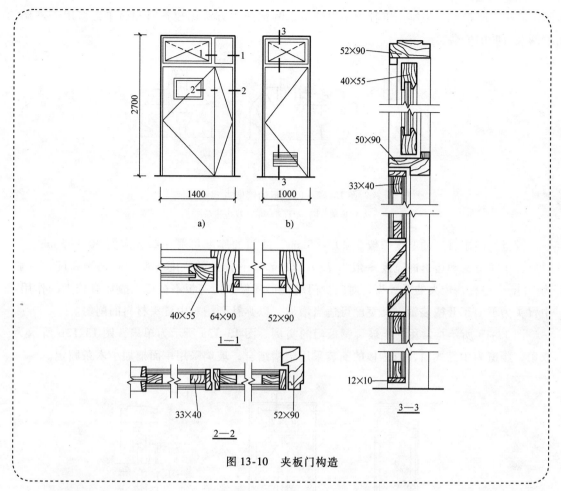

图 13-10 夹板门构造

（2）镶板门 镶板门门扇由骨架和门芯板组成。骨架一般由上冒头、下冒头及边梃组成，有时中间还有一道或几道横冒头或一条竖向中梃。门芯板可采用木板、胶合板、硬质纤维板及塑料板等。有时门芯板可部分或全部采用玻璃，则称为半玻璃（镶板）门或全玻璃（镶板）门。构造上与镶板门基本相同的还有纱门、百叶门等。

木制门芯板一般用 10～15mm 厚的木板拼装成整块，镶入边梃和冒头中，板缝应结合紧密，不能因木材干缩而裂缝。门芯板的拼接方式有四种，分别为平缝胶合、木键拼缝、高低缝和企口缝，如图 13-11 所示。工程中常用的为高低缝和企口缝。

门芯板在边梃和冒头中的镶嵌方式有暗槽、单面槽以及双边压条等三种，如图 13-12 所

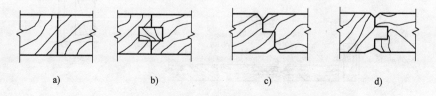

图 13-11 门芯板的拼接方式

a）平缝胶合 b）木键拼缝 c）高低缝 d）企口缝

示。其中，暗槽结合最牢，工程中用得较多，其他两种方法比较省料和简单，多用于玻璃、纱网及百叶的安装。

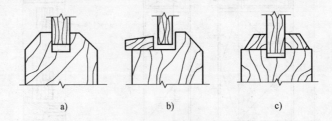

图 13-12 门芯板的镶嵌方式

a) 暗槽 b) 单面槽 c) 双边压条

镶板门门扇骨架的厚度一般为 40 ~ 45mm，纱门的厚度可薄一些，多为 30 ~ 35mm。上冒头、中间冒头和边梃的宽度一般为 75 ~ 120mm，下冒头的宽度习惯上同踢脚高度，一般为 200mm 左右，较大的下冒头，对减少门扇变形和保护门芯板不被行人撞坏有较大的作用。中冒头为了便于开槽装锁，其宽度可适当增加，以弥补开槽对中冒头材料的削弱。

图 13-13 所示是常用的半玻璃镶板门的实例。图 13-13a 所示为单扇，图 13-13b 所示为双扇，腰窗为中悬式窗，门芯板的安装采用暗槽结合，玻璃采用单面槽加小木条固定。

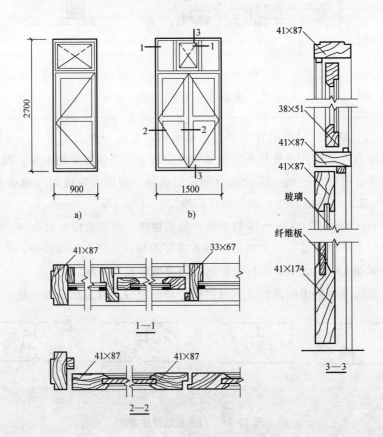

图 13-13 半玻璃镶板门构造

（3）弹簧门　弹簧门是指利用弹簧铰链，开启后能自动关闭的门。弹簧铰链有单面弹簧、双面弹簧和地弹簧等形式。单面弹簧门多为单扇，与普通平开门基本相同，只是铰链不同。双面弹簧门通常都为双扇门，其门扇在双向可自由开关，门框不需裁口，一般做成与门扇侧边对应的弧形对缝，为避免两门扇相互碰撞，又不使缝过大，通常上下冒头做平缝，两扇门的中缝做圆弧形，其弧面半径约为门厚的 1～1.2 倍。地弹簧门的构造与双面弹簧门基本相同，只是铰轴的位置不同，地弹簧装在地板上。

弹簧门的构造如图 13-14 所示。弹簧门的开启一般都比较频繁，对门扇的强度和刚度要求比较高，门扇一般要用硬木，用料尺寸应比普通镶板门大一些，弹簧门门扇的厚度一般为 42～50mm，上冒头、中冒头和边梃的宽度一般为 100～120mm，下冒头的宽度一般为 200～300mm。

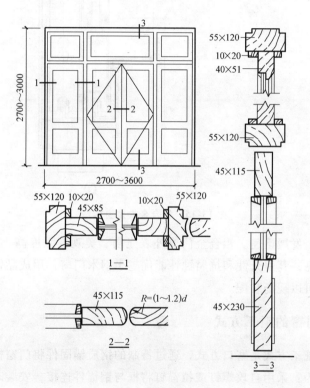

图 13-14　弹簧门的构造

## 课题 3　铝合金门窗的构造

### 一、铝合金门窗的特点

铝合金门窗轻质高强，具有良好的气密性，对有隔声、保温、隔热防尘等特殊要求的建筑以及受风沙、受暴雨、受腐蚀性气体环境地区的建筑尤为适用。铝合金推拉窗构造如图 13-15 所示。

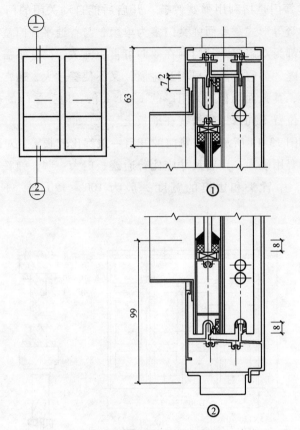

图 13-15    铝合金推拉窗构造

由于优点较多，发展迅速。铝合金门窗外表光洁、美观，强度高，可以有较大的分格，显得更加通透、明亮，其耐久性和抗腐蚀性能优越于钢木门窗，用成品铝合金型材组装门窗工艺简单、方便，可以现场装配。

## 二、铝合金门窗的施工方式

铝合金门窗的施工方式是塞口方式，通过特制的钢质锚固件将门窗框与墙、柱、梁等结构连接。具体操作为：采用自攻螺钉或拉锚钉将框与钢锚件连接，安装时，将锚件与墙内或钢筋混凝土内预埋件焊接在一起，施工简单方便。制作大面积铝合金门窗时，须加中竖梃和中横档，常采用铝合金方管。

> **标准学习：铝合金门窗干法施工**
>
> 在工程中，铝合金门窗一般采用干法施工安装。《铝合金门窗工程技术规范》（JGJ 214—2010）7.3.1 条对干法安装进行了规定：
>
> 1）金属附框安装应在洞口及墙体抹灰湿作业前完成，铝合金门窗安装应在洞口及墙体抹灰湿作业后进行。
>
> 2）金属附框宽度应大于 30mm。

3）金属附框的内、外两侧宜采用固定片与洞口墙体连接固定；固定片宜用 Q235 钢材，厚度不应小于 1.5mm，宽度不应小于 20mm，表面应做防腐处理。

## 三、铝合金门窗的构造

铝合金门窗玻璃尺寸较大，常采用 5mm 厚玻璃。使用玻璃胶或铝合金弹性压条或橡胶密封条固定。铝合金门窗多用推拉式开启方式，但这种方式的密闭性较差，平开式铝合金玻璃门多采用地弹簧与门的上下框连接，但框料需加强。铝合金推拉窗的构造如图 13-15 所示。铝合金推拉门的构造如图 13-16 所示。

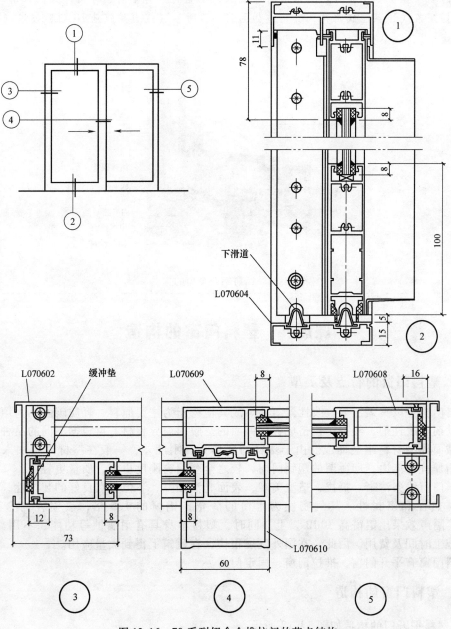

图 13-16  70 系列铝合金推拉门的节点结构

铝合金型材由于导热系数大，因此普通铝合金门窗的热桥问题十分突出，新式的热隔断铝型材可以切断热桥。

> **⚙ 工程实践经验介绍：铝合金断桥技术**
>
> 隔热断桥铝合金的原理是在铝型材中间穿入隔热条，将铝型材断开形成断桥，有效阻止热量的传导，隔热铝合金型材门窗的热传导性比非隔热铝合金型材门窗降低40% ~ 70%。中空玻璃断桥铝合金门窗自重轻、强度高，加工装配精密、准确，因而开闭轻便灵活，无噪声，密度仅为钢材的1/3，其隔声性好。
>
> 断桥铝合金窗指采用隔热断桥铝型材、中空玻璃、专用五金配件、密封胶条等辅件制作而成的节能型窗。主要特点是采用断热技术将铝型材分为室内、外两部分，采用的断热技术包括穿条式和浇注式两种，其构造如图13-17所示（摘自建筑业10项新技术（2010）应用指南）。
>
>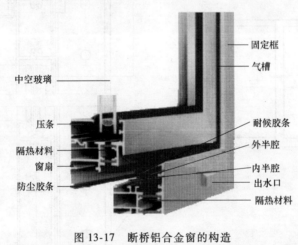
>
> 图13-17　断桥铝合金窗的构造

# 课题4　塑料门窗的构造

## 一、塑料门窗的特点及类型

塑料门窗是以聚氯乙烯、改性聚氯乙烯或其他树脂为主要原料，轻质碳酸钙为填料，添加适量助剂和改性剂，经挤压机挤成各种截面的空腹门窗异型材，再根据不同的品种规格选用不同截面异型材料组装而成。由于塑料的变形大、刚度差，一般在型材内腔加入钢或铝等，以增加抗弯能力，即所谓的塑钢门窗，较之全塑门窗刚度更好，质量更轻。

塑料门窗线条清晰、挺拔，造型美观，表面光洁细腻，不但具有良好的装饰性，而且有良好的隔热性和密封性。其气密性为木窗的3倍，铝窗的1.5倍；热损耗为金属窗的1/1000；隔声效果比铝窗高30dB以上。同时，塑料本身具有耐腐蚀等功能，不用涂涂料，可节约施工时间及费用。因此，在国外发展很快，在建筑上得到大量应用。

塑料门窗有平开门窗、推拉门窗、固定门窗。

## 二、塑料门窗的构造

1）塑料平开门的构造如图13-18所示。

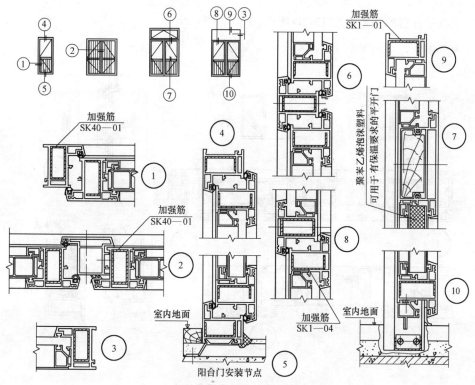

图 13-18 50 系列塑料平开门的节点结构

2）塑料推拉门的构造如图 13-19 所示。

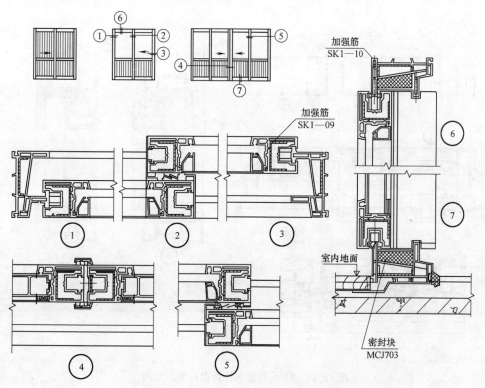

图 13-19 80 系列塑料推拉门的节点结构

3）塑料平开窗的构造如图 13-20 所示。

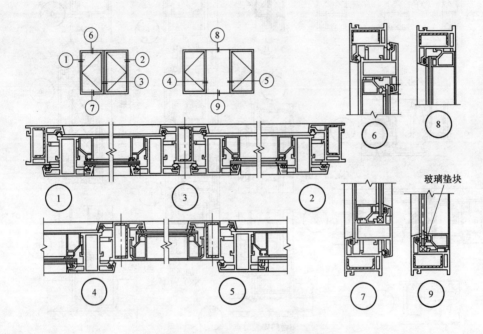

图 13-20  45 系列塑料平开窗的节点结构

4）塑料推拉窗的构造如图 13-21 所示。

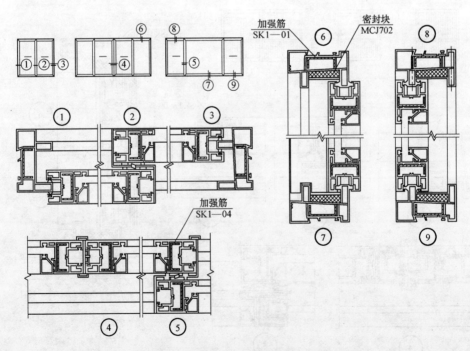

图 13-21  85 系列塑料推拉窗的节点结构

**工程实践经验介绍：塑料门、窗的装配要求**

1）门、窗框、扇、梃应加衬增强型钢，并根据外门、窗的抗风压强度、挠度确定增强型钢的规格。增强型钢距型材端头内角距离不应大于15mm，增强型钢与型材承载方向内腔配合间隙不应大于1mm。

2）用于固定每根增强型钢的紧固件不应少于3个，其间距不应大于300mm，距型材端头内角距离不应大于100mm，固定后增强型钢不应松动。

# 单元十四

## 变形缝构造

**单元概述**

本单元主要介绍变形缝的基本概念、变形缝的设置原则、变形缝的类型与构造，并重点介绍基础、墙体和屋面等位置变形缝的构造做法。

**学习目标**

**能力目标**

1. 能说出不同种类变形缝的构造要求。

2. 能看懂基础、墙体和屋面等位置变形缝的构造详图。

**知识目标**

1. 了解变形缝的基本概念、变形缝的设置原则。

2. 掌握变形缝的类型与构造做法。

**情感目标**

通过对变形缝的基本概念、变形缝的设置原则、变形缝的类型与构造相关知识的学习，认识变形缝在房屋构造中的重要作用。

## 课题 1　伸缩缝构造

### 一、伸缩缝的设置

建筑物因受温度变化的影响而产生热胀冷缩，在结构内部产生温度应力，当建筑长度超过一定限度时，建筑平面变化较多或结构类型变化较大时，建筑物会因热胀冷缩变形较大而产生开裂。为预防这种情况发生，常常沿建筑物长度方向每隔一定距离或在结构变化较大处预留缝隙，将建筑物断开。这种因温度变化而设置的缝隙就称为伸缩缝或温度缝。

伸缩缝要求把建筑物的墙体、楼板层、屋顶等地面以上部分全部断开，基础部分因受温度变化影响较小，不需断开。

伸缩缝的最大间距，应根据不同材料的结构而定，详见有关结构规范。砌体房屋伸缩缝的最大间距参见表 14-1；钢筋混凝土结构伸缩缝的最大间距参见表 14-2 有关规定。

表 14-1 砌体房屋伸缩缝的最大间距 （单位：m）

| 砌体类别 | 屋顶或楼板层的类别 | | 间　距 |
|---|---|---|---|
| 各种砌体 | 整体式或装配整体式钢筋混凝土结构 | 有保温层或隔热层的屋顶、楼板层 | 50 |
| | | 无保温层或隔热层的屋顶 | 40 |
| | 装配式无檩体系钢筋混凝土结构 | 有保温层或隔热层的屋顶 | 60 |
| | | 无保温层或隔热层的屋顶 | 50 |
| | 装配式有檩体系钢筋混凝土结构 | 有保温层或隔热层的屋顶 | 75 |
| | | 无保温层或隔热层的屋顶 | 60 |
| 普通黏土、空心砖砌体 | 黏土瓦或石棉水泥瓦屋顶 木屋顶或楼板层 砖石屋顶或楼板层 | | 100 |
| 石砌体 | | | 80 |
| 硅酸盐、硅酸盐砌块和混凝土砌块砌体 | | | 75 |

表 14-2 钢筋混凝土结构伸缩缝的最大间距 （单位：mm）

| 项次 | 结构类型 | | 室内或土中 | 露天 |
|---|---|---|---|---|
| 1 | 排架结构 | 装配式 | 100 | 70 |
| 2 | 框架结构 | 装配式 | 75 | 50 |
| | | 现浇式 | 55 | 35 |
| 3 | 剪力墙结构 | 装配式 | 65 | 40 |
| | | 现浇式 | 45 | 30 |
| 4 | 挡土墙及地下室墙壁等类结构 | 装配式 | 40 | 30 |
| | | 现浇式 | 30 | 20 |

另外，也有采用附加应力钢筋，加强建筑物的整体性来抵抗可能产生的温度应力，使之少设缝和不设缝。但需经过计算确定。

## 二、伸缩缝构造

伸缩缝是将基础以上的建筑构件全部分开，并在两个部分之间留出适当的缝隙，以保证伸缩缝宽一般在 20～40mm。

**1. 伸缩缝的结构处理**

（1）砖混结构　砖混结构的墙和楼板及屋顶结构布置可采用单墙，也可采用双墙承重方案，如图 14-1a 所示。

变形缝最好设置在平面图形有变化处，以利隐蔽处理。

（2）框架结构　框架结构的伸缩缝结构一般采用悬臂梁方案（图 14-1b），也可采用双梁双柱方案（图 14-1c），但施工较复杂。

**2. 伸缩缝节点构造**

（1）墙体伸缩缝构造　墙体伸缩缝一般做成平缝、错口缝、企口缝或凹凸缝等截面形

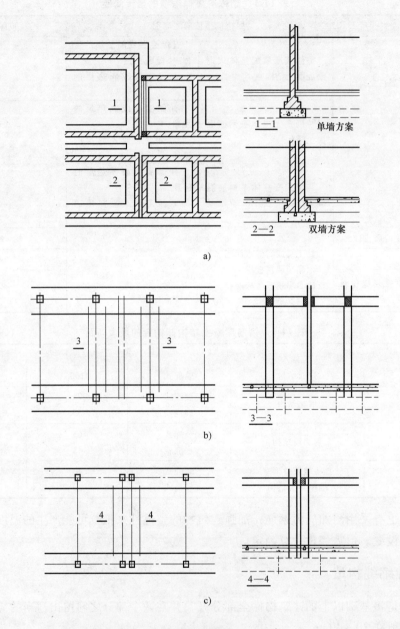

图 14-1  伸缩缝的位置

a) 承重墙方案  b) 框架悬臂梁方案  c) 框架双柱方案

式（图 14-2），主要视墙体材料、厚度及施工条件而定。

　　为防止外界自然条件对墙体及室内环境的侵袭，变形缝外墙一侧常用浸沥青的麻丝或木丝板及泡沫塑料条、橡胶条、油膏等有弹性的防水材料塞缝，当缝隙较宽时，缝口可用镀锌铁皮、彩色薄钢板、铝皮等金属调节片做盖缝处理。内墙可用具有一定装饰效果的金属片、塑料片或木盖缝条覆盖。所有填缝及盖缝材料和构造应保证结构在水平方向自由伸缩而不产生破裂，如图 14-3 所示。

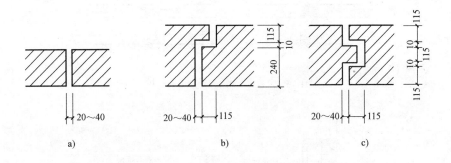

图 14-2　砖墙伸缩缝的截面形式

a）平缝　b）错口缝　c）凹凸缝

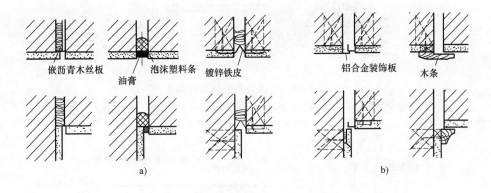

嵌沥青木丝板　油膏　泡沫塑料条　镀锌铁皮　铝合金装饰板　木条

图 14-3　砖墙伸缩缝构造

a）外墙伸缩缝构造　b）内墙伸缩缝构造

（2）楼地板层伸缩缝构造　楼地板层伸缩缝的位置与缝宽大小应与墙体、屋顶变形缝一致，缝内常用可压缩变形的材料（如油膏、沥青麻丝、橡胶、金属或塑料调节片等）做封缝处理，上铺活动盖板或橡、塑地板等地面材料，以满足地面平整、光洁、防滑、防水及防尘等功能。顶棚的盖缝条只能固定于一端，以保证两端构件能自由伸缩变形，如图 14-4 所示。

（3）屋顶伸缩缝构造　屋顶伸缩缝常见的位置有在同一标高屋顶处或墙与屋顶高低错落处。不上人屋面，一般可在伸缩缝处加砌矮墙，并做好屋面防水和泛水处理，其基本要求同屋顶泛水构造，不同之处在于盖缝处应能允许自由伸缩而不造成渗漏。上人屋面则用嵌缝油膏嵌缝并做好泛水处理。常见屋面伸缩缝构造如图 14-5、图 14-6、图 14-7 所示。值得注意的是，采用镀锌铁皮和防腐木砖的构造方式在屋面中使用，其寿命是有限的，少则十余年，多则三五十年就会锈蚀腐烂。故近年来逐步出现采用涂层、涂塑薄钢板或铝皮甚至用不锈钢皮和射钉、膨胀螺钉等来代替之。构造原则不会变，而构造形式却有进一步发展。

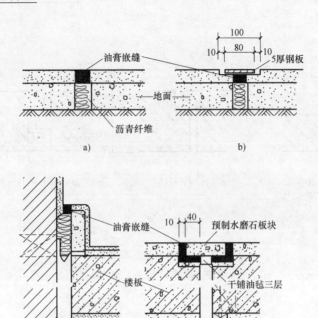

图 14-4  地面、顶棚伸缩缝构造

a) 地面油膏嵌缝  b) 地面钢板盖缝  c) 楼板靠墙处变形缝  d) 楼板变形缝

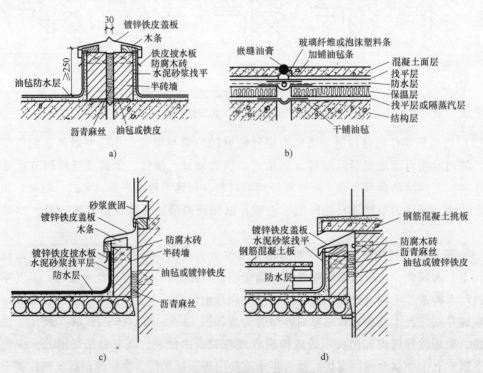

图 14-5  卷材防水屋面伸缩缝构造

a) 一般平接屋面变形缝  b) 上人屋面变形缝  c) 高低缝处变形缝  d) 进出口处变形缝

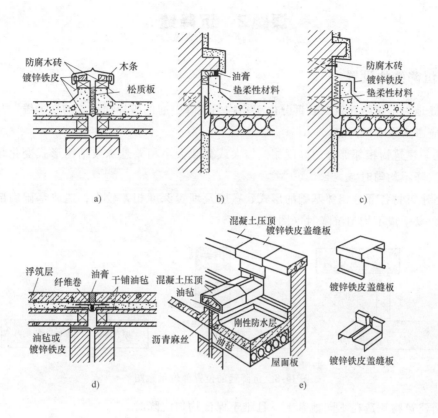

图 14-6 刚性防水屋面伸缩缝构造

a) 刚性屋面变形缝 b)、c) 高低缝处变形缝 d) 上人屋面变形缝 e) 变形缝立体图

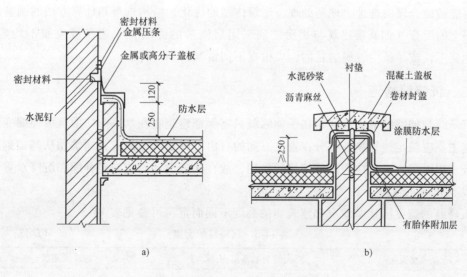

图 14-7 涂膜防水屋面伸缩缝构造

a) 高低跨变形缝 b) 变形缝防水构造

# 课题2 沉降缝

## 一、沉降缝的设置

沉降缝是为了预防建筑物各部分由于不均匀沉降引起的破坏而设置的变形缝。凡属下列情况时均应考虑设置沉降缝。

1）同一建筑物相邻部分的高度相差较大或荷载大小相差悬殊或结构形式变化较大，易导致地基沉降不均匀时。

2）当建筑物各部分相邻基础的形式、宽度及埋置深度相差较大，造成基础底部压力有很大差异，易形成不均匀沉降时（图14-8）。

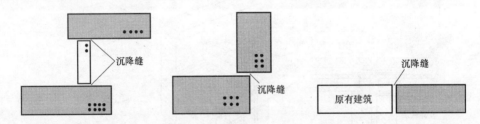

图14-8　沉降缝的位置部位示意图

3）当建筑物建造在不同地基上，且难于保证均匀沉降时。

4）建筑物体型比较复杂、连接部位又比较薄弱时。

5）新建建筑物与原有建筑物紧相毗连时。

沉降缝构造复杂，给建筑、结构设计和施工都带来一定的难度，因此，在工程设计时，应尽可能通过合理的选址、地基处理、建筑体型的优化、结构选型和计算方法的调整以及施工程序上的配合（如高层建筑与裙房之间采用后浇带的办法）来避免或克服不均匀沉降，从而达到不设或尽量少设缝的目的，应根据不同情况区别对待。

## 二、沉降缝构造

沉降缝与伸缩缝最大的区别在于伸缩缝只需保证建筑物在水平方向的自由伸缩变形，而沉降缝主要应满足建筑物各部分在垂直方向的自由沉降变形，故应将建筑物从基础到屋顶全部断开。同时沉降缝也应兼顾伸缩缝的作用，故在构造设计时应满足伸缩和沉降双重要求。

### 1. 沉降缝的宽度

沉降缝的宽度随地基情况和建筑物的高度不同而定，可参见表14-3。

表14-3　沉降缝的宽度　　　　　　　　　　　　　（单位：mm）

| 地基情况 | 建筑物高度 | 沉降缝宽度 |
| --- | --- | --- |
| 一般地基 | $H < 5m$ | 30 |
| | $H = 5 \sim 10m$ | 50 |
| | $H = 10 \sim 15m$ | 70 |

（续）

| 地基情况 | 建筑物高度 | 沉降缝宽度 |
| --- | --- | --- |
| 软弱地基 | 2~3 层<br>4~5 层<br>5 层以上 | 50~80<br>80~120<br>≥120 |
| 湿陷性黄土地基 | — | 30~70 |

#### 2. 基础沉降缝

沉降缝要求将基础断开。缝两侧一般可为双墙或单墙，变形缝处墙体结构平面如图14-9所示。

（1）双墙基础方案　双墙基础的一种做法是双墙双条形基础，地上独立的结构单元都有封闭、连续的纵横墙，结构空间刚度大，但基础偏心受力，并在沉降时相互影响，如图14-10所示。另一种做法是双墙挑梁基础，特点是保证一侧墙下条形基础正常均匀受压，另一侧采用纵向墙基础悬挑梁，梁上架设横向托墙梁，再做横墙。此方案适合基础埋深相差较大或新旧建筑物毗连的情况，如图 14-11 所示。

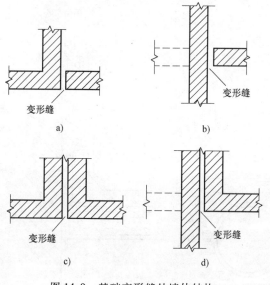

图 14-9　基础变形缝处墙体结构

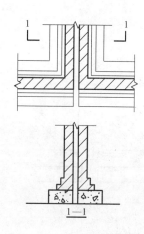

图 14-10　双墙双条形基础

（2）单墙基础方案　缝的一侧做墙及墙下正常受压条形基础，而另一侧也做正常受压基础，两基础之间互不影响，用上部结构出挑实现变形缝的要求宽度，如图14-12 所示。此方案尤其适合新旧建筑毗连时的情况。此时，应注意既有建筑与新建筑的沉降不同对楼地面标高的影响，一般要计算新建筑的预计沉降量。

#### 3. 墙体沉降缝

墙体沉降缝应满足水平伸缩和垂直沉降变形的要求，如图 14-13 所示。

#### 4. 屋顶沉降缝

屋顶沉降缝应充分考虑不均匀沉降对屋面防水和泛水带来的影响，泛水金属皮或其他构件应考虑沉降变形与维修余地，如图 14-14 所示。

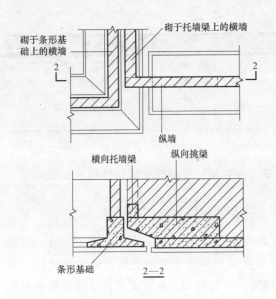

图 14-11　双墙挑梁基础

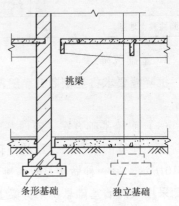

图 14-12　单墙基础

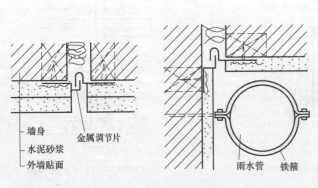

图 14-13　墙体沉降缝构造

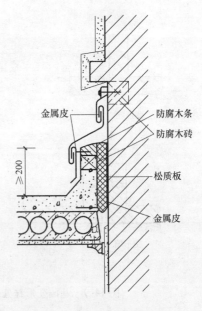

图 14-14　屋顶变形缝构造

　　楼板层应考虑沉降变形对地面交通和装修带来的影响；顶棚盖缝处理也应考虑变形方向，以尽可能减少变形后遗缺陷。

 **构造案例分析：地下室变形缝构造**

　　在工程中，当地下室出现变形缝时，为使变形缝处能保持良好的防水性，必须做好地下室墙身及地板层的防水构造，其措施是在结构施工时，在变形缝处预埋止水带。止水带有橡胶止水带、塑料止水带及金属止水带等。其构造做法有内埋式和可卸式两种，无论采用哪种形式，止水带中间空心圆或弯曲部分须对准变形缝，以适应变形需要（图14-15）。

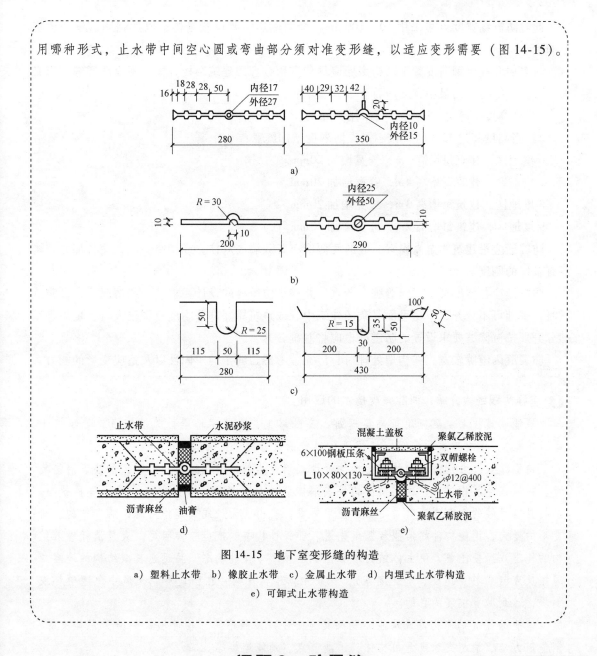

图14-15　地下室变形缝的构造

a）塑料止水带　b）橡胶止水带　c）金属止水带　d）内埋式止水带构造
e）可卸式止水带构造

# 课题3　防震缝

在地震区建造房屋必须充分考虑地震对建筑造成的影响。为此，我国制定了相应的建筑抗震设计规范。对多层砌体房屋，应优先采用横墙承重或纵横墙混合承重的结构体系，在设防烈度为8度和9度地区，有下列情况之一时宜设防震缝：

1）建筑立面高差在6m以上。

2）建筑有错层且错层楼板高差较大。

3）建筑物相邻各部分结构刚度、质量截然不同。

此时防震缝宽度 $B$ 可采用 50~100mm，缝两侧均需要设置墙体，以加强防震缝两侧房屋刚度。

对多层和高层钢筋混凝土结构房屋应尽量选用合理的建筑结构方案，不设防震缝。当必须设置防震缝时，其最小宽度应符合下列要求：

1）当高度不超过 15m 时，可采用 70mm。

2）当高度超过 15m 时，按不同设防烈度增加缝宽：

6 度地区，建筑每增高 5m，缝宽增加 20mm。

7 度地区，建筑每增高 4m，缝宽增加 20mm。

8 度地区，建筑每增高 3m，缝宽增加 20mm。

9 度地区，建筑每增高 2m，缝宽增加 20mm。

防震缝应沿建筑物全高设置，缝的两侧应布置双墙成双柱，或一墙一柱，使各部分结构都有较好的刚度。

防震缝应与伸缩缝、沉降缝统一布置，并满足防震缝的设计要求。一般情况下，设防震缝时，基础可不分开，但在平面复杂的建筑中，或建筑相邻部分刚度差别很大时，也需将基础分开。按沉降缝要求设置的防震缝也应将基础分开。

防震缝因缝隙较宽，在构造处理时，应充分考虑盖缝条的牢固性以及适应变形的能力。

---

⚙ **工程实践经验介绍：消能减震技术的应用**

消能减震技术主要应用于高层建筑，高耸塔架，大跨度桥梁，柔性管道、管线（生命线工程），既有建筑的抗震（或抗风）性能的改善等。

消能减震技术是将结构的某些构件设计成消能构件，或在结构的某些部位装设消能装置。在风或小震作用时，这些消能构件或消能装置具有足够的初始刚度，处于弹性状态，结构具有足够的侧向刚度以满足正常使用要求；当出现大风或大震作用时，随着结构侧向变形的增大，消能构件或消能装置率先进入非弹性状态，产生较大阻尼，大量消耗输入结构的地震或风振能量，使主体结构避免出现明显的非弹性状态，且迅速衰减结构的地震或风振反应（位移、速度、加速度等），保护主体结构及构件在强地震或大风中免遭破坏或倒塌，达到减震抗震的目的。

消能部件（消能构件或消能装置及其连接件）按照不同"构件形式"分为消能支撑、消能剪力墙、消能支承或悬吊构件、消能节点、消能连接等。

建筑结构消能减震设计方案，应根据建筑抗震设防类别、抗震设防烈度、场地条件、建筑结构方案和建筑使用要求，与采用抗震设计的设计方案进行技术、经济可行性的对比分析后确定。该项技术成功应用的案例包括：江苏省宿迁市建设大厦、北京威盛大厦等新建工程，以及北京火车站、北京展览馆、西安长乐苑招商局广场 4 号楼等加固改造工程（资料来源：《建筑业 10 项新技术（2010）应用指南》）。

# 单元十五

## 单层工业厂房构造

### 单元概述

本单元主要介绍单层厂房各种承重构件的特点及构造要求，并进一步具体介绍了单层工业厂房的外墙、屋顶部分的构造做法。

### 学习目标

#### 能力目标

1. 能简要叙述单层厂房各种承重构件的特点及构造要求。
2. 会根据不同需求对简单的单层厂房主要构件进行选型。

#### 知识目标

1. 了解单层厂房的整体布局以及各结构构件的作用。
2. 熟悉单层厂房各种承重构件的特点及构造要求。

#### 情感目标

学习单层厂房的构造原理，拓展对工业建筑构造的认识和了解。

## 课题1  单层工业厂房的结构类型和主要构件

厂房是为工业生产服务的一种建筑，有单层和多层之分。单层工业厂房是工业生产用房最普遍的一种结构形式，是以生产工艺布置方案为基础，综合考虑生产设备、厂内交通、采光、通风、卫生、结构和施工等多种因素确定的。

### 一、单层厂房的结构类型

单层厂房按结构支承方式可分为墙承重结构和骨架承重结构。

#### 1. 墙承重结构

墙承重结构是由砖墙或砖壁柱与屋架组成。屋架可用钢筋混凝土屋架，也可用木屋架、钢屋架或钢木组合屋架。这种结构形式构造简单，但承载能力及抗震能力较差，只适合于吊车荷载不超过 5t、跨度不大于 15m 的小型厂房。

## 2. 骨架承重结构

骨架承重结构是由柱基础、柱子、梁、屋架等来承受荷载，墙体只起围护和分隔作用。当厂房的跨度、高度、吊车荷载较大或地震烈度较高时，多采用骨架承重结构。

骨架承重结构按材料可分为钢筋混凝土骨架结构和钢结构。

图 15-1 所示为装配式钢筋混凝土骨架结构组成的单层厂房。厂房的承重结构由横向骨架和纵向连系构件组成。横向骨架包括基础、柱子、屋架（屋面大梁），它承受屋顶、天窗、外墙及吊车荷载。纵向连系构件包括大型屋面板、连系梁、吊车梁、基础梁，它们能保证横向骨架的稳定性，并将作用在山墙上的风力及吊车水平荷载传给柱子。

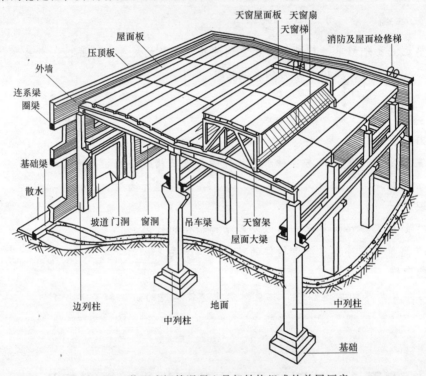

图 15-1 装配式钢筋混凝土骨架结构组成的单层厂房

## 二、单层厂房结构的主要构件

### 1. 基础

基础是厂房最下面的承重构件，它承受柱和基础梁传来的荷载，再把荷载传给地基。单层厂房的基础采用什么类型的基础，主要取决于上部结构荷载的大小和性质以及工程地质条件等。一般情况下采用独立的杯形基础。在基础的底部铺设混凝土垫层，厚度为 100mm。图 15-2 所示为现浇柱下基础的构造，图 15-3 所示为预制柱下杯形基础的构造。

### 2. 柱

柱承受屋架、吊车梁、外墙和支撑传来的荷载，再把荷载传给基础。

厂房结构中的屋架、托架、吊车梁和连系梁等构件，常由设在柱上的牛腿支承。其截面尺寸必须满足抗裂和构造要求，如图 15-4 所示。

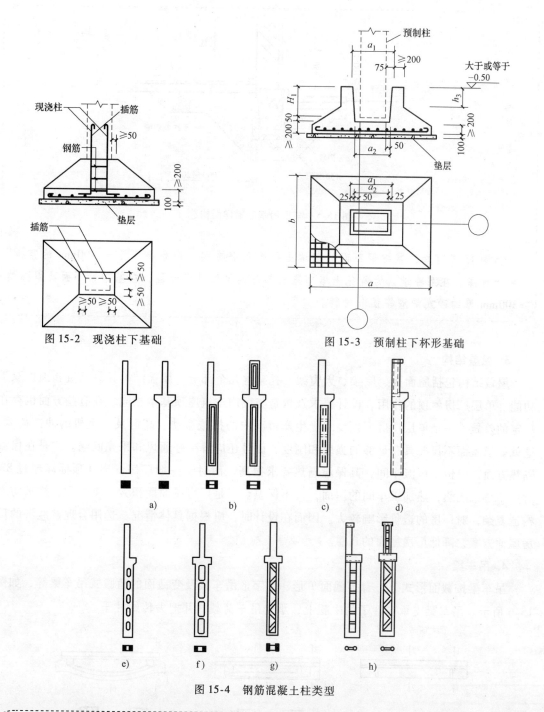

图 15-2 现浇柱下基础

图 15-3 预制柱下杯形基础

图 15-4 钢筋混凝土柱类型

**构造案例分析：某厂房基础梁构造**

　　某厂房采用钢筋混凝土排架结构。基础梁详图构造如图 15-5 所示。由详图可知：由于墙与柱所承担荷载的差异大，为防止基础产生不均匀沉降，该厂房将外墙或内墙砌筑在基础梁上，基础梁两端搁置在柱基础的杯口上。

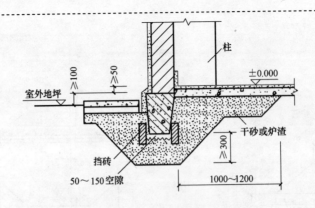

图 15-5　某厂房基础梁详图构造

由图 15-5 可知，基础梁下面的回填土一般不需夯实，应留有不小于 100mm 的空隙，以利于沉降。在寒冷地区为避免土壤冻胀引起基础梁反拱而开裂，在基础梁下面及周围填 ≥300mm 厚的砂或炉渣等松散材料。

**3. 屋盖结构**

屋盖结构包括屋面板、屋架、天窗架、托架这几个部分。屋盖结构具有承重和围护双重功能。单层厂房屋顶的作用、设计要求及构造与民用建筑屋顶基本相同，在有些方面也存在一定的差异。一是单层厂房屋顶要承受生产过程中的机械振动、高温及起重机的冲击荷载。这就要求屋面不仅要具有足够的强度和刚度，而且还应解决好通风和采光问题。二是在保温隔热方面，对恒温恒湿车间，其保温隔热要求很高，而对于一般厂房，当柱顶标高超过 8m 时可不考虑隔热，热加工车间的屋面，可不保温。三是厂房屋面面积大，重力大，排水防水构造复杂，对厂房的造价影响较大。因而在设计时，应根据具体情况，选用合理、经济的厂房屋面方案，降低厂房屋面的自重。

**4. 吊车梁**

吊车梁按截面形式分，有等截面 T 形、工字形吊车梁及变截面的鱼腹式吊车梁等，如图 15-6 所示。吊车梁支承在柱子的牛腿上，承受吊车荷载，并把力传给柱子。

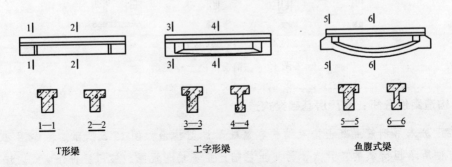

图 15-6　吊车梁的构造形式

**构造案例分析：某厂房吊车梁与柱子的连接构造**

厂房吊车梁与柱子的连接非常关键，常采取的做法是用角钢或钢板与柱子焊接。图15-7所示为某厂房的构造做法。该厂房吊车梁上翼缘与柱间采用钢板焊接；吊车梁底部安装前焊接上一块垫板与柱牛腿顶面预埋钢板焊接牢；吊车梁的对接头以及吊车梁与柱之间的缝隙用 C20 混凝土填实。

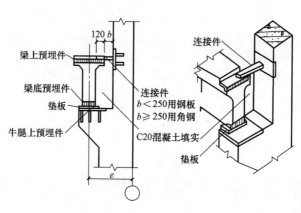

图 15-7 某厂房吊车梁与柱子的连接构造

**5. 支撑**

支撑的主要作用是加强厂房结构的空间刚度和稳定性，同时传递风荷载和起重机的水平荷载。支撑包括柱间支撑和屋盖支撑。

**6. 围护结构**

围护结构包括外墙和山墙、连系梁和圈梁、基础梁、抗风柱。

# 课题2 单层工业厂房的外墙构造

单层工业厂房的外墙按材料分有砖墙、板材墙、开敞式外墙等。

## 一、砖墙

**1. 基础梁的设置**

基础梁的截面通常为梯形，顶面标高低于室内地面 50 ~ 100mm，高于室外地面 50 ~ 100mm，如图 15-8 所示。

**2. 连系梁的设置**

连系梁搁置在柱子上，与柱子之间的连接是通过螺栓和预埋钢板焊接，如图 15-9 所示。

**3. 墙体与柱、屋架、屋面板的连接**

为了保证墙体的稳定性和整体性，墙必须与柱子、屋架以及屋面板之间有牢固的连接，如图 15-10 所示。

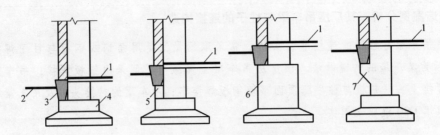

图 15-8　基础梁的设置

1—室内地面　2—散水　3—基础梁　4—柱杯形基础　5—垫块　6—高杯形基础　7—牛腿

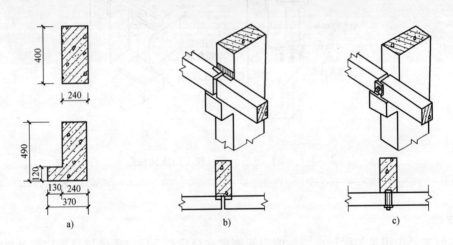

a)　　　　　　　b)　　　　　　　c)

图 15-9　连系梁的设置

a) 连系梁断面形式　b) 预埋钢板电焊　c) 预埋螺栓连接

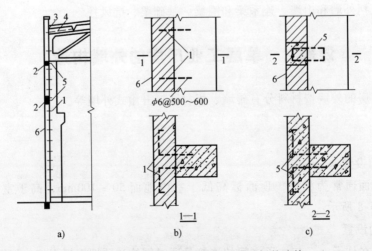

a)　　　　　　　b)　　　　　　　c)

图 15-10　砖墙与柱、屋架、屋面板的连接

a) 砖墙与承重骨架连接剖面　b) 砖墙与柱子的连接　c) 圈梁与柱子的连接

1—墙柱连接筋　2—圈梁兼过梁　3—檐口内加筋 1φ12，l=100mm　4—板缝加筋（1φ12）与墙内加筋连接

5—圈梁与柱连接筋　6—砖外墙

**构造案例分析：纵向女儿墙与屋面板之间的连接构造**

在工程中，纵向女儿墙与屋面板之间的连接采用钢筋拉结措施，即在屋面板横向缝内放置一根 $\phi12$mm 钢筋与屋面板纵缝内及纵向外墙中各放置的一根 $\phi12$mm、长度 1000mm 的钢筋连接，形成工字形的钢筋，然后在缝内用 C20 细石混凝土捣实，如图 15-11 所示。

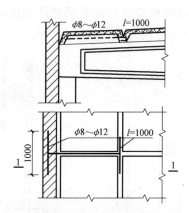

图 15-11　纵向女儿墙与屋面板之间的连接构造

**4. 圈梁的设置**

圈梁设置在厂房的墙体内，同柱子只有水平的拉结，它不承受砖墙的重力，如图 15-12 所示。

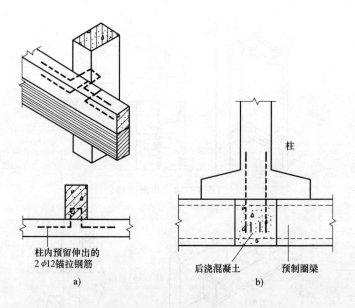

柱内预留伸出的
2$\phi12$锚拉钢筋

后浇混凝土　　预制圈梁

a)　　　　　　　　　b)

图 15-12　圈梁与柱的连接

a) 现浇圈梁　b) 预制圈梁

圈梁的作用是将墙体同厂房的排架柱、抗风柱等箍在一起，以加强厂房的整体性，减少和防止由于地基不均匀沉降或较大振动荷载等对厂房的不利影响。

圈梁一般设置在檐口、柱顶、吊车梁附近。当厂房较高大时，要适当增设。

## 二、板材墙

### 1. 墙板与柱的连接

墙体与柱的连接分为柔性连接和刚性连接两种。

（1）柔性连接　柔性连接是墙板通过与柱的预埋件和连接件相连，把墙板与柱拉结在一起。常用的有螺栓连接（图 15-13）、角钢连接（图 15-14）、压条连接（图 15-15）。

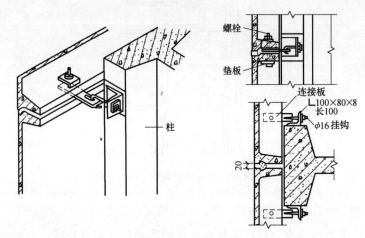

图 15-13　螺栓连接

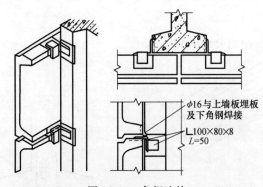

图 15-14　角钢连接

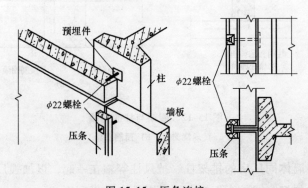

图 15-15　压条连接

（2）刚性连接　刚性连接是用角钢把柱子内的预埋件和墙板内的预埋件焊接（图15-16）。

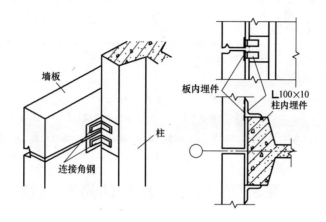

图 15-16　焊接连接

### 2. 板缝处理

板缝的处理首先是防水，有时还要考虑保温的要求。水平缝构造如图 15-17 所示。垂直缝构造如图 15-18 所示。

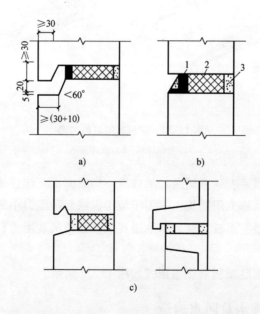

图 15-17　水平缝构造

a）外侧开敞式高低缝　b）平缝　c）有滴水的平缝

1—防水油膏　2—砂浆勾缝　3—沥青麻丝毡片

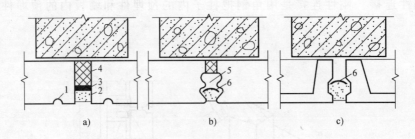

图 15-18　垂直缝构造

a）平直缝　b）双腔缝　c）单腔缝

1—截水沟　2—水泥砂浆或塑料砂浆　3—油膏　4—保温材料　5—垂直空腔　6—塑料挡雨板

# 课题3　单层工业厂房的屋面构造

## 一、厂房屋面的类型与组成

厂房屋面的基层分为有檩体系和无檩体系两种，如图 15-19 所示。

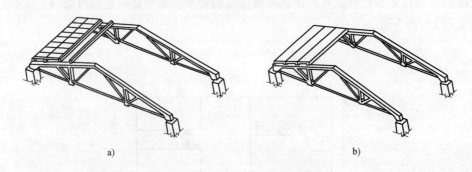

图 15-19　屋面基层结构类型

a）有檩体系　b）无檩体系

有檩体系是指先在屋架上搁置檩条，然后放小型屋面板。这种体系构件小、质量轻、吊装容易，但构件数量多、施工周期长，多用于施工机械起吊能力小的施工现场。无檩体系是指在屋架上直接铺设大型屋面板。这种体系虽要求较强的吊装能力，但构件大、类型少，便于工业化施工。

单层厂房常用的大型屋面板和檩条形式如图 15-20 所示。

## 二、厂房屋顶的排水及防水构造

与民用建筑一样，单层厂房屋顶的排水方式分为无组织排水和有组织排水两种。无组织排水常用于降雨量小的地区，屋面坡长较小、高度较低的厂房。有组织排水又分为内排水和外排水。内排水主要用于大型厂房及严寒地区的厂房，有组织外排水常用于降雨量大的

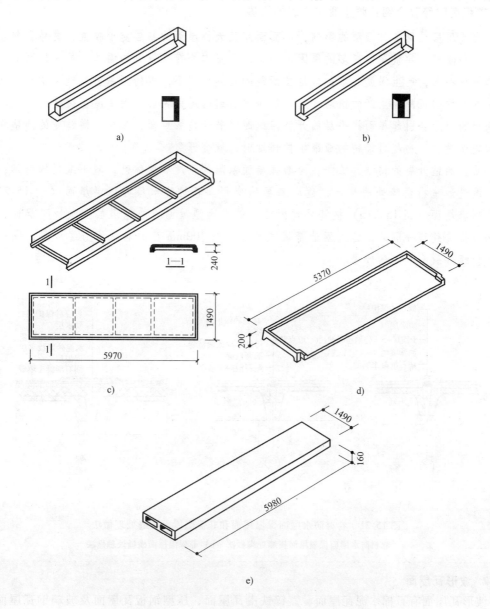

图 15-20　钢筋混凝檩条及大型屋面板

a）檩条1　b）檩条2　c）钢筋混凝土大型屋面板1　d）钢筋混凝土大型屋面板2

e）钢筋混凝土大型屋面板3

地区。

厂房屋面的防水，依据防水材料和构造的不同，分为卷材防水屋面、各种波形瓦屋面及钢筋混凝土构件自防水屋面。

**1. 卷材防水屋面**

防水卷材有油毡、合成高分子材料、合成橡胶卷材等。目前，应用较多的仍为油毡卷材，其构造做法与民用建筑基本相同。

**⚙ 工程实践经验介绍：防止油毡开裂的措施**

由于厂房受到各种振动的影响，屋面面积又大，屋面的基层变形较重，更易引起卷材的开裂和破坏。导致屋面变形的原因，一是由于室内外存在较大的温差，屋面板两面的热胀冷缩量不同，产生温度变形；二是在荷载的长期作用下，板的下垂引起挠曲变形；三是地基的不均匀沉降、生产的振动和起重机运停引起的屋面晃动，促使屋面裂缝的开展。屋面基层的变形会引起屋面找平层的开裂，此时，若油毡紧贴屋面基层，横缝处的油毡在小范围内就受拉，当超过油毡的极限抗拉强度时，就会开裂。

防止油毡开裂的措施，首先，应增强屋面基层的刚度和整体性，减小基层的变形；其次，改进油毡在横缝处的构造，适应基层的变形。卷材防水屋面保温屋面（图15-21a）和非保温屋面（图15-21b）横缝处理做法，是在大型屋面板或保温层上做找平层时，先在构件接缝处留分隔缝，缝中用油膏填充，其上铺300mm宽的油毡作为缓冲层，这样对防止横缝开裂有一定的效果。

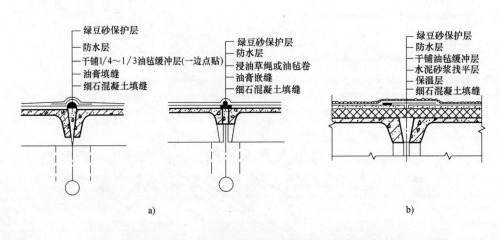

图15-21 卷材防水屋面保温屋面和非保温屋面横缝处理做法

a）卷材防水屋面保温屋面横缝处理做法 b）非保温屋面横缝处理做法

## 2. 波形瓦屋面

波形瓦屋面有石棉水泥瓦屋面、镀锌铁皮瓦屋面、压型钢板瓦屋面及玻璃钢瓦屋面等。它们都属有檩体系，构造原理也基本相同。

（1）石棉水泥瓦屋面 石棉水泥瓦厚度薄，质量轻，施工简便，但易脆裂，耐久性及保温隔热性能差，多用于仓库和对室内温度状况要求不高的厂房。其规格有大波瓦、中波瓦和小波瓦三种。厂房屋面多采用大波瓦。

石棉水泥瓦直接铺设在檩条上，一般一块瓦跨三根檩条，铺设时在横向搭接为半波，且应顺主导风向铺设。上下搭接长度不小于200mm。檐口处的出挑长度不宜大于300mm。为避免四块瓦在搭接处出现瓦角重叠，瓦面翘起，应将斜对的瓦角割掉或采用错位排瓦方法，如图15-22所示。

石棉水泥瓦性脆，与檩条的固定既要牢固又不能太紧，要有变位的余地。一般采用挂钩柔性连接，挂钩位置在瓦峰上，并做密封处理，以防漏水，如图15-23所示。

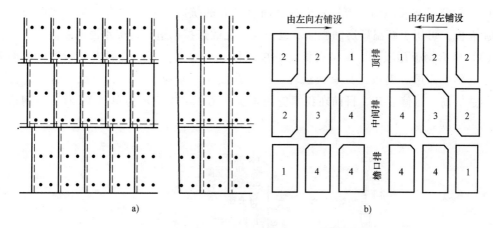

图 15-22 石棉瓦屋面铺钉示意

a) 不切角错位排瓦方法示意 b) 切角铺法示意

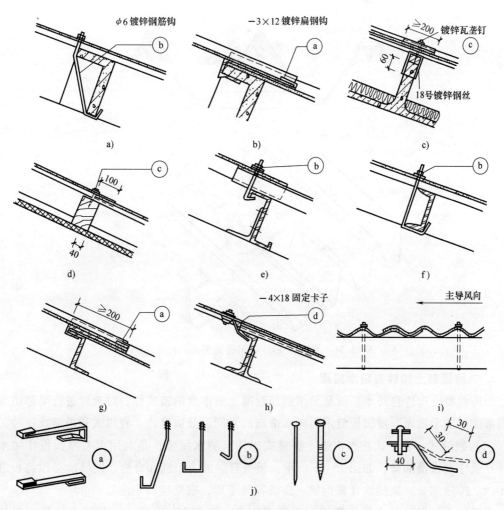

图 15-23 石棉水泥瓦的固定与搭接

a) ~c) 钢筋混凝土檩条 d) 木檩条 e) ~h) 钢檩条 i) 横向搭接 j) a) ~h) 中紧固件简图

（2）镀锌铁皮瓦屋面　镀锌铁皮瓦屋面有良好的抗震和防水性能，在抗震区使用优于大型屋面板，可用于高温厂房的屋面。镀锌铁皮瓦的连接构造同石棉水泥瓦屋面。

（3）压型钢板瓦屋面　压型钢板瓦分单层板、多层复合板、金属夹芯板等。板的表面一般带有彩色涂层。钢板瓦具有质量轻、施工速度快、防腐、防锈、美观、适应性强的特点。但造价高，维修复杂，目前在我国应用较少。图 15-24 所示为单层 W 形压型钢板瓦屋面的构造示例。

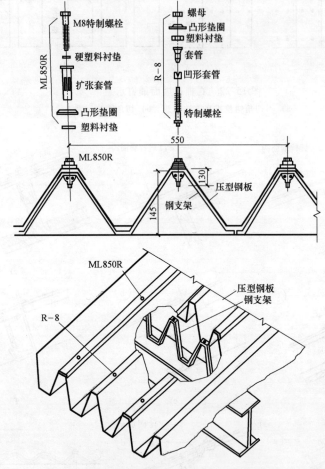

图 15-24　单层 W 形压型钢板瓦屋面的构造示例

**3. 钢筋混凝土构件自防水屋面**

钢筋混凝土构件自防水屋面是利用钢筋混凝土板本身的密实性，对板缝进行局部防水处理而形成的防水屋面。根据板缝采用防水措施的不同，分嵌缝式、脊带式和搭盖式三种。

（1）嵌缝式、脊带式防水构造　嵌缝式构件自防水屋面，是利用大型屋面板作防水构件并在板缝内嵌灌油膏，如图 15-25 所示。板缝有纵缝、横缝和脊缝。嵌缝前必须将板缝清扫干净，排除水分，嵌缝油膏要饱满。横缝容易变形，嵌缝应特别注意。

嵌缝后再贴卷材防水层，即成为脊带式防水，如图 15-26 所示。其防水效果比嵌缝式要好。

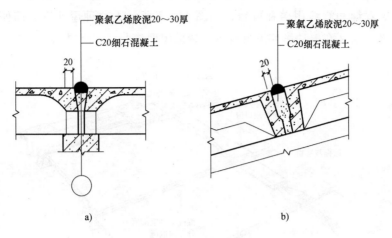

图 15-25　嵌缝式防水构造

a）横缝　b）纵缝

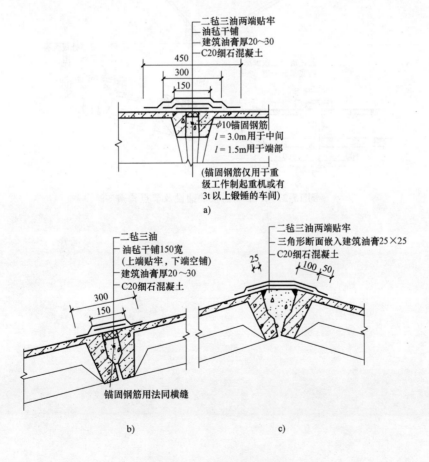

图 15-26　脊带式防水构造

a）横缝　b）纵缝　c）脊缝

（2）搭盖式防水构造　搭盖式构件自防水屋面是采用 F 形大型屋面板作防水构件，板纵缝上下搭接，横缝和脊缝用盖瓦覆盖，如图 15-27 所示。这种屋面安装简便，施工速度快。但板型复杂，盖瓦在振动影响下易滑脱，造成屋面渗漏。

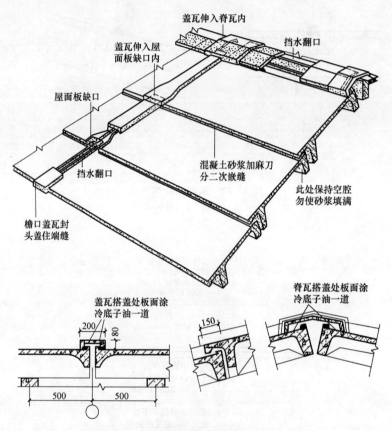

图 15-27　F 形屋面板的铺设及节点构造

# 参 考 文 献

［1］ 葛敏敏，倪霞娟．高伟君．土木工程制识图与构造［M］．南昌：江西高校出版社，2008.

［2］ 吴慧娟．建筑业 10 项新技术（2010）应用指南［M］．北京：中国建筑工业出版社，2011.

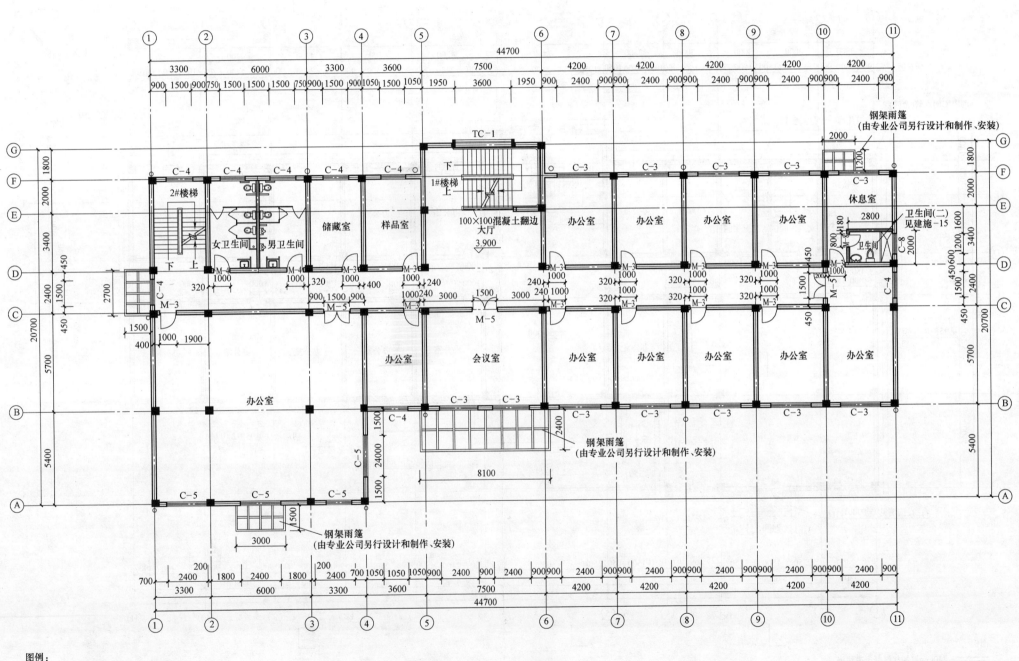

图例：
══ 240mm厚加气混凝土砌块墙
══ 120mm厚加气混凝土砌块墙

二层平面图 1:100
S=700.75m²

图 5-5 某医院办公楼二层平面图

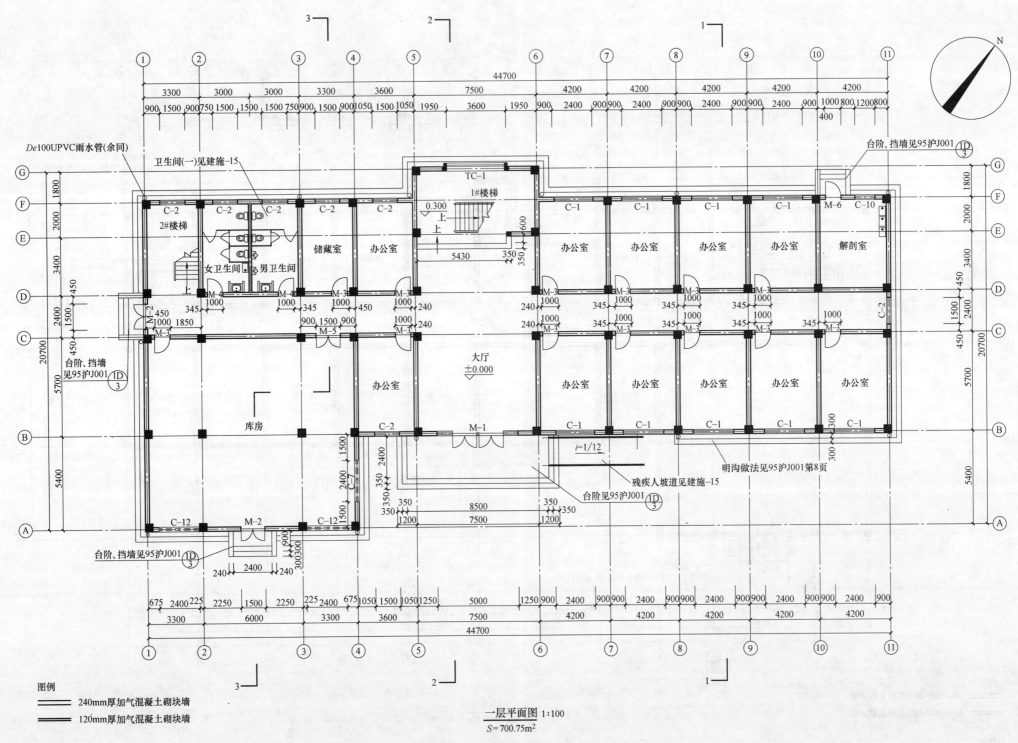

图 5-4　某医院办公楼一层平面图

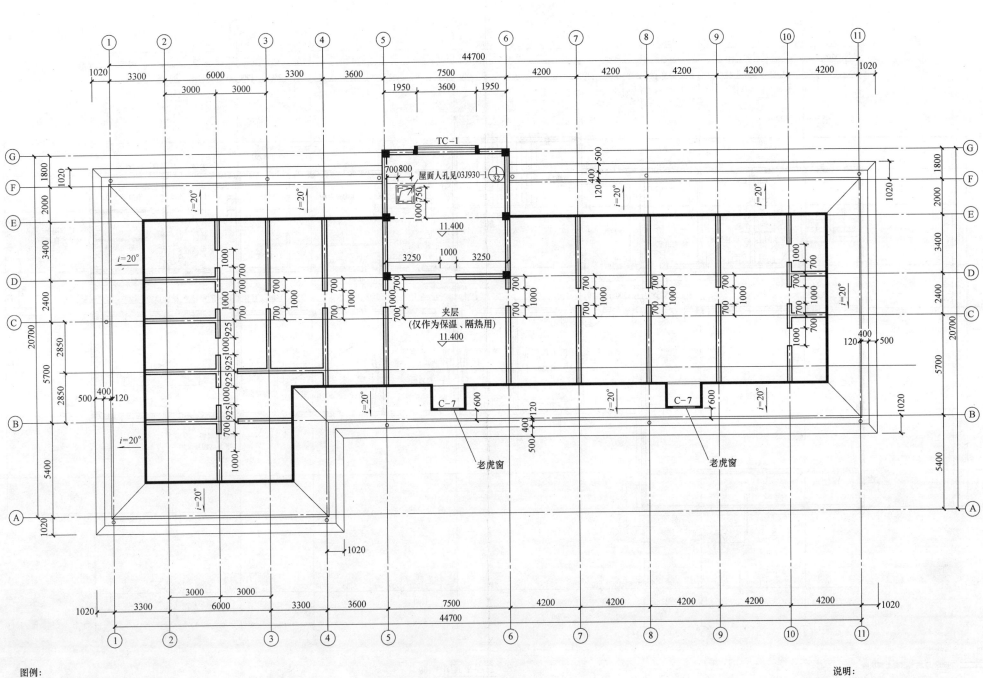

图例:
══ 240mm厚加气混凝土砌块墙
━━ 120mm厚加气混凝土砌块墙

夹层平面图 1:100

说明:
1. 夹层仅为保温、隔热作用。
2. 夹层内门洞高为2100mm或至梁底。

图 5-7   某医院办公楼夹层平面图

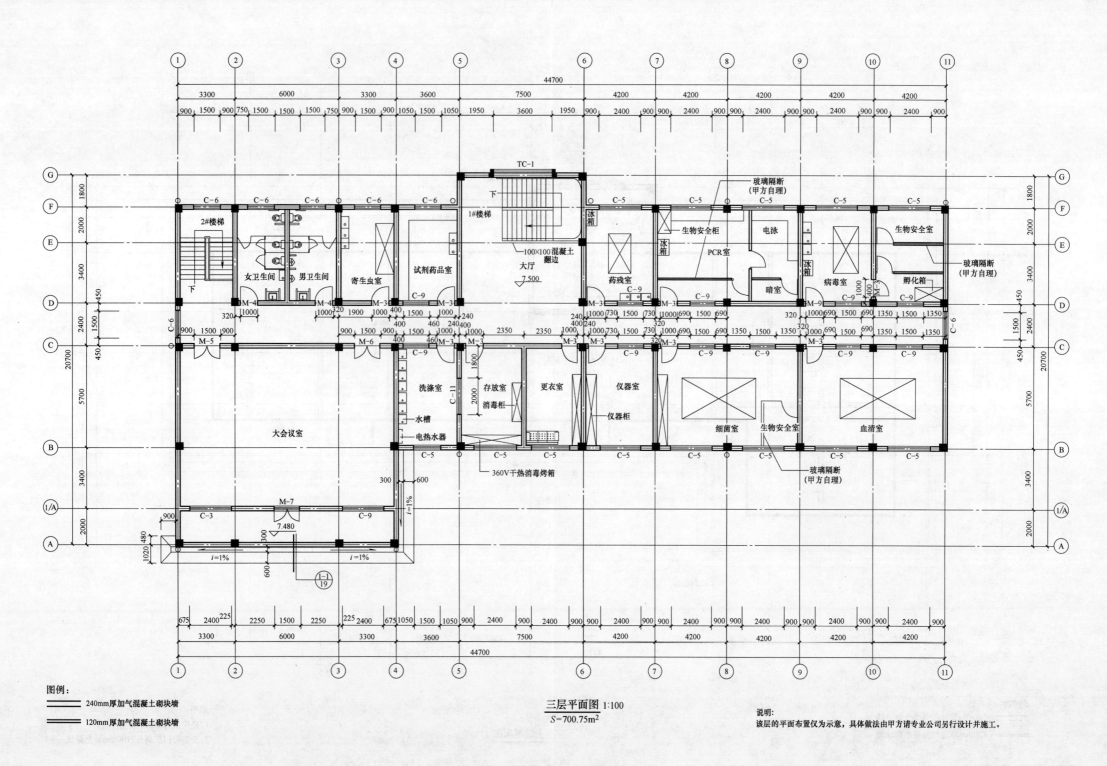

图例:
━━━ 240mm厚加气混凝土砌块墙
━━━ 120mm厚加气混凝土砌块墙

三层平面图 1:100
S=700.75m²

说明:
该层的平面布置仅为示意,具体做法由甲方请专业公司另行设计并施工。

图5-6 某医院办公楼三层平面图

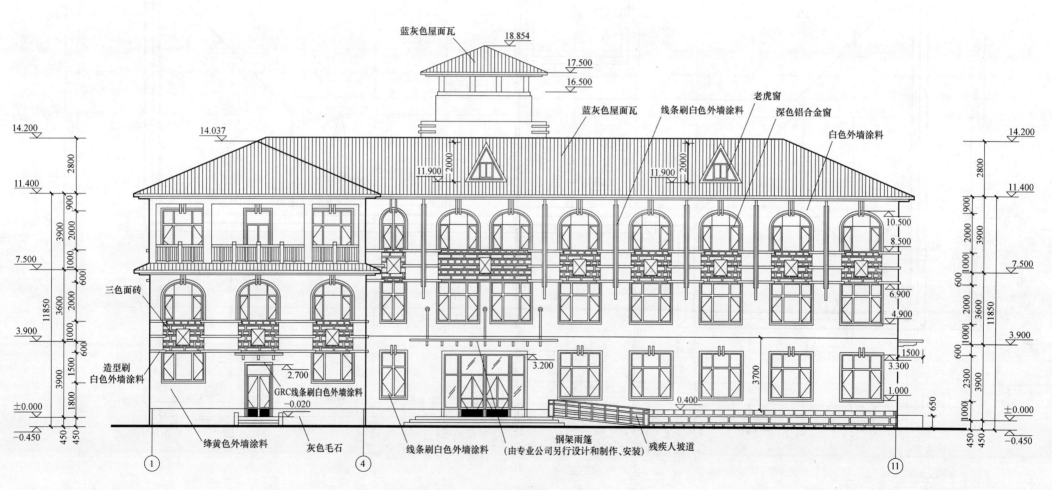

蓝灰色屋面瓦

18.854

17.500

16.500

蓝灰色屋面瓦　线条刷白色外墙涂料　老虎窗

深色铝合金窗

白色外墙涂料

14.200

14.037

11.900　2000

11.900　2000

14.200

2800

11.400

11.400

2800

900

3900　2000

10.500

8.500

2000　3900

900

7.500

1000

7.500

600

600

三色面砖

6.900

4.900

1000

2000　3600

3600

11850

2000

11850

600

600

3.900

3.900

1500

1000

3.900　1500

600

3.300

2300　3900

600

造型刷
白色外墙涂料

2.700

GRC线条刷白色外墙涂料
−0.020

3.200

3700

0.400

1.000

1000

650

±0.000

±0.000

−0.450

450　450

1800

绛黄色外墙涂料　　灰色毛石

线条刷白色外墙涂料

钢架雨篷
(由专业公司另行设计和制作、安装)　残疾人坡道

−0.450

450　450

① 　　　　　　　　 ④ 　　　　　　　　　　　　　　　　　　　　　 ⑪

南立面图 1:100

图 5-10　某医院办公楼南立面图

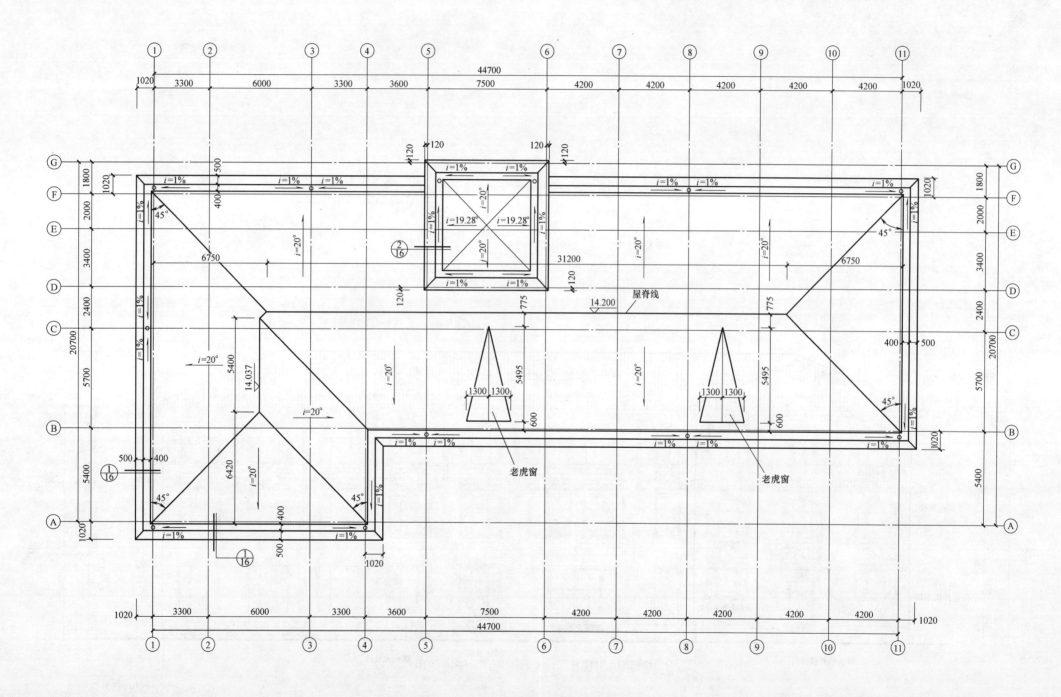

屋顶平面图 1:100

图 5-8 某医院办公楼屋顶平面图

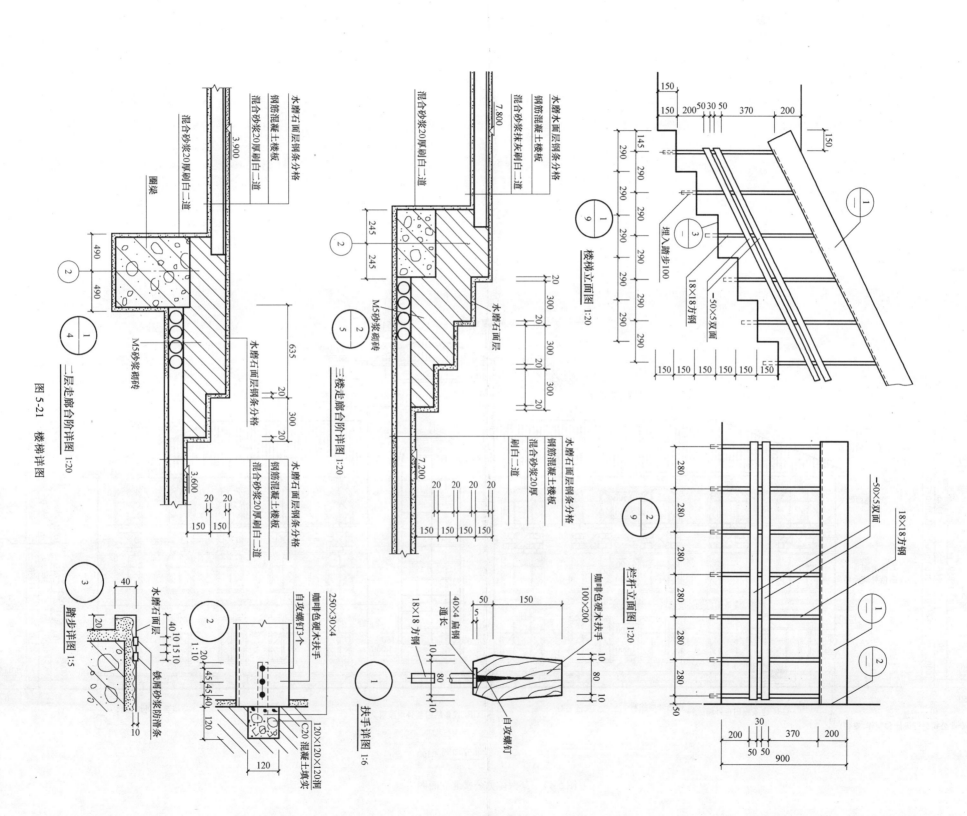

图 5-21 楼梯详图

楼梯立面图 1:20

栏杆立面图 1:20

扶手详图 1:6

二层走廊台阶详图 1:20

三层走廊台阶详图 1:20

踏步详图 1:5

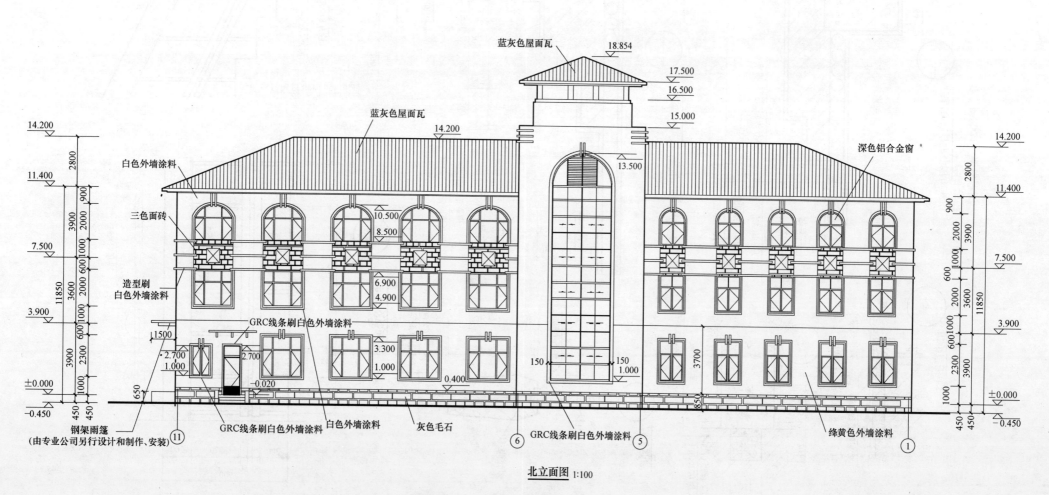

北立面图 1:100

图 5-11　某医院办公楼北立面图